大学生公共基础课系列教材

信息技术项目化教程（拓展模块）

胡彦军　邓明亮　王慧敏　主编

U0304361

电子工业出版社·

Publishing House of Electronics Industry

北京·BEIJING

内 容 简 介

本书共由12章组成，内容包括信息安全、项目管理、机器人流程自动化、程序设计基础、大数据、人工智能、云计算、现代通信技术、物联网、数字媒体、虚拟现实、区块链。这些内容几乎包括了当前IT行业所有的先进技术，本书可以说是一本IT行业新技术的"百科全书"。本书在介绍这些技术的同时，不只介绍这些技术的概念、应用、发展前景等理论知识，部分章节还配了实践内容。

本书可作为普通高等院校和高职高专院校所有专业的计算机基础课程的教材，也是了解当前IT新技术的实用参考读物。

图书在版编目（CIP）数据

信息技术项目化教程：拓展模块 / 胡彦军，邓明亮，王慧敏主编. —北京：电子工业出版社，2023.1
ISBN 978-7-121-44009-0

Ⅰ. ①信…　Ⅱ. ①胡…　②邓…　③王…　Ⅲ. ①电子计算机—高等职业教育—教材　Ⅳ. ①TP3

中国版本图书馆 CIP 数据核字（2022）第 130222 号

责任编辑：魏建波
印　　刷：三河市良远印务有限公司
装　　订：三河市良远印务有限公司
出版发行：电子工业出版社
　　　　　北京市海淀区万寿路 173 信箱　邮编：100036
开　　本：787×1092　1/16　印张：15.5　字数：396.8 千字
版　　次：2023 年 1 月第 1 版
印　　次：2023 年 1 月第 1 次印刷
定　　价：52.00 元

前　言

近年来，大数据、云计算、人工智能、区块链、虚拟现实、物联网、5G 技术等一大批新技术的出现，极大地改变了人类的生产生活方式，促进了社会的进步，成为新的经济增长点。当代大学生渴望了解这些技术，但大部分专业的计算机基础课程仍然停留在 Windows、Office 办公软件等内容的教学上，缺乏关于当前新技术的教学，致使很多非计算机专业的学生对这些 IT 新技术了解不足，甚至理解上有很大偏差，本书的出现将很大程度上解决这类问题，增加当代大学生对 IT 新技术新领域的了解，掌握 IT 新知识、新技能，提高 IT 素养，提升自身竞争力。

本书结合高职高专教育教学的特点，每章均以任务的形式展开教学。本书由 12 章组成，较为详细地讲解了信息安全、项目管理、机器人流程自动化、程序设计基础、大数据、人工智能、云计算、现代通信技术、物联网、数字媒体、虚拟现实、区块链这 12 项新技术或新领域，使读者通过这本书能对当前 IT 新技术新行业有一个较为全面的了解，并能掌握这些领域的基本技能。

本书具有以下特点：

（1）紧跟时代，适应学情。本书的教学内容均采用近几年的新技术，为适应高职学生学情，降低理论知识所占份额，并对理论尽可能使用通俗的语言进行阐述，使学生易于理解和接受。

（2）理论与实践相结合。本书不仅仅介绍了新技术新领域，还设计了大量的实践案例供学生边学边练，力求做到理论与实践相结合，让学生掌握相关知识和技能。

（3）图文并茂，简明易懂。本书为使内容易于理解搭配了大量的插图和详细的操作步骤描述，书中涉及的理论知识均采用通俗、简单的语言进行描述和讲解，力求做到"理论够用"。

本书由胡彦军、张彩虹、王慧敏主编，贺珂、王真真、马慧珍、马泽泽、李梓璇等共同参与编写，以上 8 位作者均来自郑州电力职业技术学院。由于编者水平有限，时间又比较仓促，书中肯定存在不足甚至错误之处，恳请读者提出宝贵意见。

编者

目　录

第1章　信息安全

随着互联网应用的快速发展，信息安全已深入到诸多领域，万物互联、万物皆是数据源的时代已经开启。但是，由于网络系统具有开放性和可渗透性等特性，重要信息和数据面临的安全问题越来越突出，网络系统瘫痪、数据泄露的情况时有发生。因此，运用网络安全技术构建一个保障系统和数据安全的网络至关重要。

学习目标

- ◆ 信息安全基本概念。
- ◆ 网络信息面临的安全威胁。
- ◆ 信息安全相关技术和防御方法。
- ◆ 病毒的查杀。
- ◆ 知法懂法守法。

任务 1.1　计算机网络信息安全概述

信息安全从本质上来说就是网络信息的安全。它涉及的领域相当广泛，这是因为在目前的公用通信网络中存在着各种各样的安全漏洞和威胁。总的来说，凡是涉及网络上信息的保密性、完整性、可用性、真实性和可控性的相关技术和理论，都是网络安全所要研究的内容。

任务描述

现实生活中个人或企业计算机常出现被病毒入侵，或是被黑客植入木马程序等情况。本任务要求了解网络信息安全的定义、网络信息安全的基本要素、面临的威胁和安全等级标准等基本概念。

任务分析

通过本任务概念描述，将对网络信息安全的基本定义、基本组成、网络信息面临的威胁和安全等级的主要内容有基本的了解。

任务实施

1.1.1 网络信息安全的定义

"安全"的含义是：不受威胁、没有危险、危害、损失。将安全放置在网络与信息系统范畴来说，网络信息安全是指防范计算机网络硬件、软件、数据偶然或蓄意被破坏、篡改、窃听、假冒、泄露、非法访问，保护信息免受多种威胁的攻击，保障网络系统持续有效工作。

网络信息安全根据不同人员或部门对信息安全关注的方面有所不同，可以分为以下几个方面。

1. 信息安全工程人员

信息安全工程人员从实际应用方面对成熟的信息安全解决方案和新开发信息安全产品更感兴趣，他们更关心各种安全的防范工具、操作系统防护技术和安全应急处理措施。

2. 信息安全评估人员

信息安全评估人员关注最多的是信息安全的评价标准、安全等级划分、安全产品测评方法与工具、网络信息采集以及网络攻击技术。

3. 网络安全管理或信息安全管理人员

网络安全管理或信息安全管理人员通常更关心信息安全管理策略、身份认证、访问控制、入侵检测、网络与系统安全审计、信息安全应急响应、计算机病毒防治等安全技术，因为他们负责配置网络信息系统，在保护授权用户方便访问信息资源的同时，必须防范非法访问、病毒感染、黑客攻击、服务中断、垃圾邮件等各种威胁，并且一旦系统遭到破坏，数据或文件丢失后，能够采取相应的信息安全应急响应措施予以补救。

4. 国家安全保密部门

国家安全保密部门，必须了解网络信息泄露、窃听和过滤的各种技术手段，避免涉及国家政治、经济、军事等重要机密信息被无意或有意泄露，抑制和过滤威胁国家安全的反动与邪教等意识形态信息传播，以免给国家造成重大经济损失，甚至危害到国家安全。对公共安全部门而言，应当熟悉国家和行业部门颁布的常用信息安全监察法律法规及信息安全取证、信息安全审计、知识产权保护、社会文化安全等技术，一旦发现窃取或破坏商业机密信息、软件盗版、电子出版物侵权、色情与暴力信息传播等各种网络违法犯罪行为，能够取得可信的、完整的、准确的、符合国家法律法规的诉讼证据。

最关注信息安全问题的也许是广泛使用计算机及网络的个人或企业用户，在网络与信息系统为工作、生活和商务活动带来便捷的同时，他们更关心如何保护个人隐私和商业信息不被窃取、篡改、破坏和非法存取，确保网络信息的保密性、完整性、有效性和拒绝否认性。

1.1.2 网络信息安全的组成

网络信息安全是指网络系统的硬件、软件及其系统中的数据受到保护，不会因为偶然或恶意的原因而遭到破坏、更改、泄露，系统能连续、可靠、正常地运行，网络服务不中断。

网络安全的基本组成是实现信息的机密性、完整性、可用性、可控性、可审查性和合法性。

◇ 机密性：信息在产生、传送、处理和存储过程中不泄露给非授权的个人或组织。机密性一般是通过加密技术对信息进行加密处理来实现的，经过加密技术处理后的加密信息，即使被非授权者截取，也会因为非授权者无法解密而不能了解其内容。

◇ 完整性：信息在未经合法授权时不能被改变的特性，即信息在生成、存储或传输过程中，保证不被偶然或蓄意地删除、修改、伪造、乱序、插入等破坏和丢失的特性。它要求信息是原样产生、传输和存储的。

◇ 可用性：得到授权的用户，在正常访问信息和资源时不被拒绝，可以及时获取服务；或者当网络信息系统部分受损或需要降级使用时，仍能为授权用户提供有效服务，即保证为用户提供可用的、稳定的服务。

◇ 可控性：信息在进行正常传输时，合法的用户是可以根据需要对信息流向及行为方式进行控制的，即在可以控制范围内进行传输。

◇ 可审查性：信息的生成、传输、存储、修改等操作，对出现的网络安全问题提供可调查的依据和手段。

◇ 合法性：每个想获得访问信息的实体都必须经过鉴别或身份验证，确保具有合法的身份访问信息。

1.1.3　网络信息安全面临的威胁

目前，互联网在推动社会发展的同时，也面临着日益严重的安全问题，网络安全的威胁来自多个方面，主要包括人为的或非人为的、有意的或恶意的等，但一个很重要的因素是外来黑客对网络系统资源的非法使用严重地威胁着网络的安全。威胁网络的几个主要方面介绍如下。

1. 人为的疏忽

人为的疏忽包括失误、失职、误操作等。这些可能是由工作人员对安全的配置不当、不注意保密工作、密码选择不慎重等造成的。

2. 人为的攻击

这是网络安全的最大威胁，敌意的攻击和计算机犯罪就属于这个类别。这种威胁破坏性最强，可能造成极大的危害，导致机密数据的泄露。如果涉及的是金融机构则很可能导致破产，也给社会带来了动荡。

这种攻击有两种：主动攻击和被动攻击。主动攻击指有选择性地破坏信息的有效性和完整性。被动攻击是在不影响网络正常工作的情况下截获、窃取、破译以获得重要机密信息，而且进行这些攻击行为的大多是具有很高专业技能和智商的人员，一般需要相当的专业知识才能破解。

3. 网络软件的漏洞

网络软件不可能毫无缺陷和漏洞，而这些正好为黑客提供了机会进行攻击。软件设计人员为了方便自己而设置的陷阱门（也称后门），一旦被攻破，其后果也是不堪设想的。

4. 非授权访问

这是指未经同意就越过权限，擅自使用网络或计算机资源，主要有假冒、身份攻击、非法用户进入网络系统进行违法操作或合法用户以未授权方式进行操作等。

5. 信息泄露或丢失

这是针对信息机密性的威胁，它是指敏感数据在有意或无意中被泄露或丢失。它通常表现为信息在传输中丢失或泄露（如黑客利用电磁泄漏或搭线窃听等方式截取机密信息，通过信息流向、流量、通信频度或长度等参数的分析推测出有用信息，如用户口令、账号等），信息在存储介质中丢失或泄露等。

任务 1.2　计算机病毒和防火墙技术

信息安全技术策略是指为保证提供一定级别的安全保护所必须遵守的规则。实现信息安全，不但要靠先进的技术，而且也得靠严格的安全管理、法律约束和安全教育。目前主流的安全技术主要有病毒检测与清除技术、安全防护技术、安全审计技术、解密和加密技术、身份认证技术等。

任务描述

要对个人或企业计算机进行一些基本的安全设置，这样才能抵御病毒或被黑客植入木马程序。本任务主要介绍了为保证信息安全而采用的病毒查杀和防火墙技术设置的方法。

任务分析

了解计算机病毒的定义、传播途径和防治方法；分析防火墙技术的防御和设置方法。

任务实施

1.2.1　计算机病毒的定义

图 1-1　计算机病毒

计算机病毒是一种人为制造的、在计算机运行中对计算机信息或系统起破坏作用的程序。这种程序不是独立存在的，它隐藏在其他可执行的程序之中，既有破坏性，又有传染性和潜伏性。感染计算机病毒后，轻则影响机器运行速度，使机器不能正常运行；重则使机器陷入瘫痪，给用户带来不可估量的损失。通常就把这种具有破坏作用的程序称为计算机病毒，如图 1-1 所示。

1.2.2 计算机病毒的传播途径

1. 通过外存储设备传播

一般外存储设备有 U 盘、CD、软盘、移动硬盘等，这些都可以是传播病毒的路径，而且因为它们经常被移动和使用，所以它们更容易得到计算机病毒的青睐，成为计算机病毒的载体。

2. 通过网络传播

通常计算机都是连接互联网的，一些来历不明的网页、电子邮件、QQ 消息、BBS 帖子等都可以是计算机病毒网络传播的途径，特别是近年来，随着网络技术的发展和互联网运行频率的提高，计算机病毒的传播速度越来越快，范围也在逐步扩大。

3. 利用计算机系统和应用软件的弱点、漏洞传播

近年来，越来越多的计算机病毒利用计算机系统和应用软件的不足传播出去，因此这种途径也被划分在计算机病毒基本传播方式中。

对于计算机病毒我们可以根据其对应的传播途径采取相应的措施来加以预防，做到防患于未然。一般计算机病毒的防御措施有以下几个方面：

（1）不点击来历不明的邮件。当前很多病毒都是通过邮件来传播的，当你收到来历不明的邮件时，请不要打开，应尽快删除。同时，要将邮箱设置为拒收垃圾邮件状态。

（2）不下载不明软件。最好找一些知名的网站下载软件，而且不要下载和运行来历不明的软件。同时，在安装软件前最好用杀毒软件查看是否携带病毒，再进行安装。

（3）及时修复漏洞和堵住可疑端口。一般病毒都通过漏洞在系统上打开端口留下后门，以便上传病毒文件和执行代码，在修复漏洞的同时，需要对端口进行检查，把可疑的端口封堵住，不留后患。

（4）使用实时监控程序。在浏览网页时，最好运行反病毒实时监控程序和个人防火墙，并定时对系统进行病毒检查，还要经常升级系统和更新病毒库，注意关注关于病毒的新闻公告等，提前做好预防准备。

1.2.3 计算机病毒的查杀

1. 360 杀毒软件

（1）双击如图 1-2 所示的图标，打开如图 1-3 所示的对话框。

（2）在弹出 360 杀毒软件对话框后，可以单击"全盘扫描"（对整个计算机中的文件进行扫描），弹出如图 1-4 所示的 360 杀毒全盘扫描对话框。如果想暂停扫描，则可以单击"暂停"按钮；如果想停止扫描，则可以单击"停止"按钮。

（3）单击"快速扫描"也会弹出如图 1-4 所示的 360 杀毒全盘扫描对话框，即可以快速扫描全部文件。

图 1-2　360 杀毒软件

（4）最后查杀完毕弹出如图 1-5 所示的对话框，可以单击"暂不处理"或者"立即处理"按钮。

图 1-3　360 杀毒软件对话框

图 1-4　360 杀毒全盘扫描对话框

图 1-5　360 杀毒处理对话框

（5）处理完毕单击如图 1-6 所示的处理完成对话框中的"确认"按钮。

图 1-6 处理完成对话框

（6）如果想单独对计算机中的一个磁盘进行查杀病毒，则单击"自定义扫描"按钮，如图 1-7 所示，随即弹出如图 1-8 所示的"选择扫描目录"对话框，选择想要扫描的盘符。单击"扫描"按钮，之后重复操作步骤（4）和（5）。

图 1-7 自定义扫描   图 1-8 "选择扫描目录"对话框

1.2.4 防火墙技术

防火墙的英文名为"FireWall"，防火墙的本义是指古代构筑和使用木质结构房屋的时候，为防止火灾的发生和蔓延，人们将坚固的石块堆砌在房屋周围作为屏障，这种防护构筑物就被称为"防火墙"。防火墙逻辑示意图如图 1-9 所示。

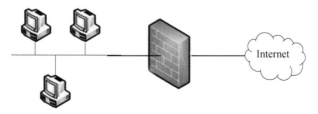

图 1-9 防火墙逻辑示意图

防火墙在计算机系统中是内、外部网络之间通信的唯一通道，可以全面、有效地保护内部网络不受侵害。防火墙的目的就是在网络连接之间建立一个安全控制点，通过允许、拒绝或重新定向经过防火墙的数据流，实现对进、出内部网络的服务和访问的审计与控制。

首先，防火墙自身具有非常强的抗攻击免疫力，这也是防火墙之所以能担当计算机内部网络安全防护重任的先决条件。防火墙处于网络边缘，它就像一个边界卫士一样，每时每刻都要面对黑客的入侵，这样就要求防火墙自身要具有非常强的抗击入侵本领。它之所以具有这么强的本领，防火墙操作系统本身是关键，只有自身具有完整信任关系的操作系统才可以谈论系统的安全性。其次，防火墙自身具有非常低的服务功能，除了专门的防火墙嵌入系统外，再没有其他应用程序在防火墙上运行。

1.2.5 防火墙的设置

1. 防火墙的设置（Windows 10 中的设置）

（1）在 Windows 10 系统桌面上，右击桌面左下角的"开始"按钮，在弹出的菜单中选择"设置"菜单项，如图 1-10 所示。

图 1-10 "开始"菜单项

（2）这时就会打开 Windows 10 系统的"设置"窗口，在窗口中单击"网络和 Internet"图标，如图 1-11 所示，打开"高级网络设置"窗口。

图 1-11 "设置"窗口

（3）在打开的"高级网络设置"窗口中，单击"Windows 防火墙"菜单项，如图 1-12 所示。

图 1-12 "高级网络设置"窗口

（4）在打开的"Windows 安全中心"窗口中，单击左侧的"防火墙和网络保护"菜单项，如图 1-13 所示。

图 1-13 "Windows 安全中心"窗口

（5）在打开的"防火墙和网络保护"窗口中，分别选择"专用网络"与"公用网络"项的"Microsoft Defender 防火墙"下的单选框，最后单击"确定"按钮，如图 1-14 所示。

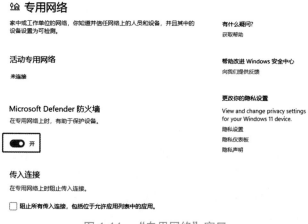

图 1-14 "专用网络"窗口

（6）这时在系统右下角会弹出"启用 Windows 防火墙"的提示信息，这时 Windows 防火墙已被关闭了，如图 1-15 所示。

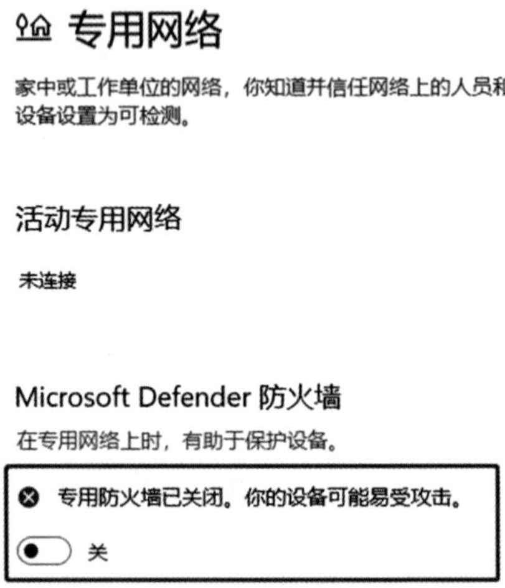

图 1-15　防火墙关闭

任务 1.3　数据加密和身份认证技术

信息安全技术中除了防火墙技术外，还有数据加密和身份认证技术。数据加密技术增加了对信息的密钥管理，对数据增加了一层保护的密码外衣。

任务描述

数据加密技术和身份认证技术的具体定义与加密方法是什么？该如何实现？本任务介绍数据加密和身份认证技术的设置方法。

任务分析

了解数据加密、解密、身份认证和防治方法；分析对比数据加密和身份认证技术。

任务实施

1.3.1　数据加密技术

数据加密（Data Encryption）技术是指将一个信息（或称明文，Plain Text）经过加密钥匙（Encryption Key）及加密函数转换，变成无意义的密文（Cipher Text），而接收方则将此密文经过解密函数、解密钥匙（Decryption Key）还原成明文。加密技术是网络安全技术的基石。

数据加密技术要求只有在指定的用户或网络下，才能解除密码而获得原来的数据，这就需要给数据发送方和接收方以一些特殊的信息用于加解密，这些信息就是所谓的密钥。其密钥的值是从大量的随机数中选取的。加密算法可分为对称算法和非对称算法（公用秘钥算法）两种。

1. 对称算法

对称算法又称为对称密钥或单密钥，加密和解密时使用同一个密钥，即同一个算法。如 DES 和 MIT 的 Kerberos 算法。单密钥是最简单的方式，通信双方必须交换彼此密钥，当需给对方发信息时，用自己的加密密钥进行加密，而在接收方收到数据后，用对方所给的密钥进行解密。当一个文本要加密传送时，该文本用密钥加密构成密文，密文在信道上传送，收到密文后用同一个密钥将密文解出来，形成普通文体供阅读。对称密钥加密过程如图 1-16 所示。在对称密钥中，密钥的管理极为重要，一旦密钥丢失，密文将无密可保。这种方式在与多方通信时因为需要保存很多密钥而变得很复杂，而且密钥本身的安全就是一个问题。

图 1-16　对称密钥加密过程

对称密钥加密存在着以下主要缺点：

◇ 密钥更换时，加密方把密钥传给解密方的过程中可能会泄露信息。

◇ 通信时，若所有用户都使用相同密钥，则加密无意义；若两两用户都使用不同密钥，则密钥太多且难管理。

◇ 难以解决身份验证问题（加/解密双方都可加/解密，无法确认信息加密者身份）。

2. 非对称算法

非对称算法又称公用秘钥，加密和解密时使用不同的密钥，即不同的算法，虽然两者之间存在一定的关系，但不可能轻易地从一个推导出另一个。它有一把公用的加密密钥，有多把解密密钥，如 RSA 算法。

非对称算法由于两个密钥（加密密钥和解密密钥）各不相同，因而可以将一个密钥公开，而将另一个密钥保密，同样可以起到加密的作用。

在这种编码过程中，一个密钥用来加密消息，而另一个密钥用来解密消息。在两个密钥中有一种关系，通常是数学关系。公钥和私钥都是一组十分长的、数字上相关的素数（是另一个大数字的因数）。只有一个密钥不足以翻译出消息，因为用一个密钥加密的消息只能用另一个密钥才能解密。每个用户可以得到唯一的一对密钥，一个是公开的，另一个是保密的。公共密钥保存在公共区域，可在用户中传递，甚至可印在报纸上面；而私钥必须存放在安全保密的地方。任何人都可以有你的公钥，但是只有你一个人能有你的私钥。它的工作过程如图 1-17 所示。"你要我听你的吗？除非你用我的公钥加密该消息，我就可以听你的，因为我知道没有别人在偷听。只有我的私钥（其他人没有）才能解密该消息，所以我知道没有人能读到这个消息。我不必担心大家都有我的公钥，因为它不能用来解密该消息。"

非对称算法加密存在的主要缺点是公开密钥的加密机制难以鉴别发送者，即任何得到公开密钥的人都可以生成和发送报文。数字签名机制提供了一种鉴别方法，以解决伪造、抵赖、冒充和篡改等问题。

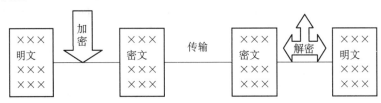

图 1-17　非对称密钥加密过程

3．数字签名

数字签名一般采用非对称加密技术（如 RSA），通过对整个明文进行某种变换，得到一个值，作为核实签名。接收者使用发送者的公开密钥对签名进行解密运算，若其结果为明文，则签名有效，证明对方的身份是真实的。当然，签名也可以采用多种方式，例如，将签名附在明文之后。数字签名普遍用于银行、电子贸易等。

数字签名不同于手写签字，数字签名随文本的变化而变化，而手写签字反映某个人的个性特征，是不变的；数字签名与文本信息是不可分割的，而手写签字是附加在文本之后的，它与文本信息是分离的。数字签名工作过程如图 1-18 所示。

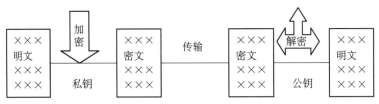

图 1-18　数字签名工作过程

1.3.2　文件夹加密设置

（1）选择需要加密的文件夹，这里选择的是"加密文件"文件夹，右击选择"属性"，弹出如图 1-19 所示的加密文件夹属性对话框。

图 1-19　加密文件夹属性对话框

（2）在"常规"选项卡中，单击"高级"按钮，选中"加密内容以便保护数据"复选框，这样就完成了文件夹的加密。

1.3.3　系统密码登录设置

（1）单击左下角的"开始"按钮，弹出如图 1-10 所示的"开始"菜单项，选择"设置"。

（2）在打开的"设置"界面中选择"账户"，如图 1-20 所示，然后在主页界面中，选择"登录选项"，如图 1-21 所示。

图 1-20　选择"账户"

图 1-21　选择"登录选项"

（3）单击"密码"，在下拉选项中单击"添加"按钮，如图 1-22 所示。

图 1-22　单击"密码"

（4）在"新密码""确认密码"和"密码提示"框中分别输入你要创建的密码和问题，单击"下一页"按钮，如图1-23所示，最后单击"完成"按钮，创建系统密码完成，如图1-24所示。

图1-23　"创建密码"窗口

图1-24　创建密码成功

1.3.4　身份认证技术

身份认证是在计算机网络中确认操作者身份的过程，身份认证可分为用户与主机间的认证和主机与主机之间的认证，下面主要介绍用户与主机间的身份认证。

在现实世界，对用户的身份认证基本方法可以分为以下三种：

（1）根据你所知道的信息来证明你的身份（你知道什么？），如口令、密码等。

（2）根据你所拥有的东西来证明你的身份（你有什么？），如印章、智能卡等。

（3）直接根据独一无二的身体特征来证明你的身份（你是谁？），如指纹、声音、视网膜、签字、笔迹等。

为了达到更高的身份认证安全性，某些网络场景会任意挑选上面两种方法混合使用，即所谓的双因素认证。以下是几种常见的认证形式。

1．口令

（1）静态口令。用户的口令由用户自己设定，当被认证对象要求访问服务系统时，提供服务的认证方要求被认证对象提交其口令，认证方收到口令后，与系统中存储的用户口令进行比较，以确认被认证对象是不是合法访问者。

（2）动态口令。动态口令的基本原理是：在客户端登录过程中，基于用户的秘密通行短语（SPP）加入不确定性因素，SPP和不确定性因素进行变换，所得的结果作为认证数据（即动态口令），提交给认证服务器。认证服务器接收到用户的认证数据后，以事先预定的算法去验算认证数据，从而实现对用户身份的认证。由于客户端每次生成认证数据都采用不同的不确定性因素值，保证了客户端每次提交的认证数据都不相同，因此动态口令机制有效地提高了身份认证的安全性。

2．证书

由证书颁发机构（CA）为系统中的用户颁发证书，证书最后需要分发到每个用户手中，这些证书的副本通常以二进制的形式存储在证书颁发机构的证书服务器数据库中，以便认证时使用。认证过程如下：

（1）客户端用户首先发送登录认证请求到服务器端，内容为用户 ID。

（2）服务器端收到仅包含用户 ID 的登录认证请求后，需要检查用户 ID 是否是已经注册的合法用户 ID。如果不是，服务器将直接返回错误信息到客户端；如果是，服务器将产生随机数，并以明文的形式返回给客户端。

（3）客户端用户必须对下发的随机数用私钥签名，用户必须输入正确口令才能打开私钥件。用户输入正确的口令以后，客户端的应用程序可以通过私钥完成对随机数的加密，从而生成数字签名，签名结果会和用户 ID 一起再次传送到服务器端。

（4）服务器需要验证收到的用户名，服务器认证程序会根据用户 ID 从数据库中获取用户的证书，到 CA 验证用户证书是否合法。如果不合法，则返回认证失败信息；如果合法，则解析证书，获取公钥信息，并用公钥验证签名。如果验证正确，则身份认证通过；反之，则不通过，服务器把认证结果返回给客户端，从而完成身份认证的过程。

3．智能卡

将智能卡当作身份验证方式时，需要将智能卡插入智能卡读卡器中，然后输入一个身份信息码（PIN 码，通常为四到八位），客户端计算机使用证书来接收 Active Directory 的身份验证。这种类型的身份验证既验证用户持有的凭证（智能卡），又验证用户知晓的信息（智能卡密码），以此确认用户的身份。

基于智能卡的身份认证系统认证的主要流程均在智能卡内部完成，相关的身份信息和中间运算结果均不会出现在计算机系统中。为了防止智能卡被他人盗用，智能卡一般提供使用者个人身份信息验证功能，只有输入正确的 PIN 码，才能使用智能卡。这样即使智能卡被盗，由于盗用者不知道正确的身份信息码，因此将无法使用智能卡。智能卡和口令技术相结合提高了基于智能卡的身份认证系统的安全性。

4．指纹

由于人们生活中的很多应用都需要设定密码、口令，很多的口令和密码对于人们记忆来说很困难，因此生物识别受到了人们的关注。

指纹识别技术是以数字图像处理技术为基础，而逐步发展起来的。相对于密码、各种证件等传统身份认证技术和诸如语音、虹膜等其他生物认证技术而言，指纹识别是一种更为理想的身份认证技术。使用指纹识别具有许多优点，例如，每个人的指纹都不相同，极难进行复制或被盗用；指纹比较固定，不会随着年龄的增长或健康程度的变化而变化；最重要的在于指纹图像便于获取，易于开发识别系统，具有很高的实用性和可行性。

指纹识别技术可以和其他多种技术融合在一起，以构成特殊的身份认证方法，例如，指纹和智能卡相结合的认证方法、基于 USB Key 的身份认证方法。

每种认证机制都不是绝对的，它们之间的有些方式都是类似的，实际选择时可能会结合一种以上的认证技术，将来也必定有更加优越的身份认证机制出现。

图 1-25　选择"属性"

1.3.5　文件夹权限设置

（1）右击"权限设置"文件夹，在弹出的选项中选择"属性"，如图 1-25 所示。

（2）在弹出的"文件权限属性"对话框中，选择"安全"选项卡。现在既可以创建系统对文件夹的权限，也可以设置用户对"文件权限"文件夹的权限，如图 1-26 所示。

◇ SYSTEM：系统用户。

◇ Administrators：管理员用户。

◇ Users：一般用户。

◇ Authenticated Users：真实用户。

（3）单击"编辑"按钮，弹出"文件权限的权限"对话框，单击"添加"按钮，可以添加真实用户对文件夹的"完全控制"权限。在"允许"下面的复选框中选中"完全控制"选项，单击"确定"按钮，如图 1-27 所示。

图 1-26　"文件权限"属性

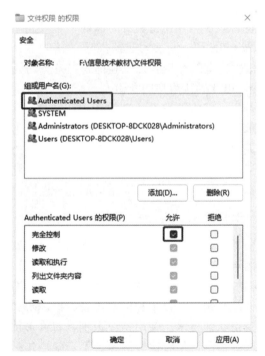

图 1-27　"文件权限"的权限

本章小结与课程思政

本章重点是介绍信息安全的定义及在此基础上，对不同人员或部门对信息安全所关注的方面进行了介绍。网络信息安全要求保障网络信息系统的可靠性、保密性、完整性、有效性、可控性和合法性，一般而言，信息安全更侧重强调网络信息的保密性、完整性和有效性。本章还介绍了网络信息安全面临的威胁和网络安全标准和等级，重点讲述了信息安全技术的防御方法和方法的实现。

通过《网络安全法》与《信息系统安全》课程的共鸣点与切入点，以网络安全法为导向，通过实际案例与信息系统安全知识相结合的方式，分析网络安全法对信息系统安全的影响，对学生进行知法懂法守法思政教育，提高学生的信息安全意识和法律法规意识。让学生在学习专业知识的同时，能掌握相关的法律法规，提升法律素养，从而推动普法教育工作在高校的开展。

思考与训练

1. 填空题

（1）网络安全的基本组成是实现信息的_____、完整性、可用性、可控性、可审查性和合法性。

（2）_____是指敏感数据被有意或无意地泄露出去或丢失。

（3）加密算法分为_____和非对称算法（公用秘钥算法）两种。

（4）非对称算法的两个密钥（_____和_____）各不相同。

（5）身份认证常见的认证形式有_____、_____、_____、_____。

2. 选择题

（1）_____是采用综合的网络技术设置在被保护网络和外部网络之间的一道屏障，用以分隔被保护网络与外部网络系统，防止发生不可预测的、具有潜在破坏性的侵入，它是不同网络或网络安全域之间信息的唯一出入口。

A．防火墙技术　　　　　　　　　　B．密码技术

C．访问控制技术　　　　　　　　　D．VPN

（2）计算机病毒通常是_____。

A．一条命令　　　　　　　　　　　B．一个文件

C．一个标记　　　　　　　　　　　D．一段程序代码

（3）下面关于系统更新的说法中正确的是_____。

A．系统需要更新是因为操作系统存在着漏洞

B．系统更新后，可以不再受病毒的攻击

C．系统更新只能从微软网站下载补丁包

D．所有的更新应及时下载安装，否则系统会立即崩溃

（4）Windows 系统的用户号有两种基本类型，分别是全账号和_____。

A．本地账号   B．域账号

C．来宾号   D．局部号

（5）木马与病毒的最大区别是_____。

A．木马不破坏文件，而病毒会破坏文件

B．木马无法自我复制，而病毒能够自我复制

C．木马无法使数据丢失，而病毒会使数据丢失

D．木马不具有潜伏性，而病毒具有潜伏性

3．思考题

（1）什么是网络信息安全？

（2）网络信息安全面临的威胁主要有哪些？

（3）信息安全的防御方法主要有哪些？

（4）如何设置计算机的开机密码？

第2章 项目管理

在现代社会中，项目是普遍存在的。人们的工作任务和工作对象越来越多地以项目的方式呈现。项目存在于社会的各个领域和全球的各个地方，大到一个国家、一个地区、一个跨国集团，小到一个企业、一个职能部门，都不可避免地参与或接触到各类项目。项目管理越来越广泛地被应用于各行各业，对社会发展起着越来越重要的作用。

学习目标

◆ 项目管理的基本概念。
◆ 项目范围管理。
◆ 项目管理的四个阶段和五个过程。
◆ 项目工作分解结构。
◆ 项目管理工具的应用。

任务 2.1 项目管理基础知识

随着计算机的普及，项目管理理论和方法的应用走向了更广阔的领域，如建筑工程、航天航空、国防、农业、IT、医药、化工、金融、广告、法律等行业。各行各业都需要掌握项目管理的基础知识。项目管理就是为了满足或超越项目涉及人员对项目的需求和期望，而将优秀的思维方式、知识、技能和工具应用到项目的活动中去。

任务描述

要满足或超过项目涉及人员的需求和期望，就需要对项目进行系统分析，按照项目目标、用户及其他相关者要求确定项目范围，确保在预定的项目范围内对项目系统进行结构分解，并有计划地进行项目的实施和管理工作，确保成功完成规定要做的全部工作，既不多余又不遗漏。本任务要求理解项目管理的基本概念，了解项目范围管理。

任务分析

通过本任务概念的描述，将对项目管理的基本概念、项目范围管理、项目管理的四个阶段和五个过程、项目工作分解结构的概念有基本的了解。

任务实施

2.1.1 项目管理的定义

1. 项目的定义

国家标准《质量管理　项目管理质量指南》（GB/T 19016—2021）将项目定义为，"由一组有起止时间的、相互协调的受控活动所组成的特定过程，该过程要达到符合规定要求的目标，包括时间、成本和资源的约束条件"。

2. 项目管理的定义

项目管理是指项目管理者在有限的资源约束下，运用系统理论、观点和方法，对项目涉及的全部工作进行有效管理，即对从项目的投资决策开始到项目结束的全过程进行计划、组织、指挥、协调、控制和评价，以实现项目的目标。

项目管理作为一种通用技术已应用于各行各业，获得了广泛的认可。

2.1.2 项目范围管理

1. 项目范围的概念

在项目管理中，范围的概念主要针对如下两方面。

1）项目可交付成果的范围

项目可交付成果的范围，即项目的对象系统的范围。对工程项目而言，项目可交付成果的范围就是指工程系统的范围。工程系统有自身的结构，可以用工程系统分解结构（EBS，Engineering Breakdown Structure）表示。

2）项目工作范围

项目工作范围指为了成功达到项目的目标，获得项目可交付成果而必须完成的所有工作的组合，即项目的行为系统的范围。对它进行项目工作结构分解，可以用项目工作分解结构（WBS，Work Breakdown Structure）表示。项目工作应包括：

（1）为获得项目可交付成果所必须完成的专业性工作，如规划、勘察、各专业工程的设计、工程施工、供应（制造）等工作。这些工作受项目的种类和应用领域影响，有专业特点，不同的项目，有不同的专业性工作。

（2）为保证专业性工作顺利实施所必须完成的项目管理工作，如计划、组织、控制等。由于现代项目管理的专业化，管理工作包含了许多种类，如合同管理、进度管理、成本管理、质量管理、资源管理等。

（3）其他工作。如规划的审批、工程施工许可证的办理、招标过程中会议的组织等。通常人们将这类工作也归为项目管理工作。

2. 项目范围管理的概念

范围管理是现代项目管理的基础工作，是项目管理知识体系（PMBOK）中的十大知识体系之一。人们已经在这方面做了许多研究。在现代项目管理中范围管理已逐渐成为一项职能管理工作，有些项目组织还设立专职人员负责范围管理工作。

3. 项目范围的确定过程

通常，项目范围的确定过程（图 2-1）分为以下三个步骤：

（1）项目的总目标、环境条件和限制条件分析。

（2）项目最终可交付成果范围和结构的确定。

（3）项目工作范围的确定和工作结构分解。

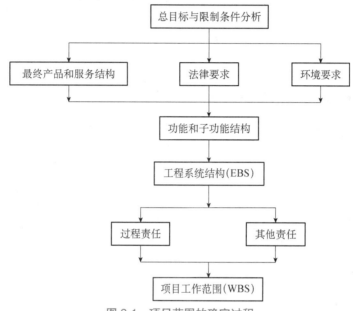

图 2-1　项目范围的确定过程

2.1.3　项目管理的四个阶段和五个过程

1. 项目管理的四个阶段

四个阶段分别为：识别需求阶段、提出解决方案阶段、执行项目阶段、结束项目阶段，也叫作规划阶段、计划阶段（开发阶段）、实施阶段和完成阶段。四个阶段是从项目实现过程的角度考虑的，是一次进行的，不可能重复。在不同的阶段有不同的任务，有不同的可交付成果，有不同的组织，有不同的专业工作和管理工作。

1）规划阶段

规划阶段又称前期策划阶段，这个阶段从项目构思产生到批准立项为止。在我国可行性研究报告经批准后，项目及立项，经批准的可行性研究报告就作为工程项目的任务书，作为项目初步设计的依据。

2）计划阶段

计划阶段也即开发阶段，这个阶段从批准立项到开工为止。

3）实施阶段

这个阶段从开工到竣工并通过验收为止。

4）完成阶段

这个阶段项目进入了运行（生产或使用）阶段。

项目管理的四个阶段是项目在管理过程中的进度，有很强的时间概念。所有的项目都必须有这四个阶段，只不过是不同项目每个阶段时间长短不一样而已。每个阶段可能会出现交叉和重叠。

2. 项目管理的五个过程

项目管理的五个过程分别为启动、规划、执行、监控、收尾。五个过程并不是独立的一次性过程，它贯穿于项目生命周期的每一个阶段。

项目管理的五个过程是项目管理的工具方法，每个项目阶段都可以有这五个过程，也可以仅选取某一个过程或某几个过程。比如识别需求阶段，可以识别需求的启动、识别需求的规划、识别需求的执行、识别需求的监控和识别需求的收尾。又如提出解决方案阶段，完全可以只有提出方案阶段的规划和提出方案阶段的执行。

2.1.4 项目工作分解结构

1. 项目工作分解结构的概念及作用

项目是由许多互相联系、互相影响和互相依赖的活动组成的行为系统。按系统工作程序，在具体的项目工作，如设计、计划和施工之前就必须对这个系统进行分解，将项目范围规定的全部工作分解为较小的、便于管理的独立活动。通过定义这些活动的费用、进度和质量，以及它们之间的内在联系，将完成这些活动的责任赋予相应的单位和人员，建立明确的责任体系，达到控制整个项目的目的。在国外，人们将这项工作的结构称为工作分解结构，即 WBS（Work Breakdown Structure）。

在整个项目管理中，WBS 具有十分重要的地位，是对项目进行设计、计划、目标和责任分解、成本核算、质量控制、信息管理、组织管理的工作对象，所以在国外被称为"项目管理最得力的、有用的工具和方法"。

2. 项目工作分解结构的结果

项目工作分解结构是项目管理中一项十分困难的工作，专业性很强，显示了不同种类工程项目的专业特点。它的科学性和实用性主要依靠项目管理者的经验和技能，分解结果的优劣也很难评价，只有在项目的设计、计划和实施控制过程中才能体现出来。

项目工作分解结构的结果通常包括以下两种。

1）树形结构

项目工作分解结构图表达了项目总体的结构框架。结构图中各层次的命名也各不相同，许多文献中常用"项目""子项目""任务（概括性工作）""子任务""工作包（工作细目）""活动"等表示项目结构图上不同层次的名称。本书中将结构图中的单元（不分层次，无论在项目的总结构图中或在子结构图中）统一称为项目单元或工程活动。

另外，对每个项目单元进行编码是现代信息化管理的要求。为了便于计算机数据处理，在项目初期，应进行编码设计，建立整个项目统一的编码体系，确定编码规则和方法，并在整个项目中使用。这是项目管理规范化的基本要求，也是项目管理集成化的前提条件。项目分解的树形结构图如图 2-2 所示。

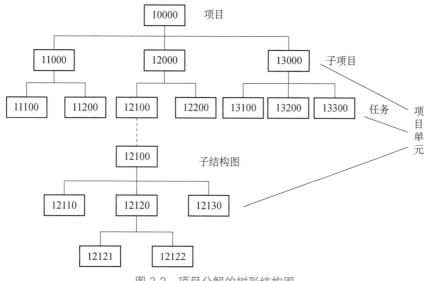

图 2-2　项目分解的树形结构图

2）项目工作结构分析表（项目活动清单）

将项目工作结构图用表来表示则为项目工作结构分析表，它既是项目工作任务分配表，又是项目范围说明书。它的结构类似于计算机文件的目录路径。例如，上面的项目工作分解结构图可以用一个简单的项目工作结构分析表来表示，如表 2-1 所示。

表 2-1　项目工作结构分析表（项目活动清单）

编码	活动名称	负责人	预算成本	计划工期	……
10000					
11000 11100 11200					
12000 12100 12200 12210 ……					
13000					

工作结构分析表中包含了工作的编码、名称、范围定义或工作说明以及可交付成果描述、负责单位、开始和完成日期、必要的资源、成本估算、合同信息、质量要求等信息。

项目工作分解结构的实际应用表明，对大型工程项目一般在项目的早期就应进行结构分解，它是一个渐进的过程。首先，按照设计任务书或方案设计文件进行系统结构分解，得到系统分解结构图，它是对项目工作进一步设计和计划的依据。

在按照实施过程做进一步的分解时，必须考虑项目实施、项目管理及各阶段的工作策略，所以项目的实施方式（承发包方式和管理模式）对项目工作结构分解有很大的影响。

任务 2.2　项目管理工具的应用

项目管理工具是专门用来帮助计划和控制项目资源、成本与进度的计算机应用软件，主要用于收集、综合和分发项目管理过程的输入和输出。传统项目管理工具包括时间进度计划、成本控制、资源调度和图形报表输出等功能模块。

任务描述

本任务主要以 XX 软件开发项目为例，以项目工作分解结构为基础，从项目管理中的项目资源平衡、成本管理、进度优化、质量监控几个方面出发，来讲解项目管理工具的使用。

任务分析

首先，要熟悉使用常用的项目管理工具，以 Project 为例；然后，利用项目管理工具进行项目工作结构分解、进度计划编制、项目资源平衡、成本管理、跟踪控制、质量监控。

任务实施

2.2.1　项目管理工具介绍

1．Microsoft Office Excel

Excel 工具可以制作项目计划，列出项目的每个阶段，以及项目每个阶段需要完成的内容，如图 2-3 所示。每个内容对应责任人和成员，以及备注每个任务的时间点和任务等。

图 2-3　工作清单

使用 Excel 工具可以很清晰地列出项目的所有任务以及任务的负责人和时间点，让项目经理及时进行项目进度监控、项目任务跟踪等。

2. Microsoft Office Project

Microsoft Project（或 MSP）是由微软开发销售的项目管理软件程序。使用该工具的目的在于协助项目经理发展计划、为任务分配资源、跟踪进度、管理预算和分析工作量。

该软件可以自行从网上下载，下载安装完成后，双击快捷方式打开软件。以下以 Microsoft Office Project Professional 2021 版本为例介绍相关操作。

1）新建项目

打开软件后，新建一个空白的项目，如图 2-4 所示。

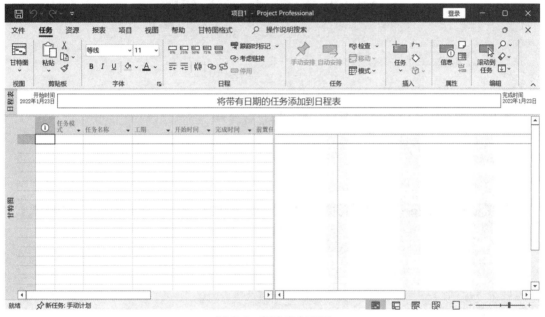

图 2-4　新建空白项目

图 2-4 中的主要区域有：上方为常用功能，主要是文件的操作、文字的格式，还有任务的级别等功能按钮，常用的操作就集中在最上方的快捷按钮中；最左侧的灰色区域用来切换视图方式；方格组成的区域为编辑区，用来输入和编辑项目内容；右侧为甘特图显示区域。

2）建立项目信息

在进行项目的相关操作之前，首先要建立基本项目信息。单击"项目"菜单下的"项目信息"，弹出"项目信息"对话框，如图 2-5 所示。在"项目信息"对话框中进行项目所需的相关项设置。至少要设置项目的"开始日期"（或"完成日期"）。设置完毕后，单击"确定"按钮。

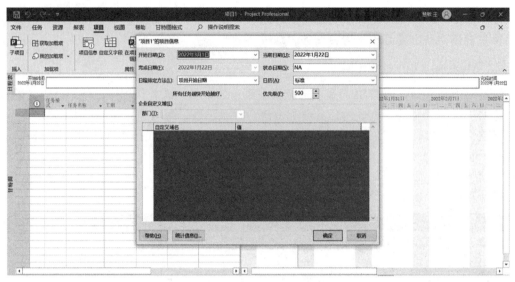

图 2-5　建立基本项目信息

2.2.2　工作分解和进度计划编制

1．输入工作清单

输入工作清单，如图 2-6 所示。

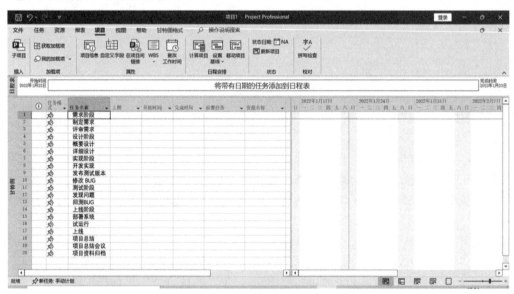

图 2-6　输入工作清单

2．编制工作分解结构

1）自动安排功能

首先，单击位于行标上面、编辑区左上角的方形空白区域，选中整张表；然后，单击"任务"菜单下的"自动安排"按钮，完成工期、开始时间和完成时间的自动安排。自动安排的工期默认为 1 个工作日，开始时间默认为项目开始时间，后续可根据具体情况进行更改，如图 2-7 所示。

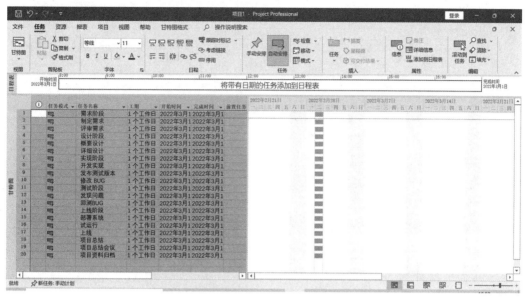

图 2-7　自动安排工期、开始时间和完成时间

2）降级

选中"需求阶段"的两个分解任务，单击"任务"菜单下的"降级" 按钮，将表中的"制定需求"和"评审需求"降级。此时，"制定需求"和"评审需求"成为"需求阶段"任务的子任务，也可称"需求阶段"为"摘要"，如图 2-8 所示。

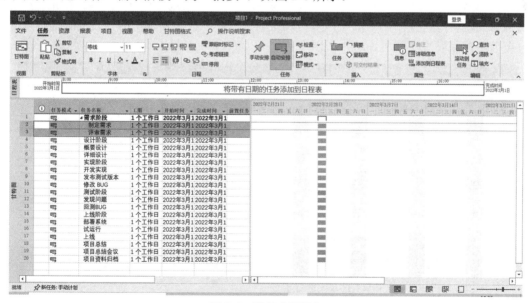

图 2-8　降级分解任务

重复使用上述方法，降级所有需要降级的任务。按照个人需求，可以设置子任务的显示或隐藏。至此，完成了工作分解结构，效果如图 2-9 所示。

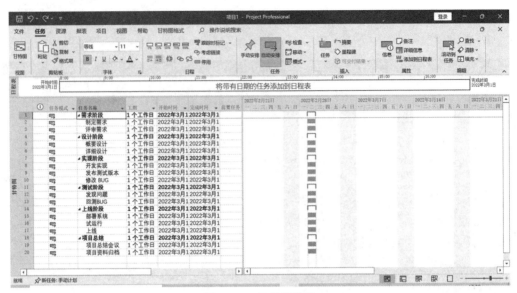

图 2-9　工作分解结构

3．编制进度计划

进度计划是在工作分解结构的基础上进行编制的。它主要依赖于对各项目单元进行时间排序、资源估计、任务工时估计，最终实现进度计划的编制，以表明各项目单元之间的依赖关系。下面依次进行时间排序、资源估计、任务工时估计。

1）时间排序

如果要对"需求阶段"的"制定需求"和"评审需求"任务进行排序，则需要选中"制定需求"和"评审需求"两行，单击"任务"菜单中的"链接选定的任务" 按钮，效果如图 2-10 所示。可以观察到在图 2-10 中，"制定需求"和"评审需求"两行右侧的甘特图区域的任务前后关系发生了变化。

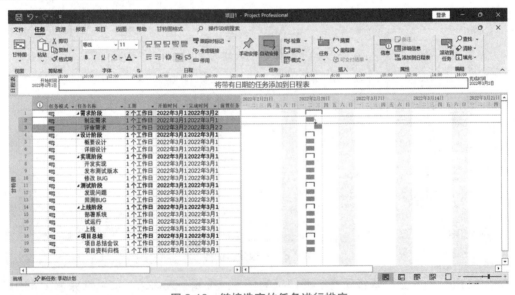

图 2-10　链接选定的任务进行排序

默认的链接选定任务的关系为"开始-结束"关系。可以通过设置编辑区中"前置任务"列的参数，对各任务进行排序，确定依赖关系。所有任务排序完成后的效果如图 2-11 所示。

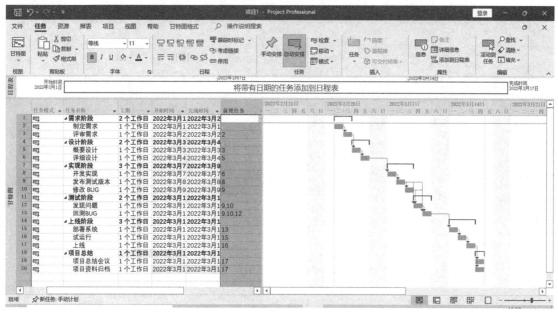

图 2-11　所有任务排序后的效果

2）资源估计

（1）建立资源工作表。首先，右击 Project 软件编辑区左侧的灰色区域，在弹出的快捷菜单中，选中"资源工作表"选项，如图 2-12 所示。此时，打开"资源工作表"视图。

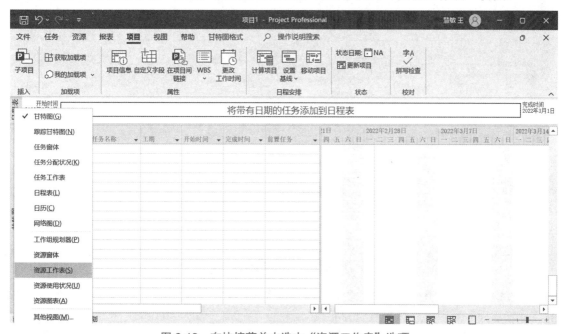

图 2-12　在快捷菜单中选中"资源工作表"选项

打开"资源工作表"后，在编辑区输入项目的资源，如图 2-13 所示。不同的项目会有不同的资源，包括人员、材料和成本三大类，可以是人员、设备、装置、部门、公司、房间等。

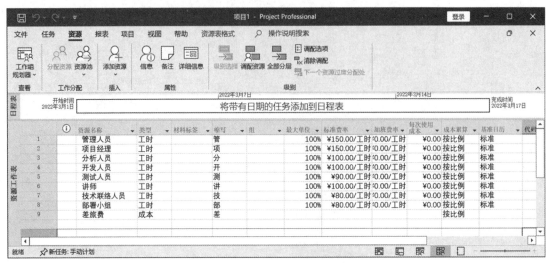

图 2-13　输入项目资源

（2）分配资源

将项目切换到"甘特图"视图，单击各个任务后的"资源名称"列，在弹出的资源下拉列表中，选中所需的资源，如图 2-14 所示。

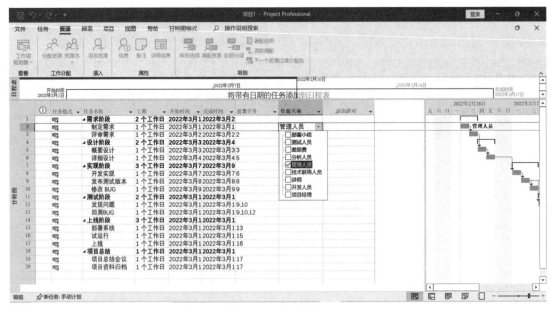

图 2-14　分配资源

此过程也可以用另外一种方法实现：单击"资源"菜单下的"分配资源"按钮，利用弹出的"分配资源"对话框进行资源的分配。

按项目的需求，为各个任务分配资源后的结果，如图 2-15 所示。

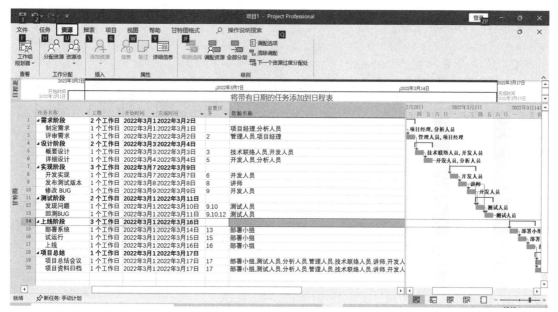

图 2-15　资源分配结果

3）任务工时估计

插入"工时"列，以便根据工时和资源分配的结果计算出具体的工期。右击"开始时间"列，在快捷菜单中单击"插入列"选项，选中列明"工时"，设定各任务的具体工时，效果如图 2-16 所示。

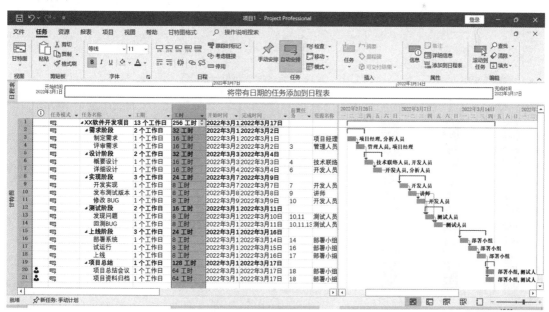

图 2-16　设定工时

经过以上三个步骤，完成了进度计划的编制。图 2-16 中编辑区的第一行显示了项目的工期，右侧甘特图体现了项目进度计划。进度计划决定了资源计划和成本计划。

2.2.3 资源平衡

1. 发现资源冲突

资源工作表采用电子表格的形式显示有关每种资源的信息。如果发生资源冲突，则需要进行资源平衡。图 2-16 中的第 20 和 21 行前面有一个红色的小人图标，表明这两项任务存在资源冲突的情况。另外，资源工作表视图、资源图表视图或资源使用状况视图中红色的部分都说明了存在资源冲突。

2. 解决资源冲突

解决资源冲突，进行资源平衡的具体方法有：安排加班、重新定义资源日历、分配兼职工作、控制资源开始任务工作的时间、通过调配资源工作负荷延迟任务和改变资源工时分布等操作。下面介绍两种方法。

1）任务检查器

单击"任务"菜单下"任务"功能组中的"检查"功能下的"检查任务"选项，在编辑区的左侧出现"检查器"，它对解决冲突提供了建议，如图 2-17 所示。

图 2-17　任务检查器

图 2-18　两种冲突解决方法

在图 2-17 中左侧的"检查器"中，显示了两种方法可以解决资源冲突："将任务移动到资源的下一个可用时间"和"查看工作组规划器中的过度分配资源"，如图 2-18 所示。值得说明的是，第二种方法必须是专业版的 Project 才具有的功能。

单击图 2-18 中的第二个图标，或直接切换至工作组规划器视图，如图 2-19 所示，最右侧的一列任务为红框显示，说明存在资源冲突，需要进行资源平衡。

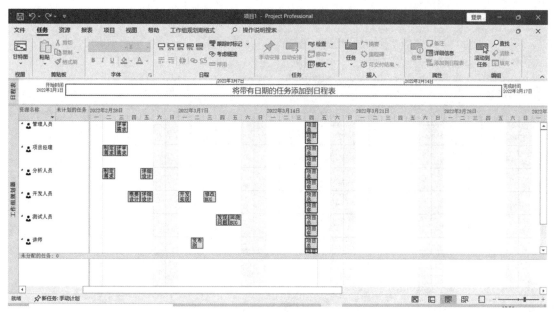

图 2-19　显示冲突资源

可以采用直接拖动任务到其他时间的方式来进行任务重排，以解决资源冲突。针对管理人员的冲突进行任务重排，解决了管理人员的资源冲突，效果如图 2-20 所示。

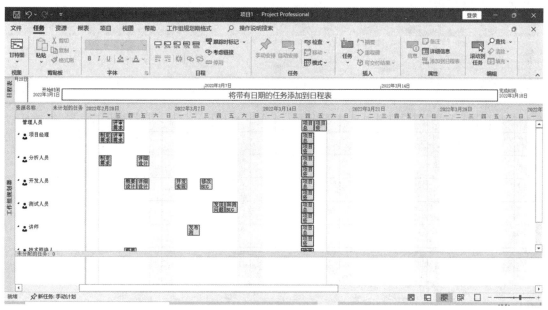

图 2-20　资源平衡效果

2）资源调配

在图 2-20 中，选中所需要解决冲突的资源，例如，"项目经理"，单击"资源"菜单中的"调配选项"按钮，弹出"资源调配"对话框，显示"调配计算"默认为"手动"调配，如图 2-21 所示。

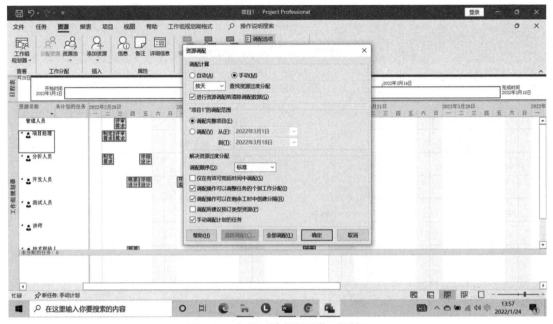

图 2-21 打开"资源调配"对话框

将手动调配改为"自动"。单击"确定"按钮进行调配，解决了"项目经理"资源的冲突，效果如图 2-22 所示。

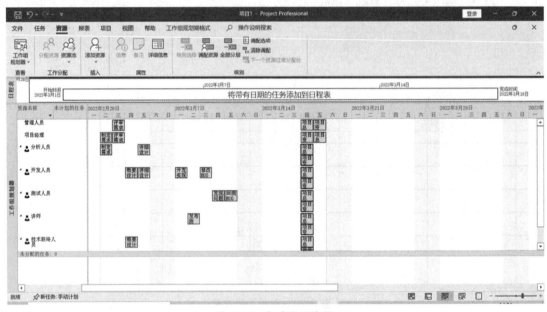

图 2-22 自动调配资源

使用上述两种方法中的任意一种方法，可完成所有资源的调配和平衡。

2.2.4 成本管理

成本是由两个主要因素，即资源的用量和资源的单价决定的。参考图 2-16 中添加"工时"

的方法，在编辑区添加"成本"列，显示项目成本的相关信息，如图 2-23 所示。

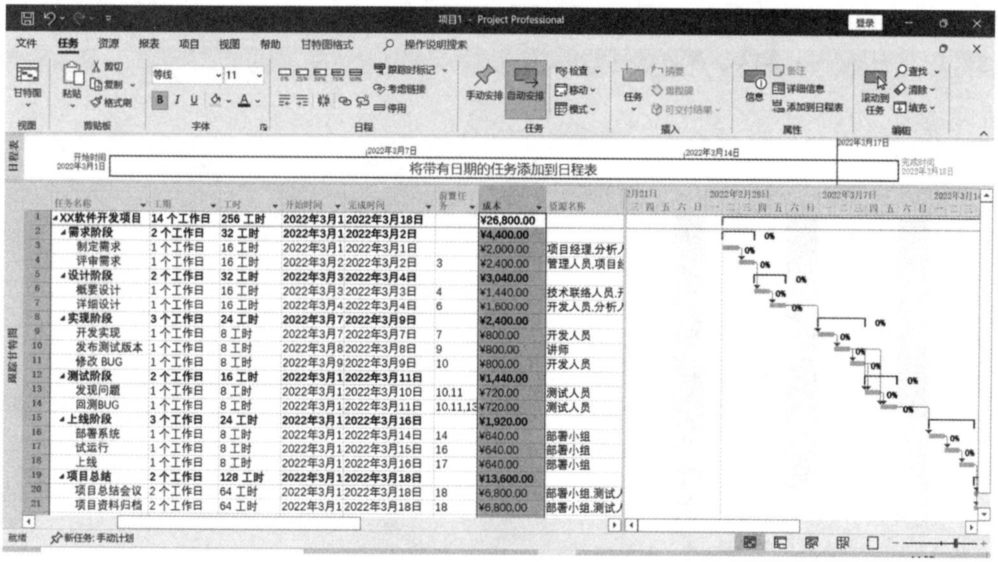

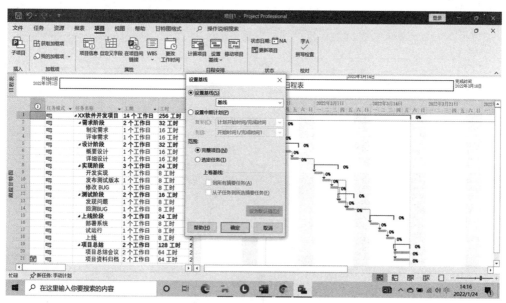

图 2-23　添加"成本"信息

可以通过调整资源的标准费率、加班费率、每次使用成本、调整项目进度、缩短工期、调整分配、减少工时等方法来进行成本管理。

2.2.5　跟踪控制

1．建立比较基准

将项目切换到"跟踪甘特图"视图，单击"项目"菜单下的"设置基线"按钮，弹出"设置基线"对话框，如图 2-24 所示。

图 2-24　"设置基线"对话框

单击图 2-24 中的"确定"按钮，设置比较基线，效果如图 2-25 所示。甘特图上的红色横条下添加了灰色的基线，这是时间的比较基准。

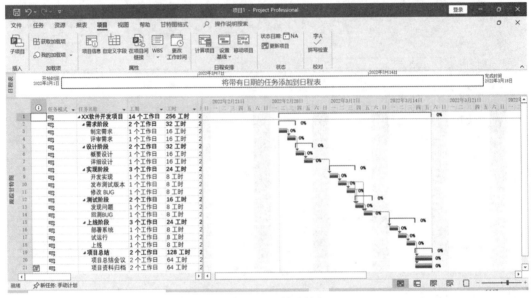

图 2-25　设置基线效果

2. 更新和跟踪数据

当项目中实际的数据替换了计划中的数据时，就可以跟基线建立比较，以便随时跟踪时间差异，进行有效控制。以时间数据为例，选中"制定需求"任务，单击"任务"菜单，展开"跟踪时标记"菜单，单击"更新任务"，弹出"更新任务"对话框，进行相关参数的设置，如图 2-26 所示。

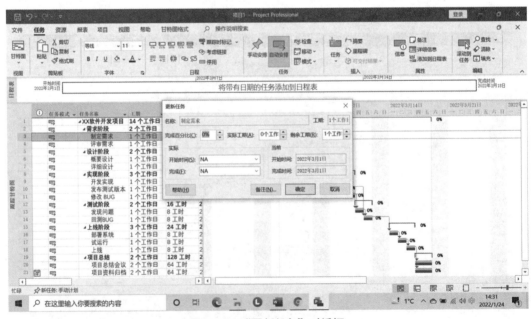

图 2-26　"更新任务"对话框

如果开始时间为 3 月 2 日，比预计开始时间晚 1 天，则会出现偏差，在甘特图上的效果如图 2-27 所示。

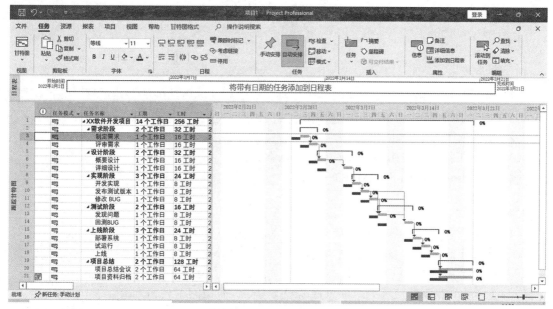

图 2-27　更新数据产生差异

根据时间、成本或资源的差异和具体的项目情况，可以进行相应的调整控制，如调整某些任务的开始时间、进行赶工、增加资源投入等。

2.2.6　质量监控

项目的质量与资源使用和工期进度有密切关系，所以，首要的任务是用上面讲过的方法对资源和工期进行严密监控。在工程项目管理中，质量的监控往往需要在工程项目的现场完成，借助人工和工具进行测量。

本章小结与课程思政

本章的重点是掌握项目管理的基本概念，了解项目管理工具的作用，掌握项目管理工具的基本使用方法，学会利用项目管理工具完成项目工作结构分解、进度计划编制、项目资源平衡、成本管理、跟踪控制、质量监控等工作。

通过项目管理基本知识的讲解和软件项目案例的详细开发过程，结合项目管理中对人的素质要求，对学生进行"细心观察、认真做事"的思政教育，使学生对项目及工作和生活中的数据真实性负责，认真观察事物中的差异，以便及时采取措施来控制差异，最终完美地处理工作和生活中的事情。

思考与训练

1．填空题

（1）项目是由一组有起止时间的、相互协调的受控活动所组成的特定过程，该过程要达到符合规定要求的目标，包括_____、_____和_____的约束条件。

（2）范围的概念主要针对如下两方面：_____和_____。

（3）项目工作分解结构的结果通常包括以下两种：_____和_____。

（4）Microsoft Project（或 MSP）是由_____开发销售的项目管理软件程序。

2．选择题

（1）规划阶段是指从项目构思产生到（　　　）为止。

A．项目开工　　　　　　　　　　　　B．批准立项

C．项目实施　　　　　　　　　　　　D．项目竣工

（2）（　　　）在国外被称为"项目管理最得力的、有用的工具和方法"。

A．WBS　　　　　　　　　　　　　　B．EBS

C．资源管理　　　　　　　　　　　　D．信息管理

（3）在进行项目的相关操作之前，首先要建立基本项目信息。单击"项目"菜单下的（　　　），弹出"项目信息"对话框。

A．自定义字段　　　　　　　　　　　B．计算项目

C．项目信息　　　　　　　　　　　　D．移动项目

（4）在"项目信息"对话框中，至少要设置项目的（　　　）。

A．开始时间　　　　　　　　　　　　B．完成时间

C．开始时间和完成时间　　　　　　　D．开始时间或完成时间

3．思考题

（1）项目管理的定义是什么？

（2）项目工作范围是指什么？

（3）项目范围的确定过程是什么？

（4）简述项目管理的四个阶段。

（5）简述项目管理的五个过程。

（6）什么是 WBS？

（7）在编制工作分解结构时，怎样设置自动安排功能？

第3章　机器人流程自动化

机器人流程自动化是以软件机器人和人工智能为基础，通过模仿用户手动操作的过程，让软件机器人自动执行大量重复的、基于规则的任务，将手动操作自动化的技术。如在企业的业务流程中，纸质文件录入、证件票据验证、从电子邮件和文档中提取数据、跨系统数据迁移、企业 IT 应用自动操作等工作，可通过机器人流程自动化技术准确、快速地完成，减少人工错误、提高效率并大幅降低运营成本。本章包含机器人流程自动化基础知识、技术框架和功能、工具应用、软件机器人的创建和实施等内容。

学习目标

◆ 理解机器人流程自动化的基本概念，了解发展历程和主流工具。
◆ 了解机器人流程自动化的技术框架、功能及部署模式。
◆ 熟悉机器人流程自动化工具的使用过程。
◆ 掌握利用机器人流程自动化工具完成录制和播放、流程控制、数据操作、控件操控、部署和维护等操作。
◆ 掌握简单的软件机器人的创建，实施自动化任务。
◆ 理解知识的学习要的是知行合一，既要学习理论，又要将理论应用于实践。

任务 3.1　机器人流程自动化基础知识

机器人流程自动化（Robotic Process Automation，RPA），可迅速实现业务提效，将重复性劳动进行自动化处理，高效低门槛地连接不同业务系统，让财务、税务、金融、人力资源、信息技术、保险、客服、运营商、制造等行业在业务流程上实现自动化智能升级。RPA 能够代替或者协助人类在计算机、手机等数字化设备中完成重复性工作与任务。企业可以将软件机器人视为一位数字化员工，帮助企业或其他员工完成重复、单调的流程性工作，减少人工错误，提高运营效率，降低运营成本。

任务描述

相信各位同学听说过机器人，但本章我们要讲的是机器人流程自动化，也可以称为软件机器人，简单来说就是使用机器人流程自动化软件，将一些需要重复操作的工作交给软件机器人去完成。目前业内有哪些机器人流程自动化软件、具体能完成哪些工作，和 RPA 的发展历程等内容，将在本任务做详细讲解。

任务分析

本任务将带领大家一起学习机器人流程自动化的相关基础知识：学习机器人流程自动化的概念，了解其发展历程、当前主流的机器人流程自动化工具；学习机器人流程自动化有哪些功能、哪些部署模式。

任务实施

3.1.1　机器人流程自动化的基本概念

机器人流程自动化（RPA）系统是一种应用程序，它通过模仿最终用户在计算机中的手动操作的方式，来使最终用户手动操作流程自动化。机器人流程自动化不仅能自动执行简单的计算机作业，并且加入 OCR、语音等感知技术，也将促使部分需要人力介入的工作，改为自动化作业，可对应到更多复杂的商业流程。

RPA 就是借助一些能够自动执行的脚本（这些脚本可能是某些工具生成的，这些工具也可能有着非常友好的用户化图形界面）完成一系列原来需要人工完成的工作，但凡具备一定脚本生成、编辑、执行能力的工具在此处都可以被称为机器人。

比如，在游戏领域广泛为人所熟知的国产软件"按键精灵"，即可以通过它的一些简单功能帮助我们完成一些自动化的工作，其工作过程如图 3-1 所示。

图 3-1　"按键精灵"工作过程

"按键精灵"的简要工作原理是通过录制操作者的鼠标和键盘的动作步骤形成操作脚本（用户也可以不用录制的方式，完全手工编写脚本），这里的脚本是可以修改的，用户可以根据需要修改脚本的参数，比如鼠标单击的位置、键盘输入的值，再次运行脚本时就会重新执行录制过程中的这些动作。如果脚本的参数有修改，则会执行对应的调整后的动作。

可以借助这个软件，通过录制鼠标和键盘动作的方式，来完成一些简单的操作。如果用户用得熟练，理论上"按键精灵"可以帮助用户完成一些更复杂场景下的自动化工作处理。

机器人流程自动化工具在技术上类似图形用户界面测试工具。这些工具也会自动地和图形用户界面互动，而且会由使用者示范其流程，再用示范性编程来实现。机器人流程自动化工具的不同点是这类系统会允许资料在不同应用程序之间进行交换。例如，接收电子邮件可能包括接收付款单、取得其中资料，并输入到簿记系统中。

机器人流程自动化（RPA）对比传统企业自动化工具的优势主要有三大方面：

（1）RPA 无须复杂的编程知识，只要按步骤创建流程图，即使不懂编程的普通员工也能使用 RPA 自动执行业务，大大降低了非技术人员的学习门槛。

（2）RPA 可根据预先设定的程序，由 RPA 软件机器人模拟人与计算机交互的过程，实现工作流程中的自动化，提高业务效率，减少人力成本和人为失误。

（3）RPA 有着灵活的扩展性和"无侵入性"，是推动企业数字化转型的中坚力量。企业无须改造现有系统，RPA 便可集成在原先的遗留系统上，跨系统、跨平台自动处理业务数据，有效避免人为的遗漏和错误。

RPA 软件的目标是使符合某些适用性标准的基于桌面的业务流程和工作流程实现自动化，一般来说这些操作在很大程度上是重复的，数量比较多，并且可以通过严格的规则和结果来定义。企业成功部署 RPA 会带来以下好处。

（1）更高的运营效率：节省时间并释放员工的能力。

（2）增强准确性、可审计性，监视、跟踪和控制业务流程的执行。

（3）可扩展灵活的增强型"虚拟"员工队伍，能够快速响应业务需求。

（4）协作和创新的文化，使我们的业务和 IT 人员可以一起工作。

3.1.2　机器人流程自动化的发展历程

20 世纪下半叶，人工智能、屏幕抓取和工作流程自动化工具相继产生，为机器人流程自动化铺平了道路。20 世纪 90 年代初，美国著名企业管理大师、原麻省理工学院教授迈克尔·哈默（Michael Hammer）先生提出"业务流程管理（Business Process Management，BPM）"理论，业务流程管理便引领了新一轮管理革命的浪潮，同时，它也成为管理和 IT 融合中最有价值的研究方向与最热门的讨论话题。

IBM、通用汽车、福特汽车和 AT&T 等当时的美国行业巨头纷纷开始大力推行该理论在企业管理上的改造与应用，尝试利用它解决原有管理方式上的员工分工过细、职责单一、组织架构错综复杂、任务负责环节不明确等问题。实践看来，这些巨头通过业务流程管理上的改造，在企业运营上取得了卓有成效的改变。随着业务流程逐步在各企业中快速推广，同时也随着 20 世纪 90 年代以后计算机在日常工作生活中的大量普及，更多的由计算机所主导的自动化技术开始在企业流程运营管理中被大量运用，企业也随之进入了业务流程自动化（Business Process Automation，BPA）的时代。

机器人流程自动化作为业务流程自动化的重要分支领域，20 年来相关技术保持快速发展，这一领域已经涌现了许多家著名机器人流程自动化服务提供商，包括 UIPath、Automation Anywhere、Blue Prism、WorkFusion、EdgeVerve、NICE、Pegasystems、Another Monday、Kofax、Kryon、弘玑（Cyclone）、云扩科技、来也、达观数据、英诺森等，这些都是这一领域国内外的行业领导者。

与此同时，在机器人流程自动化技术探索与演进的过程中，整个机器人流程自动化行业逐步形成了较为清晰的技术路线与发展节点，经过多年的发展与换代，机器人流程自动化行业将其进化过程划分为 RPA1.0 至 RPA4.0 四个阶段。从过去 RPA1.0 对现有结构化数据的简单自动化提取和迁移；到现在 RPA2.0 与 RPA3.0 富有深度性地对结构化数据的建模分析与非结构化数据的智能提取，从而全面实现对数据的整体挖掘和利用；再到未来 RPA4.0 通过建立行业间的信任机制，打破行业间数据流通瓶颈，实现数据的规模化应用，促进整个行业共同发展。整个机器人流程自动化的发展历史与未来方向已经非常明确。

除此以外，随着近年来人工智能（Artificial Intelligence，AI）技术和分布式计算（Distributed Computation）技术的快速发展与以软件即服务（Software as a Service，SaaS）为代表的企业云服务的迅速兴起，机器人流程自动化也开始与这些技术互相融合，例如，光学字符识别（Optical Character Recognition，OCR）、自然语言处理（Natural Language Processing，NLP）

等技术近年来开始在机器人流程自动化技术相关产品中广泛运用，成为企业从信息化转向智能化的重要解决手段。

3.1.3 机器人流程自动化的主流工具

随着 RPA 技术的进步和发展，RPA 市场出现了许多新工具，这些工具都添加了自动化功能。有些在起初是业务流程管理（BPM）工具，后来又扩展了一些新功能来承担更多的工作。一些供应商将他们的工具称为"工作流自动化"或"工作流程管理"。也有一些供应商认为 RPA 包括更复杂的人工智能和机器视觉例程，从而将机器人流程自动化（RPA）与业务流程自动化区分开来。由于 RPA 技术仍处在成长阶段，RPA 市场还处于"战国时代"，因此即使有大量厂商的产品推向市场，但大部分厂商的产品还不完全成熟。下面介绍 15 款较为主流的机器人流程自动化工具。

1. *微软* Power Automate

Power Automate 工具是微软公司用于创建应用程序、虚拟代理和商业智能报告的 Power 平台的一部分。其中，Power Automate Desktop 工具专注于自动化常见的 Windows 10（及更高版本）操作。其用户友好的界面使每个人都能够跟踪其工作流程，然后将其转换为可编辑的自动化例程。微软区分了可以帮助用户加快工作速度的"有人参与"操作和构建后台运行的机器人的"无人参与"的结果。Power Advisor 工具可以跟踪有关性能的统计信息，以定位瓶颈和其他问题。

主要特点：专注于 Windows 10 平台。

主要用例：广泛的、企业范围的授权。

2. IBM

IBM 公司提供了一系列用于自动化日常任务的选项，这些选项分为不同的产品，并捆绑在 IBM Cloud Pak for Business Automation 中。这些信息通过 IBM 数据捕获工具进入管道，通过业务自动化工作流定义的路径流动，其最终存放位置由 IBM Operational Decision Manager 决定。用户可以迭代工作流，并使用处理挖掘工具探索假设的策略。所有软件都可以被部署在内部设施或 IBM 的云平台中。

主要特点：对企业工作流的深刻体验；与许多大型机集成。

主要用例：数据采集、科学流程管理；业务决策自动化。

3. Automation Edge

据称，Automation Edge 的机器人通过经典 API 交互和机器人（例如"CogniBot"）中的复杂人工智能的混合提供"超自动化"。其重点是与网页、SAP 等数据库和 Excel 电子表格进行交互。人工智能帮助管理通过聊天会话连接到客户的聊天机器人。机器人商店中的许多机器人都是为特定行业或业务部门（例如，人力资源或客户关系）预先配置的。Automation Edge 还提供了一个在时间、步骤和范围上都进行了限制的免费版本，因此不包括一些人工智能驱动的选项，例如，CogniBot。用户采用免费版本也可以使用基于云的服务。

主要特点：Excel 电子表格界面的自动化；遗留系统集成，如 SAP 和其他大型机工具。

主要用例：聊天机器人管理；前台、中台和后台文档处理。

4. Blue Prism

Blue Prism 是在 2012 年成立的 RPA 公司，该公司致力于推动"智能自动化"，将更多人工智能融入流程中，以简化扩展和自适应流程。用户在开始时将一系列操作组合在一起，但随后每个操作都会生成可用于训练和改进所做选择的统计数据。该公司还维护一个数字交换平台，可以购买第三方插件和附加组件，通过与 MySQL 等传统数据库、AWS 公司等大型提供商以及 Twitter 等社交媒体渠道建立联系来扩展功能。

主要特点：人工智能投资规模较大，其中包括机器视觉和情感分析；版本 7 中的解密功能为检测和提取扫描文档的结构提供了更多选项。

主要用例：通过集成更多数据源来区分客户体验，并具有合规性和数据完整性。

5. Cyclone Robotics

弘玑（Cyclone）公司的 RPA Designer 可将多个工具集成到一个有凝聚力的自动化工作流程中。人工智能设计师提供的有效 OCR 和机器学习可以有所帮助，而 Mobile Designer 可以处理需要使用移动平台的工作流。这些机器人可以在内部设施中运行，也可以通过 Cyclone 的云平台 Easy Work 运行。

主要功能：专为中国市场打造，插件处理主要平台和服务。

主要用例：具有广泛的市场，包括移动通信市场。

6. Datamatics

Datamatics 是使用 TruBot Designer 创建的，TruBot Designer 是一种允许用户创建和编辑软件的工具。它通过"通用记录器"观察键盘和鼠标单击情况。大部分工作可以通过在可视化设计器中拖放组件来完成，但开发人员也可以在 IDE 中调整系统生成的代码。机器人可以与 TruBot Cockpit 协调，该系统强调使用扫描图像（TruBot OCR）和理解非结构化文本（TruBot Neuro）的专用工具进行文本处理。TruBot 个人应用程序也可以安装在用户自己的机器上，用于处理更多个人任务，Datamatics 被称为"RPA 民主化"。

主要特点：与人工智能集成，用于 OCR 和语言分析；与大型机集成；拥有桌面版。

主要用例：聊天机器人和呼叫中心支持；桌面自动化。

7. EdgeVerve Systems

EdgeVerve Systems 通过与主要数据源集成并跟踪用户以使用 Assist Edge Discover 发现常见的工作模式，从而帮助构建用户的数据处理基础设施。呼叫中心和客户帮助工具可以使用 Assist Edge Engage 来自动化编排多个遗留系统的重复任务。在可能的情况下，EdgeVerve 依靠人工智能来提供场景帮助并处理传入的表单和其他数据。例如，机器视觉系统提供 OCR 来加速表单处理。该公司还与银行软件的主要供应商 Finacle 公司密切合作。它还提供从桌面到云解决方案的迁移，以及开源社区版本。

主要特点：拥有开源社区版；与人工智能更紧密集成，实现场景和视觉处理。

主要用例：金融交易、数字代理、制造业。

8. HelpSystems

HelpSystems 的 RPA 工具可以处理从响应查询到生成报告的一系列业务或任务。核心桌面自动化工具可以通过模拟 Windows GUI 中的事件来抓取数据源，并与远程 Web 应用程序和本地软件交互。在管理业务时，需要使用 Microsoft Office 工具来生成许多文本和图形报告。跨多台台式机的大型作业可以使用 Automatic Plus 和 Automatic Ultimate 来扩大规模。文档扫描通过自动智能捕获完成。所有这些都集成了安全和审计功能，以帮助管理人员进行开发。

主要功能：与 Microsoft 桌面应用程序集成。

主要用例：索赔处理、服务行业。

9. Appian

Appian 公司于 2020 年收购了 Jidoka，并将其产品名称改为 Appian RPA，同时将它与其数字流程自动化套件集成。Jidoka 是一个日文术语，可以翻译为"人性化的自动化"，指的是如何训练软件机器人来模拟人类与标准系统（大型机终端、网络、数据库等）的交互。Appian RPA 的低代码集成开发环境（IDE）可以快速创建自定义机器人，而仪表板跟踪所有运行的机器人，并创建屏幕视频以帮助调试部署在 Appian 云平台中的机器人。

主要功能：以 Java 为中心的机器人提供跨平台范围服务。

主要用例：客户管理和合规文书处理。

10. Kofax

ImageTech Systems 创建了 Kofax，这是一组可以从标准文件类型（Excel、JSON、CSV、电子邮件等）中获取数据并对其采取行动的机器人程序。Robotic Synthetic API，是其功能中的一种，这是对传统编程方式的一种认可。采用 Java、Python 或其他编程语言编写的代码可以为机器人提供指令，使用户的常规堆栈更容易与 RPA 交互。这些机器人也可以拆分成更小的工具，其名称为 Kapow Kapplet，可以在内部设施中处理重点工作。所有行为都使用标准分析进行跟踪并通过仪表板报告，因此可以观察机器人的故障。

主要功能：与企业内容管理工具集成；简化部署的微应用平台。

主要用例：管理内容集合；数据管道集成。

11. NICE

NICE RPA 旨在作为工作人员监督的助手运行，或者如果它们足够胜任，则可以作为无人监督的后台工具运行。而名称为 NEVA 的助手被称为友好的助手，是每个处理问题的客户服务代表的"员工倍增器"。实时设计器的场景生成器可以跟踪鼠标单击操作、按键动作及与网页的交互。其他来源的数据可以通过标准后台来源（如 SAP、Siebel 和.Net 服务器）的连接器收集。该工具遵循展开的工作流，直到任务完成。

主要功能：桌面助手与服务器端后端的集成。

主要用例：通过创建机器人来加速工作流程，这些机器人首先通过辅助人类学习，然后在后台完全自主运行。

12. Nintex

对于可能需要签名的文档繁重的流程，Nintex 的 RPA 集合包括与 Office 365、Salesforce 和 Adobe 工具的更紧密集成。用户可能会觉得他们在使用纸质文档，但工作是以数字方式完成的，流程由该工具管理。Nintex 称这些为"逻辑驱动的文档"。如果用户不需要生成"文档"，那么还可以自动化标准数据源。Nintex 的更多产品包括复杂的流程映射，用于发现正在发生的事情，以及使用分析来识别瓶颈的流程优化。

主要特点：与主流桌面工具紧密集成。

主要用例：桌面自动化；财务和合规跟踪。

13. NTT-AT

NTT-AT 的 WinActor 旨在通过自动化最常见的步骤来节省 Windows 用户的时间。它与主要的 Microsoft 工具（Office 2010 到 2016、Internet Explorer 11）集成，通过记录人类用户的操作来构建复杂的工作流。这些将变成场景，用户可以在新事件发生时触发这些场景，例如，收到电子邮件时，只需单击几下，就可以将新的信息请求转换为销售数据库的合格潜在用户。最新添加的功能提供了对话选项，可将聊天机器人功能与当前机器人集成。

主要功能：与 Microsoft 工具高度集成。

主要用例：电子邮件处理和数据库集成。

14. Pegasystems

Pegasystems 提供了多种工具来加速业务的集成和处理，包括人工智能分类器、聊天机器人、DevOps 支持工具和 RPA。创建正确的自动化可以从 Pegasystems 的人工智能驱动的劳动力跟踪工具开始，这是一个安装在桌面上以跟踪人们工作方式的机器人。这项调查将揭示可以自动化不良后端处理的瓶颈。Pegasystems 希望支持一些最常见的用例，例如，协调金融交易和吸引新客户。该公司还为业务流程管理提供低代码选项。

主要功能：与用于开发、部署和自动化数据处理的企业工具套件完全集成。

主要用例：法规遵从性和集成。

15. Servicetrace

XceleratorOne（又名 X1）将人工智能和机器学习与 BPM 主干相结合。拖放式设计工作室提供向导驱动的解决方案和用于捕获重复任务的过程记录器。在部署结束后，系统的垂直扩展增强了并行操作，使多个机器人能够同时运行。Mulesoft 收购了 Servicetrace 以巩固其在 RPA 中的市场地位。传统上，Mulesoft 专注于支持 API。此次合并将为自动化用户界面和基于 API 的后端服务提供强大的动力。

主要特点：基于人工智能的 OCR 和良好的编辑器鼓励开发；最近的合并将加强与基于 API 的工作流程的集成。

主要用例：银行、公用事业和其他需要大量合规工作的行业。

3.1.4　机器人流程自动化的技术框架

在传统的工作流自动化技术工具中，由程序员产生自动化任务的动作列表，并且会用内部的应用程序接口或是专用的脚本语言作为它和后台系统之间的界面。

机器人流程自动化会监视使用者在应用软件中图形用户界面（GUI）所进行的工作，并且直接在 GUI 上自动重复这些工作，因此可以减少产品自动化的阻碍。机器人流程自动化工具在技术上类似图形用户界面测试工具，这些工具也会自动和图形用户界面互动，而且会由使用者示范其流程，再用示范性编程来实现。机器人流程自动化工具的不同点是这类系统会允许资料在不同应用程序之间进行交换，例如，接收电子邮件可能包括接收付款单、取得其中资料，并输入簿记系统中。

机器人流程自动化涉及的技术主要有 OCR 技术、图像识别技术、鼠标键盘录制技术、无代码编程技术。

（1）OCR（Optical Character Recognition，光学字符识别）是指利用电子设备（例如，扫描仪或数码相机）检查纸上打印的字符，通过检测暗、亮的模式确定其形状，然后用字符识别方法将形状翻译成计算机文字的过程。OCR 技术是针对印刷体字符，采用光学的方式将纸质文档中的文字转换成黑白点阵的图像文件，并通过识别软件将图像中的文字转换成文本格式，供文字处理软件进一步编辑加工的技术。如何除错或利用辅助信息提高识别正确率，是OCR 最重要的课题，ICR（Intelligent Character Recognition）的名词也因此而产生。衡量一个OCR 系统性能好坏的主要指标有拒识率、误识率、识别速度、用户界面的友好性，以及产品的稳定性、易用性及可行性等。OCR 技术可用于识别网页或软件上的指定文字。

（2）图像识别技术，是指利用计算机对图像进行处理、分析和理解，以识别各种不同模式的目标和对象的技术，是应用深度学习算法的一种实践应用。现阶段图像识别技术一般分为人脸识别与商品识别，人脸识别主要运用在安全检查、身份核验与移动支付中；商品识别主要运用在商品流通过程中，特别是无人货架、智能零售柜等无人零售领域。图像的传统识别流程分为 4 个步骤：图像采集→图像预处理→特征提取→图像识别。在 RPA 中可用图像识别技术识别相关的按钮、图标等图形图像信息。

（3）鼠标键盘录制技术，用以配置软件机器人。就像 Excel 中的宏功能，记录仪可以记录用户界面（UI）里发生的每一次鼠标动作和键盘输入。利用鼠标键盘录制技术可以记录键盘、鼠标的所有操作并进行重放，包括两次击键间的时间间隔、普通鼠标的移动轨迹和键盘的任何按键。

（4）无代码编程技术，是一种创建应用的方法，它可以让开发人员使用最少的编码知识，来快速开发应用程序。它可以在图形界面中，使用可视化建模的方式，来组装和配置应用程序。开发人员可以直接跳过所有的基础架构，只关注于使用代码来实现业务逻辑。

无代码开发平台使用具有简单逻辑和拖放功能的可视化界面，而不是广泛的编码语言。这些直观的工具允许不具有编码或软件开发方面知识的用户创建用于多种用途的应用程序，例如移动应用程序和商务应用程序。专业开发人员和非专业开发人员都可以使用无代码平台来创建复杂程度各异的应用程序，以满足业务对开发的需求，使流程自动化并加速数字转换。

3.1.5　机器人流程自动化的功能

RPA 是 Robotic Process Automation 的英文缩写，中文翻译为机器人流程自动化，亦可翻译成软件机器人、虚拟劳动者，是可以记录人在计算机上的操作，并重复运行的软件。因其可以将办公室工作自动化，提高生产效率，消除人为错误而受到了很多企业的青睐。RPA 可以按照事先约定好的规则，对计算机进行鼠标单击、敲击键盘、数据处理等操作。

RPA 的主要功能有复制人类行为、跨应用程序执行任务、重复高效执行任务等。

1．复制人类行为

RPA 自动化了曾经需要人工操作的日常流程，其中很多流程都是重复、固化、需要费时执行的。RPA 复制了人与应用程序或系统的交互方式，然后自动完成了该任务。通常 RPA 机器人与人类一样执行任务，即使用 ID 登录系统、录入数据、收集输出或结果、执行基于规则的任务等。

简单地说，RPA 的作用是使曾经人们处理的重复任务自动化。该软件被编程为跨应用程序和系统执行重复任务，被教授了一个包含多个步骤和应用程序的工作流。

2. 跨应用程序执行任务

RPA 模拟了人操作鼠标和键盘，因此它可以在不同应用程序之间进行切换并执行不同的操作，从而实现任务的执行。例如，我们需要每天打开 Email 查看邮件并将邮件内容下载到本地 Word 文档中，实现这个操作就需要浏览器和 Word 两个应用程序。RPA 可以轻松实现这类跨平台操作。

3. 重复高效执行任务

由于是机器人，所以执行任务时可以每周 7 天每天 24 小时工作，可以重复执行任务，而且在执行过程中不会出现疏忽。以往人需要几小时才能完成的工作，RPA 只需要几分钟即可完成，执行效率高。

4. 安全性高

几乎没有软件系统具有完美的安全性。黑客一直在寻找漏洞。但相比于严格的人工团队，机器人自动化流程具有明显的优势。

RPA 工具永远不会忘记进行日志输入，永远不会忘记注销，永远不会在屏幕上用小纸条写下密码。最好的一点是，它会保存所有活动的完整日志文件，因此将记录任何潜在的危险活动。

5. 改进的可伸缩性

RPA 解决方案旨在简化扩展性。没有任何一支由专业人员组成的人工团队可以在可伸缩性上超过一支自动化机器人大军。

例如，一组自动化机器人过程可以被复制并编程以完成一组相似但略有不同的过程。复制和重新编程可以一次又一次地发生，从而产生了一大堆活动系统，而这些系统曾经很少。

此外，这些 RPA 机器人可以越来越多地将人工智能和机器学习纳入其自动化中，这提供了另一种扩展方式。在这种情况下，AI 和 ML 在人员上提供了指数级的可伸缩性。

6. 降低成本

当然，RPA 解决方案具有先期成本，如购买软件，然后需要持续的维护费用。此外，升级 RPA 系统可能会产生费用。

但是 RPA 所降低的成本可能是巨大的，因为任何给定的 RPA 机器人都比工作人员便宜得多。在逐个任务的基础上，RPA 工具执行的任何琐事都可以大大节省业务成本。随着软件机器人以更低的成本工作更长的时间，这种节省的成本将成倍增加。

7. 更新遗留 IT 基础架构

在 RPA 解决方案的帮助下，企业的遗留 IT 基础架构，即数据中心、许多服务器和网络部署，比缺乏可编程 RPA 工具的基础架构具有更高的响应能力和敏捷性。因此，RPA 工具可以使公司的主要成本中心（数据基础设施）更有效，可以证明 RPA 平台的成本是合理的。

8. 更有效地利用人力资源

对于大多数公司而言，机器人流程自动化的最大好处是：由于员工摆脱了许多烦琐的低价值任务，他们可以专注于更高价值和更高创收的任务。此外，由于 RPA 的自动化软件机器人的编程效率更高，所以这些机器人可以执行更多的例行任务，从而进一步扩展了人员队伍。

9. 增强的客户互动

由于 RPA 可以比人工更快、更有效地推进流程，因此企业很可能会看到其客户满意度大大提高。随着许多低级客户请求的自动处理，这些客户有了更好的体验，从而获得了很高的忠诚度。

3.1.6 机器人流程自动化的部署模式

以 Power Automate 为例，Power Automate 可以单独部署实现桌面自动化，可以模拟用户桌面一系列的自动化操作，将其制作为程序来重复运行；也可以与 Power Platform 平台协调部署，与云端进行联合部署，实现更为复杂和多样化的操作。

Power Automate 创建 UI 流程是一种简单且熟悉的单击式的低代码操作，通过记录和回放与不支持 API 的软件系统的人为交互，用户可以轻松地将手动任务转换为自动化工作流。将 UI 流程的功能与 Power Automate 的预构建连接器结合使用，可支持 275 种支持 API 自动化的被广泛使用的应用程序和服务，并且拥有一个端到端自动化平台，能够针对各种行业的大量工作重塑业务流程。使用 Power Automate 可轻松地连接 Internet 上的各种服务，例如，在 Office 365 中接收发送到 Outlook 中的电子邮件；可以使用电话服务 Twillio，将短信设置为特定的电话号码；还可以连接 GitHub、Dropbox、Slack、Mail、Twillio、GoogleCalendar 等众多服务。

任务 3.2 机器人流程自动化的应用

目前 RPA 正被广泛应用于各行各业，包括电商、物流、财务、银行、金融等领域。RPA 作业有跨系统、跨平台操作、24 小时不疲惫、零误差、非入侵式等优势，大大提升了工作效率，解放员工的双手，让员工有时间去做更有意义的工作，为企业创造更大的价值。

RPA 是一款软件产品，可模拟人在计算机上不同系统之间操作的行为，执行基于一定规则的可重复任务的软件解决方案，能提升办公自动化效率，降低人工成本和运营风险。

RPA 适用于流程固定、规则明确、重复性高、附加值低的工作内容，能实现跨系统数据迁移、生成报表、批量收发邮件、定时操作等日常所需功能。RPA 软件可以模拟人工来完成对各类软件的任意操作，比如浏览器、Office、Notes 邮箱、SQL 数据库等。

任务描述

王梅是冠胜公司的业务员，经过多年的努力，王梅积累了大量的客户。公司要开一个产品展销会，王梅想向自己的客户发送宣传邮件，由于客户太多，而且每个客户的邮件都是一样的。王梅不想逐个给客户发邮件，请你设计一个软件机器人帮王梅完成此项工作。

任务分析

要完成此项任务，首先需要事先准备好客户的电子邮箱信息，将客户的电子邮箱信息做成 Excel 表格；然后，选择一款 RPA 软件，这里选择微软公司的 Power Automate 作为 RPA 软件来设计完成本任务的软件机器人。

任务实施

3.2.1　机器人流程自动化的设计过程

设计一个良好的 RPA 程序通常需要以下几个步骤。

第一步：明确业务，要明确业务的内容、目的等信息，即要知道需要 RPA 做什么、目的是什么。

第二步：设计实现该业务的流程图，流程图一般可分为过渡流程图、分块流程图和技术实现流程图。

第三步：根据流程图来使用 RPA 进行无代码程序编写。

第四步：部署应用程序，根据运行结果进行相应的修改。

第五步：随着应用业务的变化对程序进行维护和升级。

3.2.2　Power Automate 简介

Power Automate 是微软公司开发的一个低代码自动化平台，可将个人、企业日常数字化业务流程实现自动化。Power Automate 提供了全新的可视化拖放式设计器，该设计器内置了400 多种安全、稳定、高效自动化操作，涵盖简单到复杂的所有业务流程，主要功能如下。

非侵入式部署：提供了外挂式自动化体验，用户无须更改当前 IT 基础架构，完美兼容 SAP、Salesforce、AS / 400、Citrix 等老旧遗留系统。同时为用户提供了数百个稳定、可靠的自动化动作，节省设计时间。

可视化拖曳设计器：提供了可视化拖曳设计方式，即便是没有任何编程经验的业务人员也可以快速构建自动化业务流程。通过简单直观的设计器，可以清晰地看到所有自动化业务的执行逻辑。

自动化模拟器：内置了自动化模拟器，可以自动记录用户键盘和鼠标的交互动作，并将它们转换为清晰的自动化路径，从而可以在 Web 应用程序和任何 Windows 应用程序之间使用。

Power Automate 允许通过模仿用户界面操作（例如单击和键盘输入），在 Windows 桌面上实现 Web 和桌面应用程序自动化，还可以将这些操作与对 Excel 等应用程序的预定义支持结合起来，以帮助自动执行重复性任务。

Power Automate Desktop 是一款免费的桌面版流自动化软件，它通过用户友好的界面轻松地创建和管理桌面流、流程机器人自动化（RPA）功能。它可以直接从桌面自动执行所有操作，包括从简单的数据传输到复杂的业务工作流。

3.2.3 Power Automate Desktop 下载与安装

1. Power Automate Desktop 下载

登录微软 Power Automate Desktop 产品官方网站进行下载，在打开的页面中找到"台式机版 Power Automate"，单击"了解详情"，在弹出的页面中选择相应的操作系统，Windows 10 用户单击"免费下载"，Windows 11 用户无须下载，可从"开始"菜单中启动，如图 3-2 所示。

图 3-2　Power Automate Desktop 下载页面

后续按照提示操作即可完成下载，不再叙述。

2. Power Automate Desktop 安装

运行下载好的安装程序 Setup.Microsoft.PowerAutomate.exe，在安装界面单击"下一个"按钮，在弹出的页面中设置安装位置，注意要勾选"选择'安装'，即表示您同意 Microsoft 的使用条款"复选框，如图 3-3 所示，单击"安装"按钮，等待几分钟即可完成安装。

图 3-3　Power Automate 安装示意图

3.2.4　机器人流程自动化应用实例

1. 准备客户资料

将客户的姓名、Email、联系电话等信息做成一张 Excel 表格，部分客户资料如图 3-4 所示。为了验证邮件发送是否成功，客户资料表格中 Email 列采用相同的邮箱。

	A	B	C	D
1	姓名	Email	电话	工作单位
2	郭兰	13622573@qq.com	13838385190	国家电网郑州分公司
3	李晓红	13622573@qq.com	13652719001	郑东新区教育局
4	王梅梅	13622573@qq.com	15890016666	中牟县财政局
5	郭兰娟	13622573@qq.com	13838385190	国家电网郑州分公司
6	李晓妹	13622573@qq.com	13652719001	郑东新区教育局
7	王梅心	13622573@qq.com	15890016666	中牟县财政局
8	郭兰英	13622573@qq.com	13838385190	国家电网郑州分公司
9	李育红	13622573@qq.com	13652719001	郑东新区教育局
10	王腊梅	13622573@qq.com	15890016666	中牟县财政局
11	郭晓兰	13622573@qq.com	13838385190	国家电网郑州分公司
12	王莹红	13622573@qq.com	13652719001	郑东新区教育局
13	王梅	13622573@qq.com	15890016666	中牟县财政局
14	郭丽敏	13622573@qq.com	13838385190	国家电网郑州分公司
15	柳春环	13622573@qq.com	13652719001	郑东新区教育局

图 3-4　客户资料

2. 设置邮箱授权

第一步：为保证 Power Automate 能正常收发邮件，需要通过浏览器登录邮箱，本任务以 163 邮箱为例。在 163 邮箱主界面单击"设置"，弹出下拉菜单如图 3-5 所示。

图 3-5　"设置"下拉菜单

第二步：单击"POP3/SMTP/IMAP"项，在新界面中找到"开启服务：POP3/SMTP 服务"，如图 3-6 所示。

图 3-6　POP3/SMTP 服务　关闭|开启

第三步：单击右边"开启"，弹出"账号安全验证"窗口，如图 3-7 所示。

图 3-7   "账号安全验证"窗口

用手机扫描二维码，根据提示发送相关内容的短信，到指定号码，然后单击"我已发送"按钮。弹出"开启 IMAP/SMTP"窗口，如图 3-8 所示。

图 3-8   "开启 IMAP/SMTP"窗口

第四步：单击图 3-8 中的"确定"按钮，弹出"新增授权密码成功"窗口，如图 3-9 所示，然后复制授权密码，单击图 3-9 中的"确定"按钮，关闭"新增授权密码成功"窗口。至此 163 邮箱授权设置完毕。

图 3-9   "新增授权密码成功"窗口

3. 使用 Power Automate 进行群发邮件编程

第一步：新建流。启动 Power Automate，在开始界面单击"新建流"，如图 3-10 所示。

在"生成流"界面中输入流名称为"批量发 Email"，然后单击"创建"按钮完成新建流创建，如图 3-11 所示。

图 3-10　"新建流"界面

图 3-11　"生成流"界面

第二步：创建新行变量 row、姓名变量 name、邮箱地址变量 email。在 Power Automate 的流设计界面的左侧操作区，单击"变量"栏，然后拖动"{x}设置变量"到"Main"子流下，如图 3-12 所示，该变量用于存储 Excel 中的行号。

图 3-12　拖动设置变量

由于该变量用于存储行号，因此设置变量的名称为 row。因为在"客户资料"表中第 1 行为表头，所以为变量 row 赋初值为 2，如图 3-13 所示，完成后单击"保存"按钮，完成变量的创建。

图 3-13　创建变量

创建姓名变量 name 和邮箱地址变量 email，分别赋初值为"郭兰"和 13622573@qq.com，变量创建方法和上述步骤类似不再叙述。

第三步：打开"客户资料.xlsx"Excel 文档。在 Power Automate 的流设计界面的左侧操作区，单击"Excel"栏然后拖动"启动 Excel"到"Main"子流下，如图 3-14 所示。

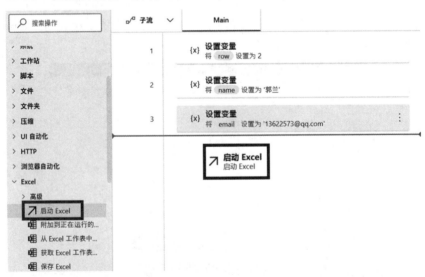

图 3-14　拖动"启动 Excel"到"Main"子流下

在"启动 Excel"窗口的"启动 Excel"框中选择"#打开以下文档"，在"文档路径"框中输入 Excel 文档的存放路径及文档名称，如图 3-15 所示，单击"保存"按钮，完成打开"客户资料.xlsx"文档步骤。

图 3-15　"启动 Excel"对话框

第四步：创建循环。在 Power Automate 的流设计界面的左侧操作区，单击"循环"栏，然后拖动"循环条件"到"Main"子流下，如图 3-16 所示。

图 3-16　创建循环

在"循环条件"窗口中设置参数，单击"第一个操作数"右边的"{x}"，在弹出的流变量列表中选择"row"变量，"运算符"选择"小于或等于（<=）"，"第二个操作数"设置为"客户资料.xlsx"文档中客户所在最大行数，这里假设有 99 名客户，因此"第二个操作数"设置为 100，然后单击"保存"按钮，如图 3-17 所示。

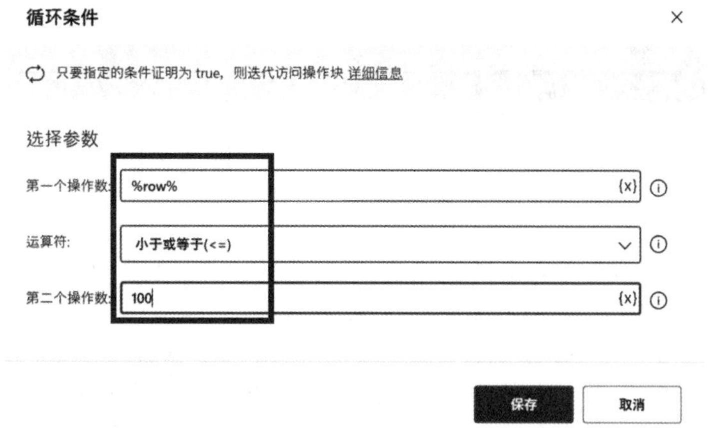

图 3-17　设置循环条件

第五步：读取"客户资料.xlsx"文档中的姓名和 Email 信息存储到 name 和 email 变量中。

在 Power Automate 的流设计界面的左侧操作区，单击"Excel"栏，然后拖动"从 Excel 工作表中读取"到"循环条件"中，如图 3-18 所示。

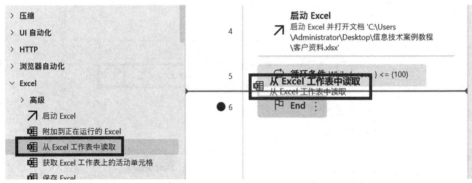

图 3-18 拖动"从 Excel 工作表中读取"到"循环条件"中

在弹出的"从 Excel 工作表中读取"窗口中选择相关参数如图 3-9 所示："Excel 实例"保持默认设置；"检索"选择"单个单元格的值"；"起始列"变量输入"a"表示 A 列，表示要获取客户姓名；"起始行"变量选择"%row%"变量；"生成的变量"选择上文定义的"name"变量。单击"保存"按钮，完成获取客户姓名操作。

图 3-19 读取客户名

再次拖动"从 Excel 工作表中读取"到"循环条件"中，在弹出的"从 Excel 工作表中读取"窗口中选择相关参数，如图 3-20 所示："Excel 实例"保持默认设置；"检索"选择"单个单元格的值"；"起始列"变量输入"b"表示 B 列，表示要获取客户 Email 账号；"起始行"变量选择"%row%"变量；"生成的变量"选择上文定义的"email"变量。然后单击"保存"按钮，完成获取客户 Email 账号的操作。

图 3-20　读取客户 Email 账号

　　第六步：发送电子邮件。在 Power Automate 的流设计界面的左侧操作区，单击"电子邮件"栏，然后拖动"发送电子邮件"到第五步所做工作的下面，在弹出的"发送电子邮件"窗口中设置"SMTP 服务器"参数，如图 3-21 所示："SMTP 服务器"设置为"smtp.163.com"；"服务器端口"设置为"465"；"启用 SSL"设置为开启；"SMTP 服务器需要身份验证"设置为开启；"用户名"输入发送邮件的邮箱账号，"密码"为上文"2.设置邮箱授权"中第四步中的"授权密码"，切记不是邮箱的账号密码。

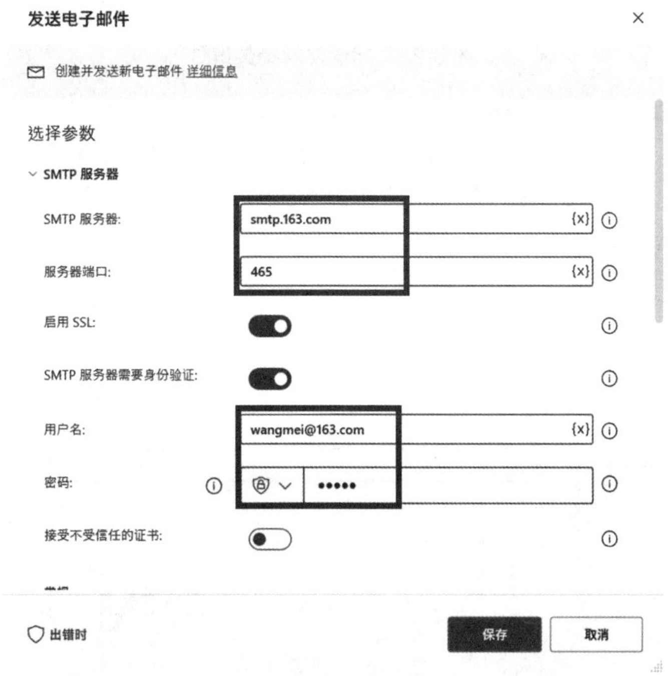

图 3-21　SMTP 服务器参数设置

在"发送电子邮件"窗口中设置"常规"参数，如图 3-22 所示："发件人"设置为发送邮件的邮箱账号；"发件人显示名称"填入"王梅"；"收件人"选择变量"%email%"；"主题"填入"冠胜公司产品展销会"；"正文"填入如图 3-22 所示的内容。如果需要还可以添加附件随邮件一起发送。

图 3-22　邮件常规参数设置

第七步：使变量 row 循环增加。在 Power Automate 的流设计界面的左侧操作区，单击"变量"栏，然后拖动"增加变量"到"发送电子邮件"的下面，在弹出的"增加变量"窗口中，选择"变量名称"为"%row%"变量；设置"增加的数值"为"1"，如图 3-23 所示。

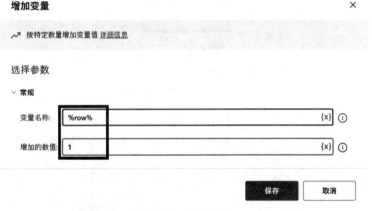

图 3-23　变量递增

第八步：运行调试。单击 Power Automate 的流设计界面的"运行"按钮，试运行程序，检查程序是否能正常运行并实现预定目标。根据经验大多数情况下会存在一些设计错误或疏漏，需要对程序进行调试甚至是修改，请同学们耐心练习。

本章小结与课程思政

本章介绍了机器人流程自动化的基本概念、发展历程和主流工具以及机器人流程自动化的技术框架、功能及部署模式。本章详细讲解了使用微软 Power Automate 来完成"批量发送邮件"这个小案例，通过此案例使同学们了解机器人流程自动化工具的使用过程，掌握简单的软件机器人的创建，实施自动化任务。本章限于篇幅，只介绍了一个小案例，目的在于通过此案例使同学们了解机器人流程自动化的应用场景，并不要求同学们深入掌握这方面的专业技能。本章目的是让同学们明白，在将来遇到需要机器人流程自动化的工作时，能想到更多的解决问题的方法。

本章的内容既有 RPA 的概念、发展历程、应用领域等理论知识，同时又提供一个具体的案例让同学们进行练习以便更深入地掌握这些知识。其实任何知识和技能的学习都要做到知行合一，不被实践的知识永远产生不了价值，在实践中可以验证知识、深化知识的理解。

思考与训练

1．填空题

（1）机器人流程自动化（RPA）系统是一种_____，它通过模仿最终用户在计算机的手动操作方式，来使最终用户手动操作_____。

（2）成功部署 RPA 能为企业带来的好处有：_____、_____、_____、
_____。

（3）机器人流程自动化涉及的技术主要有：_____、_____、_____、
_____。

（4）Power Automate 的主要功能有：_____、_____、_____。

2．选择题

（1）下列哪一项不是机器人流程自动化（RPA）对比传统企业自动化工具所具有的优势？
（　　）

A．能应对各种复杂的工作　　　　　　B．无须复杂的编程知识

C．可根据预先设定的程序　　　　　　D．有着灵活的扩展性和"无侵入性"

（2）机器人流程自动化（RPA）不能与下列哪一项技术进行融合？（　　）

A．光学字符识别（Optical Character Recognition，OCR）技术

B．人工智能（Artificial Intelligence，AI）技术

C. 分布式计算（Distributed Computation）技术

D. 生物技术

（3）下列哪一项不是机器人流程自动化涉及的主要技术？（　　）

A. 光学字符识别（OCR）　　　　　　　B. 图像识别技术

C. 多媒体技术　　　　　　　　　　　　D. 无代码编程技术

（4）使用 Power Automate 重复执行某一任务，必须要用到的组件是（　　）。

A. 浏览器自动化组件　　　　　　　　　B. 循环组件

C. Excel 组件　　　　　　　　　　　　D. 电子邮件组件

（5）RPA 软件可以模拟人工来完成对各类软件的任意操作，下列哪一项操作 RPA 不能完成？（　　）

A. 浏览网站　　　　　　　　　　　　　B. 打开 Office

C. 打开邮箱　　　　　　　　　　　　　D. 12306 网上订票

3. 思考题

（1）什么是 RPA？

（2）RPA 有哪些功能？

（3）简述使用 Power Automate 创建流程自动化的过程。

（4）简述使用 Power Automate 创建循环功能的步骤。

4. 实训

创建简单的软件机器人以实现自动从邮箱下载简历。

第4章　程序设计基础

　　程序设计是设计和构建可执行的程序以获得特定计算结果的过程，是软件构造活动的重要组成部分，一般包含分析、设计、编码、调试、测试等阶段。熟悉和掌握程序设计的理论知识和方法，是进行软件开发的基础。本章节主要包含程序设计基础知识、程序设计语言和工具、程序设计方法和实践等内容。

学习目标

◆ 理解程序设计的基本理念。
◆ 了解主流的程序设计语言。
◆ 掌握一种开发环境的搭建。
◆ 掌握 Python 语言的语法。
◆ 完成简单程序的设计。

任务 4.1　了解程序设计

任务描述

　　本任务要求理解程序设计思想、程序设计流程，了解常见的程序设计语言，并熟练掌握 Python 环境的搭建。

任务分析

　　通过学习程序设计思想和程序设计流程，熟悉每个流程所要完成的内容和重要性；总结常见的程序设计语言，理解每种语言的特点和适用领域；通过搭建 Python 环境，掌握搭建环境的步骤，为学习 Python 做好充分准备。

任务实施

4.1.1　程序设计概念

　　程序设计是设计解决特定问题程序的过程，是软件构造活动中的重要组成部分。程序设计是对某个算法或功能使用某种程序设计语言的具体实现。

程序设计的起源可以追溯到 20 世纪 40 年代，当计算机刚刚问世的时候，程序员必须手动控制计算机。当时的计算机十分昂贵，想到利用程序设计语言来解决问题的是德国工程师康德拉·楚泽（Konrad Zuse），他最早提出了"程序设计"的概念，1941 年制造出世界上第一台能编程的计算机 Z3，这台计算机总共设有 2000 个电开关，是当时世界上水平最高的编程语言的计算机，楚泽因此也被称为现代计算机发明人之一。康德拉·楚泽还研究了"计算机演算"理论，他也是通用计算机编程语言的发明者。

20 世纪 60 年代初，为了使编写的程序紧凑和巧妙，程序中大量采用 GOTO 语言，虽然 GOTO 语言灵活方便，但是难以阅读和修改。后来软件开发和维护总存在一系列严重问题，因软件而导致的重大事故时有发生，甚至爆发了软件危机，典型表现有软件质量低下、项目无法如期完成、项目严重超支等。为了解决相关问题，20 世纪 70 年代，E. W. Dijkatra 提出了程序要实现结构化主张，摒弃 GOTO 语言，并将这一类程序设计称为结构化程序设计。结构化程序设计思想的核心是功能的分解。将问题分解为多个功能模块，根据功能模块来设计用于存储数据的数据结构，最后编写了过程（函数）对数据进行操作，实现模块的功能。程序由一系列处理数据的过程（函数）组成。这种设计方法的重点是面向过程的，也称为面向过程的程序设计方法。在面向过程的程序设计方法中，程序设计者必须指定计算机执行的具体步骤，程序设计者不仅要考虑程序"做什么"，还要解决"怎么做"的问题，根据程序要"做什么"的要求写出一条条语句，安排好程序的执行顺序。总的来说，面向过程的程序设计就是设计求解问题的过程，面向过程的程序设计主要采用自顶向下和逐步细化的原则，逐步展开。面向过程的程序结构往往按功能划分为若干模块，并且模块间相对独立，每个模块均遵循顺序结构、选择结构、循环结构。面向过程的程序设计能够有效地将一个复杂的程序系统设计任务分解成多个易于控制和处理的子任务，便于开发和维护。

结构化编程的风靡在一定程度上缓解了软件危机，但是随着硬件的快速发展，业务需求越来越复杂，以及编程应用领域越来越广泛，第二次软件危机很快就到来了。相比第一次软件危机，第二次软件危机主要体现在"可扩展性""可维护性"上面。传统的面向过程的方法已经越来越不能适应快速多变的业务需求了，软件领域迫切希望找到新的方案解决软件危机，在这种背景下，面向对象的思想开始流行起来。面向对象的思想，早在 1967 年的 Simula 语言中就开始提出来了，1967 年挪威计算中心的克里斯汀·尼加德（Kristen Nygaard）和奥利-约翰·达尔（Ole Johan Dahl）开发了 Simula 67 语言，它提供了比子程序更高一级的抽象和封装，引入了数据抽象和类的概念，第二次软件危机促进了面向对象的思想的发展。面向对象的思想真正开始流行是在 1980 年，主要得益于 C++的功劳，后来的 Java、C#把面向对象的思想推向了新的高峰。到现在为止，面向对象的思想已经成了主流的开发思想。面向对象的程序设计代表一种全新的程序设计思路，是一种新的软件方法，与面向过程的思想相比，面向对象的思想更加贴近人类思维的特点，更加脱离机器思维，是一次软件设计思想上的飞跃。面向对象的程序设计的核心是对象，把任务交给对象去做。面向对象的程序设计将数据及对数据的操作方法封装在一起，作为一个相互依存、不可分离的整体。对同类型的对象抽象出其共性，形成类；类通过外部接口与外界发生关系，对象与对象间通过消息进行通信，互相协作完成相应的功能。面向对象程序设计的概念有对象、类和封装、继承、多态等，其三大特征是封装、继承、多态，通过继承和多态性，可以大大提高程序的可重用性，使得软件的开发和维护更为方便。

总的来说，程序设计主要分为两大类，面向过程程序设计和面向对象程序设计。面向过程程序设计通过自顶向下，并逐步细化的设计方法，为处理复杂问题提供有力手段；面向对象程序设计通过继承和多态性，提高代码的复用性。

4.1.2　程序设计流程

软件的生命周期由软件定义、软件开发、运行和维护三个时期组成，每个时期又可以划分为若干阶段。软件定义是解决"做什么"的问题，分为问题定义、可行性分析和需求分析；软件开发主要解决"如何做"的问题，通常有概要设计、详细设计、编码和测试四个阶段；运行和维护往往要改正使用过程中发现的软件错误或者完善软件。从软件的整个生命周期可以看出，程序设计处于详细设计阶段，也就是在进入编码前需要根据需求分析或者目标功能进行详细设计工作。

程序设计在整个软件周期中起着承上启下的作用，详细设计体现了具体的解决问题的思路。利用程序设计解决问题的过程和人类解决问题的过程有很大的相似之处。比如，当我们解决问题时，首先会观察、分析问题，收集必要的信息，然后根据已有的知识、经验进行判断和推理，接着尝试按照一定的方法和步骤去解决问题。而通过程序设计来解决问题，也需要经历类似的思维过程。

下面分别介绍面向过程程序设计流程和面向对象程序设计流程。

1. 面向过程程序设计流程

面向过程程序设计是自顶向下、逐步细化的设计过程，主要包括两个方面：一方面是将复杂问题的解法分解和细化成若干个模块组成的层次结构，另一方面是将每个模块的功能逐步分解细化为一系列的处理。面向过程程序设计的特点是按功能模块化，将复杂问题分而治之，将总任务分解成多个子任务，那么在过程化设计阶段要做的事情是设计各个模块的实现算法，并使用过程描述工具精确地描述所设计的算法。也就是说面向过程程序设计的流程可以简单概括为分析问题、分解模块、细化模块、设计算法、描述算法，在以上详细设计完成的基础上才能进行编码、调试、测试、运行等。这里主要介绍设计算法、描述算法和基本控制结构。

1）设计算法

通俗地讲，算法是解决问题的方法。算法是对特定问题求解步骤的一种描述，是指令的有限序列。算法是为了解决一系列问题而设计的清晰指令，代表着用系统的方法描述解决问题的策略机制。我们可以将算法简单理解为解决问题的具体方法和步骤。一个算法必须满足5个重要特征，即输入、输出、有穷性、确定性、可行性，如图 4-1 所示。

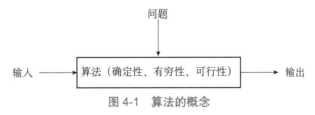

图 4-1　算法的概念

一个算法可以有零个或多个输入；有一个或者多个输出；一个算法必须总在执行有穷步之后结束，且每一步都在有穷时间内完成；算法中每一条指令必须有确切的含义，不能存在歧义；算法描述的操作可以通过已经实现的基本操作执行有限次来实现。

程序是算法和数据结构的总和，其中，算法是程序的"灵魂"，数据结构是对数据的表达和处理。因此，算法独立于任何具体的程序设计语言之外，一个算法可以用多种程序设计语言来实现。我们可以用自然语言来描述一个算法，也可以用程序流程图来表示一个算法。

2）描述算法

过程描述工具一般借助图形符号或表格来表达设计过程，过程描述工具有 3 大类：图形工具（程序流程图、N-S 图、PAD 图、决策树）、表格（判定表）、高级语言（或称伪代码）。这里主要介绍常用的程序流程图。

程序流程图作为一种算法表达独立于任何一种程序设计语言，其特点有直观、清晰、易于理解和掌握。程序流程图是把计算机的主要运行步骤和顺序呈现出来的一种工具，是整个程序的一张蓝图，能够清晰直观地体现出程序的逻辑性和处理顺序。当然，这张蓝图并不唯一，对于同一个问题，按不同的算法就会画出不同的流程图。

为方便程序员对输入/输出和数据处理过程进行分析，也便于程序员之间进行交流，程序流程图用统一规定的标准符号和图形来表示，通常包括处理框、判断框、输入/输出框、起止框、连接点和流程线，如图 4-2 所示。

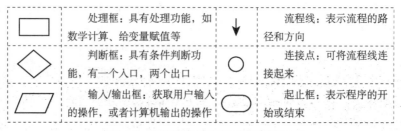

图 4-2　标准程序流程图的规定符号

3）基本控制结构

面向过程程序设计的基本结构有三种：顺序结构、选择结构、循环结构。任何复杂的程序流程图都应基于这三种基本控制结构组合或者嵌套而成。

2. 面向对象程序设计流程

面向对象思想引入了数据抽象和类的概念，把数据和行为看得同等重要，将数据和对数据的操作紧密地结合起来。面向对象程序设计的第一步就是抽象，在问题领域中识别出有效的对象，然后从识别出的对象中抽象出类；第二步是交互，解决对象间的交互。总的来说面向对象是分析、抽象、组装的过程。

4.1.3　常见程序设计语言

程序设计语言的发展可以简单归纳为第一代机器语言、汇编语言、高级程序设计语言到第四代更高层次抽象的语言。自从有了计算机，就有了机器语言。机器语言是由机器指令代码组成的语言，汇编语言比机器语言更直观一些，它的每一条符号指令与相应的机器指令有对应关系，但是它和机器语言一样，都是直接面向机器的。高级程序设计语言是从 20 世纪 50 年代开始出现的，世界上第一种计算机高级程序设计语言是用于科学计算的 FORTRAN 语言。高级程序设计语言的出现为计算机应用者提供了很大的方便，它的用途更加广泛，更容易理解和掌握。下面将给大家介绍的程序设计语言就是第三代高级程序设计语言，以下简称程序设计语言。

程序设计语言实际上就是一套规范的集合，主要包括该语言使用的字符集、关键字集合、语法集合、数据类型、运算符、流程控制以及函数等，这些内容就是语言的特征集。程序设计语言是以人们的日常语言为基础的一种编程语言，是能够直接表达运算操作和逻辑关系的语言，大大增强了程序代码的可读性和易维护性。

就目前而言，主流的程序设计语言有 C、C++、Java、Python 等，它们有着各自不同的语法和特点。一般我们选择编程语言时会综合考虑其应用领域、系统用户的要求、编程语言自身的功能。

C 语言：C 语言是学习编程语言的入门和基础，是面向过程的程序设计语言。起初 C 语言是为计算机专业人员设计的，后来 C 语言不断改进，应用广泛，可移植性高。C 语言还具有汇编语言的许多特点，比如能直接访问物理地址、进行位操作、直接对硬件进行操作等。因此，C 语言是编写应用软件、操作系统和编译程序的重要语言之一。大多数系统软件和应用软件都是用 C 语言编写的。C 语言是结构化和模块化的语言，它是面向过程的。当处理问题比较复杂、程序规模较大的时候，结构化程序设计方法就略显不足。C 语言集成开发工具有 Virtual Studio、CLion。

C++语言：C++是从 C 语言发展而来的，保留了 C 语言原有的所有优点，增加了面向对象机制。所以 C++既支持面向过程的程序设计，也支持面向对象的程序设计。C++的应用领域很广，可以应用于科学和工程计算领域、系统程序设计和实时应用领域，是受广大程序员喜爱的编程语言之一。C++语言集成开发工具有 Virtual Studio、CLion。

Java 语言：Java 语言是一门面向对象、跨平台、易用性强、分布式的高效编程语言，Java 语言可以应用于桌面应用系统开发、嵌入式系统开发、电子商务系统开发、企业级应用开发、分布式系统开发、Web 应用系统开发等。Java 开发环境的搭建需要安装 JDK（Java 开发工具包）和 JRE（Java 运行时）。Java 语言开发工具有 Eclipse、IDEA。

Python 语言：Python 语言是一种面向对象的解释型编程语言，语法简洁清晰，是完全面向对象的语言，函数、模块、数字、字符串都是对象。Python 拥有强大的标准模块和第三方模块，能够快速开发出功能丰富的应用程序。Python 语言可以应用到常规软件开发、科学计算、自动化运维、云计算、Web 开发、网络爬虫、数据分析、人工智能等。Python 语言环境的搭建需要安装 Python（编译环境）和 Python IDE（集成开发环境）。

4.1.4　搭建 Python 开发环境

在学习 Python 语言之前，要先搭建 Python 所需要的开发和运行环境。搭建环境由两部分组成：Python（编译环境）和 Python IDE（集成开发环境）。

1．Python

Python 能够应用于多平台，包括 Windows、Linux 和 mac OS 等。Python 可以直接从 Python 的官网（https://www.python.org/）下载。打开浏览器，进入 Python 的官网，选择"Downloads"菜单，即可进入如图 4-3 所示的下载界面，看到 Python 的最新安装版本。本书以 Python 3.10.2 版本为例，其他版本的安装和使用方法类似。

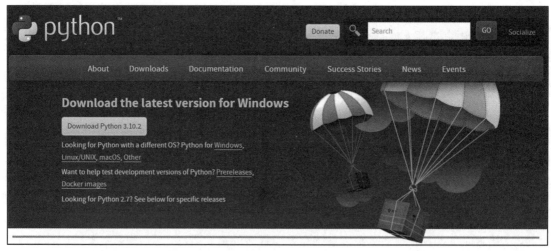

图 4-3　Python 下载界面

　　下载完成后，在 Windows 10 上面进行安装，双击 Python 运行，进入 Python 安装界面，如图 4-4 所示。安装非常简单，可以选择默认安装（Install Now），直至安装完成。

图 4-4　Python 安装界面

　　注意：在继续安装之前，要勾选如图 4-4 所示的"Add Python 3.10 to PATH"复选框，自动配置环境变量。

　　安装完成以后，打开 Windows 的命令行程序（命令提示符），在窗口中输入 python 命令，若出现 Python 的版本信息，并看到命令提示符>>>，就说明安装成功了，如图 4-5 所示。

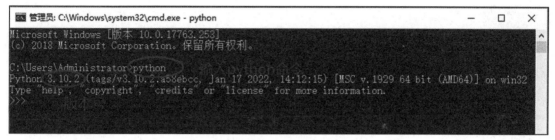

图 4-5　安装成功

2. PyCharm

PyCharm 是由 JetBrains 打造的一款 Python IDE（Integrated Development Environment，集成开发环境），带有一整套帮助用户在使用 Python 语言开发时提高其效率的工具，比如代码编写、编译、调试、项目管理、智能提示、单元测试、版本控制等，支持 Windows、Linux 系统。打开 PyCharm 官网，进入下载页面可以看到 PyCharm 有两个版本，分别是专业版（Professional）和社区版（Community），如图 4-6 所示。我们选择使用 Community 版本即可。

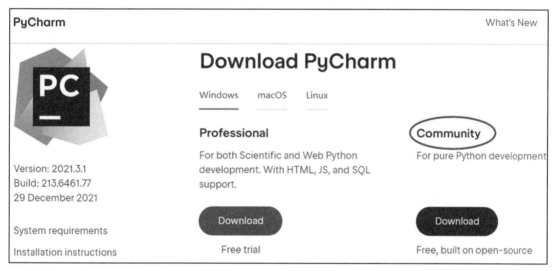

图 4-6　PyCharm 下载页面

任务 4.2　设计简单程序

任务描述

熟练掌握编程语言是从事软件开发相关工作的基本要求。学习一门编程语言首先要了解基本语法知识、熟悉流程控制语句，然后能够熟练地运用函数来实现一些功能。同时，在编程的过程中还要熟练掌握异常处理和文件操作的方法。

任务分析

通过本任务的学习，了解 Python 语言的基本语法和流程控制，熟悉函数的定义和调用，掌握异常处理的方法和文件操作，逐步地掌握 Python 编程语言。通过学习 Python 语言，培养程序设计思想和逻辑思维，掌握程序设计的基本技能和方法，为从事软件开发打下坚实的基础。

任务实施

4.2.1　Python 基本语法

在程序设计中，将实际问题用计算机程序来解决时，需要用表达式来表示逻辑关系，而一个完整的表达式由不同数据类型的变量和常量以及各种运算符构成，下面将依次介绍数据类型、变量和常量、运算符、表达式。

1. 数据类型

数据是对信息的刻画，不同的数据类型可以表达不同的含义和信息。在 Python 语言中，常见的数据类型如表 4-1 所示。

表 4-1　常见的数据类型

数 据 类 型	描　　述
Numbers 数字	int（整型）、float（浮点型）、bool（布尔型）、complex（复数）
String 字符串	用单引号（'）或双引号（"）括起来的一系列字符，例如，"hello"
List 列表	列表用方括号［］标识，列表中元素的类型可以相同，也可以不相同，例如，［'py', '123 ', 'hello']
Tuple 元组	元组用小括号（）标识，列表中元素的类型可以相同，也可以不相同，但是元组中的元素不能二次赋值。例如，（'py', 123, 'study'）
Dictionary 字典	字典是一个无序的键值对（key-value）集合。可通过键获取对应的值，例如，{'name': 'liming','age':18,'hobby':'basketball'}

2. 变量和常量

1）标识符

标识符是用来给变量、常量、函数名、类等命名的，在 Python 里，标识符是区分大小写的。在使用标识符时，要遵循一定的规则和规范。

变量命名规则一般有以下几条：

✧ 标识符由字母、数字、下画线组成。

✧ 不能以数字开头，必须以字母或下画线 "_" 开头。

✧ 不能有空格。

✧ 标识符不能是 Python 的关键字、内置函数名、内置模块名等。

通常，命名的时候要遵循 "见名知意" 的原则，当变量名字的含义较复杂时，常采用驼峰式命名法和下画线命名法进行命名。例如，变量名 userName、showInfo 采用的是驼峰命名法，变量名 user_name、user_number 采用的是下画线命名法。

2）变量

变量指向内存中某个数据对象存储的位置，我们可以把变量看作对象的名字或代号。例如，将学生的名字信息存储在变量 name 中，变量 name 就代表着学生的名字。

变量是在首次使用赋值语句对其赋值时创建的，一般语法格式如下：

```
变量 = 初始化值
```

其中，"="为赋值运算符。赋值运算符的左边必须是变量名，右边则为初始值或者表达式。如图 4-7 所示，定义了两个变量 a 和 b，分别赋值 2 和 3，然后定义变量 c，将 a+b 的"求和"赋给左边变量 c。

图 4-7　定义变量

3）常量

常量表示在程序被执行的过程中其值不可以发生改变的数据。Python 中没有专门定义常量的关键字，一般会使用大写变量名来表示，例如，PI=3.14。

3.　运算符

运算符用于执行运算，包括算术运算符、关系运算符、赋值运算符、逻辑运算符、位运算符等，如表 4-2 所示。

表 4-2　运算符

运算符名称	运算符
算术运算符	+、-、*、/、%
关系运算符	==、! =、>、<、>=、<=
逻辑运算符	&、|、!
位运算符	~、&、|、^、>>、<<、>>>
赋值运算符	=, +=, -=, *=, /=, %=

算术运算符主要用于基本算术运算，进行加法、减法、乘法、除法和取余操作，其中"/"取的是商，"%"取的是余数。

关系运算符（或称比较运算符）是比较常见的运算符之一，通常分为大于、小于、等于等几种，返回的值是布尔类型的值，也就是二者比较之后的结果是"真"还是"假"。

逻辑运算符主要有逻辑与（&）、逻辑或（|）、逻辑非（!），主要用于布尔类型的值的运算。通常两个关系表达式之间进行逻辑运算，其结果仍然是一个布尔类型的值。

位运算符主要针对二进制数进行操作，无论初始值是哪种进制的，在运算的过程中都将转换成二进制数，然后进行位运算与（&）、或（|）、左移（<<）、右移（>>）等。

赋值运算符是将右侧的值赋给左边的变量，其中扩展赋值运算符有+=、-=、*=、/=、%=，扩展赋值运算表示在赋值前做加法、减法、乘法、除法和取余的操作。

4. 表达式

表达式是由变量和运算符按一定规则连接起来的、有意义的式子。相应运算符构成相应的表达式。表达式按运算符可分为：算术表达式、关系表达式、逻辑表达式、赋值表达式、位运算表达式、复合表达式等。

4.2.2 流程控制

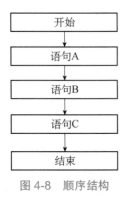

图 4-8 顺序结构

流程控制语句是表达程序员逻辑思维能力的最基本体现，主要由三种结构组成，分别是顺序结构、选择结构和循环结构。在程序设计语言中，选择结构和循环结构最符合人们解决问题的思考方式，能够帮助人们实现更加复杂的逻辑，完成更加复杂的任务。

1. 顺序结构

顺序结构是程序中最简单、最基本的流程控制结构，没有特定的语法结构，按照代码的先后顺序，依次执行，如图 4-8 所示。总的来说，写在前面的先执行，写在后面的后执行。

2. 选择结构

选择结构，又称条件语句，使用条件语句可以通过判断一个条件表达式是否成立，即条件结果是真（True）还是假（False），来分别执行不同的代码。

1）单支 if 语句

语法格式：

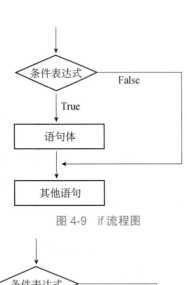

图 4-9 if 流程图

```
if 条件表达式:
    语句体
```

执行流程如图 4-9 所示。

首先判断条件表达式，若结果为 True 则执行语句体，若判断结果为 False 则跳出 if 语句。

例如，考试成绩大于等于 90 分，则输出"优秀"。

2）if…else 语句

语法格式：

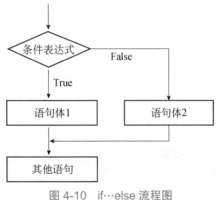

图 4-10 if…else 流程图

```
if 条件表达式:
    语句体 1
else:
    语句体 2
```

执行流程如图 4-10 所示。

首先判断条件表达式为真还是为假，若结果为 True 则执行语句体 1，若结果为 False 则执行语句体 2。

例如，定义 a=8 判断该变量是奇数还是偶数，那么条件表达式应当为 a%==2，若 a 取余数后等于 2 则为偶数，否则为奇数。程序代码如图 4-11 所示。

图 4-11　if…else 示例

3）if…elif…else 语句

语法格式：

```
if 条件表达式 1:
    语句体 1
elif 条件表达式 2:
    语句体 2
    …
else:
    其他语句
```

执行流程，如图 4-12 所示。

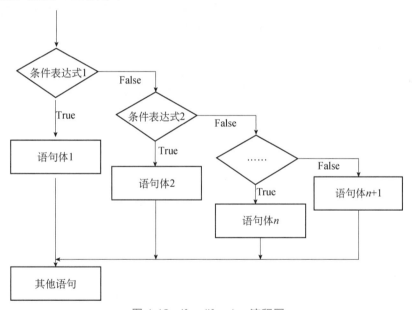

图 4-12　if…elif…else 流程图

首先判断第一个条件表达式，若结果为真则执行语句体 1。若不满足则判断第二个条件表达式，若结果为真，则执行语句体 2，依此进行，判断第 n 个条件表达式。若以上条件表达式都不满足，则执行 else 里面的其他语句。

例如，判断某个学生的成绩是优秀、良好、合格、不合格，可通过该语句实现，代码如图 4-13 所示。

```
a = 98
if a >= 90:
    print("优秀")
elif a >= 70 & a < 90:
    print("良好")
elif a >= 60 & a < 70:
    print("合格")
else:
    print("不合格")
```

图 4-13   if…elif…else 示例

3. 循环结构

循环语句的作用是在一定条件下，反复执行一段程序代码，其中被反复执行的程序称为循环体。

循环语句有 4 个组成部分：

（1）初始化语句。一条或者多条语句，这些语句完成一些初始化操作。

（2）判断条件语句。这是一个 Boolean 表达式，这个表达式能决定是否执行循环体。

（3）循环体语句。循环体语句就是要多次执行的语句。

（4）控制条件语句。这个部分在一次循环体结束后，下一次循环判断条件执行前执行。通过用于控制循环条件中的变量，使得循环在合适的时候结束。

1）while 循环语句

while 循环语句由 while 关键字、条件表达式及循环体组成。

在 while 语句后面，以一个冒号"："标识其循环体的开始。

语法格式：

```
初始化语句
while 条件表达式：
    循环体
    控制语句
```

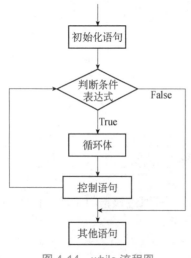

执行流程如图 4-14 所示。初始化后，先判断 while 关键字后面的条件表达式，若结果为真，则进入循环体，然后执行控制语句，进入下一个循环。

2）for 循环语句

for 循环语句由 for 关键字、循环序列及循环体组成。

语法格式：

```
初始化语句
for  变量 in 循环序列：
    循环体
```

执行流程如图 4-15 所示。初始化后，先判断变量是否在循环序列中，若为真，则进入循环体，然后进入下一个循环，若为假，则执行其他语句。

图 4-14   while 流程图

4.2.3　函数和模块

　　函数和模块使程序设计变得更加简单和方便。函数一方面可以避免代码冗余，它是对代码的一种封装，只需要定义一次函数，定义完成后就可以对这些代码进行重复利用，非常方便；另一方面，定义的函数方便程序修改，当某个需求需要修改时，只需在函数中修改一次，而不用在每一个调用函数的地方修改代码。类似地，模块也是封装好的能够完成某些特定功能的文件，在开发的过程中可以直接调用模块来实现功能。

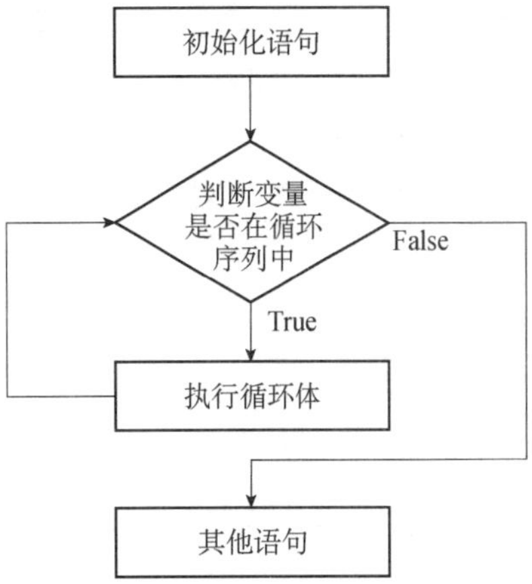

图 4-15　for 流程图

　　1. 函数

　　简单地说，函数就是能够完成特定功能的代码块。函数能够提高应用的模块性和代码的重复利用率。那么如何定义函数和调用函数呢？

　　1）定义函数

```
def 函数名（参数列表）：
函数体
return 返回值
```

　　函数以 def 关键词开头，后接函数名以及参数列表。其中，函数名的命名必须符合标识符规范，参数列表可以是无参的，也可以拥有一个或多个参数。return 语句用来结束函数以及返回函数指定类型的值。

　　2）调用函数

　　函数定义完成后，可以通过调用函数的方式来实现相应功能，从而提高了代码的利用率，减少代码冗余。

　　调用格式为：

```
函数名（参数）
```

　　2. 模块

　　模块是一个包含已定义的函数和变量的文件，其后缀名是 .py。模块可以被别的程序引入，以及使用该模块中的函数等功能。

　　模块引入方式为：

```
import module
```

4.2.4　文件操作

　　Python 提供了必要的函数和方法进行默认情况下的文件基本操作。通过 file 对象可以实现大部分的文件操作。对文件的常见操作主要包含以下几点。

　　1. 打开文件

　　打开文件函数 open，其语法如下：

```
file object = open(file_name [, access_mode])
```

格式解释：

file_name：要访问的文件名称。

access_mode：打开文件的模式，包括只读、写入、追加等。默认文件访问模式为只读（r），其他模式如表 4-3 所示。

表 4-3　文件打开模式

模式	解　释
r	以只读方式打开文件。这是默认模式
r+	打开文件用于读写
w	打开文件只用于写入。若文件已存在则将其覆盖；若不存在，则创建新文件
w+	打开文件用于读写。若文件已存在则将其覆盖；若不存在，则创建新文件
a	打开一个文件用于追加。若文件已存在，则文件指针将会放在文件的结尾

2. 读取和写入文件

file 对象提供了一系列方法，以实现对文件的读与写，如表 4-4 所示。

表 4-4　文件读写方法

方法名	功　能
file.read([size])	从文件读取指定的字节数
file.readline([size])	读取整行，包括 "\n" 字符
file.readlines([size])	读取所有行并返回列表
file.writes(str)	将字符串写入文件，返回的是写入的字符长度

3. 关闭文件

file.close()方法实现了文件的关闭。文件关闭后不能再进行读写操作。

4.2.5　异常处理

什么是异常呢？异常即是一个事件，该事件会在程序执行过程中发生，影响程序的正常执行。一般情况下，在 Python 无法正常处理程序时就会发生一个异常。当 Python 脚本发生异常时，我们需要捕获处理它，否则程序会终止执行。

捕捉异常可以使用 try/except 语句。

```
try:
<语句 1>
except <异常类型>:
<语句 1>          #异常后的处理
else:
<语句 3>          #没有异常发生时执行该语句
```

该语句用来检测 try 语句块中的错误，从而让 except 语句捕获异常信息并处理。

4.2.6　设计简单程序

【案例 1】

“双十一”期间，某商场促销做抽奖活动，抽奖规则如下：如果客户是 VIP 客户，则可以免费抽奖一次；如果客户不是 VIP 客户，则消费满 200 元抽奖一次，否则不能参与抽奖。请利用 if 语句，实现该抽奖活动规则。

案例分析：

（1）首先利用键盘录入 input()方法实现数据的输入，输入客户会员和消费金额。

（2）分别定义两个变量用于接收键盘数据。

（3）利用 if 嵌套语句进行两次判断，分别判断客户是否是 VIP 客户、客户消费的金额是否大于等于 200 元。

（4）满足某种条件，书写相应的参与抽奖情况。

案例实现代码如图 4-16 所示。

```
vip = input("请输入用户是否为VIP,true或者false: ")
money = input("请输入消费金额")
if vip is False:
    if money >= 200:
        print("恭喜，获得一次抽奖机会")
    else:
        print("消费满200才可以参与抽奖")
else:
    print("免费抽奖")
```

图 4-16　代码实现

执行结果如图 4-17 所示，这里只演示了客户为 VIP 客户，却只消费了 10 元的情况。

```
请输入用户是否为VIP,true或者false: true
请输入消费金额10
免费抽奖
```

图 4-17　执行结果

【案例 2】

定义函数对列表［6, 17, 60, 8, 50, 5, 25, 58, 96, 61］中的元素进行排序，排序的方法使用冒泡排序（按由小到大顺序）。

冒泡排序的思路：

（1）比较相邻的两个元素。如果第一个比第二个大则交换它们的位置，将小的调到前面。

（2）从列表的开始一直到结尾，依次对每一对相邻元素都进行比较。这样值最大的元素就通过交换“冒泡”到了列表的结尾，完成第一轮“冒泡”。

（3）重复上一步，进行第二轮、第三轮……比较，从列表开头依次对相邻元素进行比较。

案例分析：

（1）定义函数，命名为 bubble_sort，调用该函数实现排序。

（2）冒泡排序采用循环实现，并且有两层循环。

（3）如果列表有 n 个数，则需要进行 $n-1$ 趟循环。

（4）在第 1 趟中，元素两两比较需要进行 $n-1$ 次循环，在第 j 趟需要进行 $n-j$ 次两两比较。要排序的列表如图 4-18 所示，列表［6, 17, 60, 8, 50, 5, 25, 58, 96, 61］。

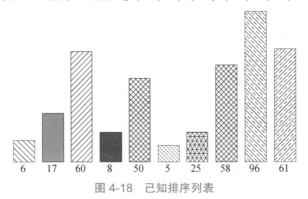

图 4-18　已知排序列表

将相邻两个元素进行比较，如果第一个值比第二个值大则交换。6 小于 17，不需要交换，依次进行比较，17 小于 60，不需要交换，60 大于 8 需要相互交换……第一轮比较完成后，结果如图 4-19 所示。第 2 趟重复比较直至第 9 趟，完成整个冒泡排序。

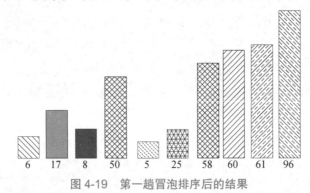

图 4-19　第一趟冒泡排序后的结果

案例实现代码如图 4-20 所示。

```python
def bubble_sort(array_1):
    for i in range(1, len(array)):
        for j in range(0, len(array) - i):
            if array[j] > array[j + 1]:
                array[j], array[j + 1] = array[j + 1], array[j]
    return array


if __name__ == '__main__':
    array = [6, 17, 60, 8, 50, 5, 25, 58, 96, 61]
    print(bubble_sort(array))
```

图 4-20　代码实现

执行结果如图 4-21 所示。

```
[5, 6, 8, 17, 25, 50, 58, 60, 61, 96]
```

图 4-21　执行结果

本章小结与课程思政

本章简要介绍了程序设计的理念、主流的编程语言，以及 Python 语言的环境搭建，着重介绍了 Python 的常用数据类型、运算符、流程控制语句，以及文件操作和异常处理。通过本章内容，读者能够对程序设计流程有一个清晰的认识，能够掌握 Python 语言的语法和流程控制，能够熟练运用运算符进行运算，熟练运用流程控制语句实现简单程序设计。

通过介绍程序设计流程的各个环节，介绍从需求分析到概要设计、从详细设计到编码、从运行到调试运维整个软件的生命周期，引导学生了解学习是一个循序渐进的过程，需要坚持不懈的努力。通过逐层深入地介绍 Python 语言的基本语法、流程控制、函数以及模块等内容，让学生意识到夯实了基础才能厚积薄发，通过实践促进理论知识的理解，理论知识再指导实践从而融会贯通，逐渐加强学生技能，培养学生具备工匠精神。

思考与训练

1. 填空题

（1）最早提出了"程序设计"概念的是_____。

（2）面向对象引入了类和_____的概念。

（3）常用的图形描述算法的工具是_____和 N-S 图、PAD 图、决策树。

（4）标识符由_____、数字、_____组成。

（5）下列程序的运行结果是_____。

```
score = 5000
if score > 2000:
    print("领取骑行卡")
else:
    print("积分满 2000 才可以领取骑行卡")
```

2. 选择题

（1）20 世纪 40 年代，康德拉·楚泽最早提出了（　　）概念

A. 程序设计　　　　B. 面向过程设计　　　C. 面向对象设计　　　D. 抽象

（2）Python 脚本文件的扩展名为（　　）。

A. .python　　　　B. pt　　　　　　　C. py　　　　　　　D. pg

（3）下列哪个标识符不符合规范（　　）。

A. user　　　　　B. $age　　　　　　C. use_name　　　　D. 3test

（4）下列不属于面向对象程序设计的三大特征的是（　　）。

A. 封装　　　　　B. 继承　　　　　　C. 对象　　　　　　D. 多态

（5）下面关于 a or b 的描述中错误的是（　　）。

A．若 a=True b=True 则 a or b ==True

B．若 a=True b=False 则 a or b ==True

C．若 a=True b=True 则 a or b == False

D．若 a= False b= False 则 a or b == False

（6）定义函数时返回值的关键字是（　　）。

A．main　　　　　　B．def　　　　　　C．return　　　　　　D．break

（7）下面这段代码的运行结果中 y 的值等于（　　）。

```
x=6
y=(x+5)%2
print(y)
```

（8）下面这段代码的运行结果中 z 的值等于（　　）。

```
x = True
y = 6
if (x == True) & (y == 7):
    y +=1
print(y)
```

A．6　　　　　　　　B．7　　　　　　　　C．8　　　　　　　　D．5

（9）导入模块的关键字是（　　）。

A．include　　　　　B．import　　　　　C．module　　　　　D．from

（10）在打开文件中以只读方式打开文件的模式是（　　）。

A．r　　　　　　　　B．r+　　　　　　　C．w　　　　　　　　D．w+

3．思考题

（1）列举算法的 5 个特征。

（2）列举常见的程序设计语言，并简要描述其特点。

（3）用代码实现三个整数中的最大值。

（4）求 1+2+3+…+100。

（5）写程序实现九九乘法表。

第 5 章　大数据

人类已经步入大数据时代，我们的生活被数据"环绕"，并受数据深刻影响。作为大数据时代的公民，我们应该接近数据、了解数据，并利用好数据。因此，本章首先从数据入手，讲解数据和大数据的概念等内容；然后，讨论大数据的"4V"特性以及大数据的架构知识、基本的数据挖掘算法、大数据可视化工具，并简要介绍大数据在不同领域的应用和大数据产业；最后对大数据应用中面临的常见安全问题和风险、大数据安全防护的基本方法，以及自觉遵守和维护相关法律法规做了简要探讨。

学习目标

◆ 理解数据和大数据的基本概念。
◆ 理解大数据的"4V"特征。
◆ 熟悉大数据系统架构的基础知识。
◆ 了解大数据分析算法模式，初步建立数据分析概念。
◆ 大数据应用及发展趋势。
◆ 了解大数据应用中常见安全问题和安全防护的基本方法，遵守和维护相关法律法规。

任务 5.1　大数据基础知识

大数据的出现开启了大规模生产、分享和应用数据的时代，能让我们对海量数据进行分析，以一种前所未有的方式获得全新的产品、服务或独到的见解，最终形成变革之力，实现重大的时代转型。大数据正在改变我们的生活及理解世界的方式，正在成为新发明和新服务的源泉。

任务描述

大数据已经成为学术界、产业界和政府共同关注的热点，正在开启信息化的新阶段。本任务主要要求了解数据和大数据的定义以及大数据的"4V"特征等。

任务分析

本任务将对数据、大数据的概念和大数据的特征进行讲解，让我们对大数据有初步的认知。

任务实施

5.1.1 从"数据"到"大数据"

数据是指对客观事件进行记录并可以鉴别的符号，是对客观事物的性质、状态以及相互关系等进行记载的物理符号或这些物理符号的组合，是可识别的、抽象的符号，如图形、声音、文字等。数据也被称为"未来的石油"。

随着大数据时代的到来，"大数据"已经成为互联网信息技术行业的流行词汇。所谓大数据，就是数据大到无法通过现有的手段在合理时间内截取、管理、处理并整理成为人类所能读的信息。

5.1.2 大数据的特征

关于大数据的特征，大家比较认可"4V"说法，如图5-1所示。大数据的4个"V"，或者说是大数据的4个基本特征，包含4个层面：体量大（Volume）、种类多（Variety）、速度快（Velocity）和价值密度低（Value）。

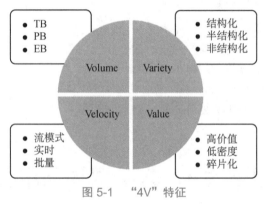

图5-1 "4V"特征

1. Volume（体量大）

大数据，顾名思义，大是其主要特征。根据IDC（互联网数据中心）做出的估测，数据一直都在以每年50%的速度增长，也就是说每两年就增长一倍（大数据摩尔定律）。人类在最近两年产生的数据量相当于之前产生的全部数据量。2020年，全球总共拥有35.2ZB的数据量，相较于2009年，数据量增长44倍，如图5-2所示。

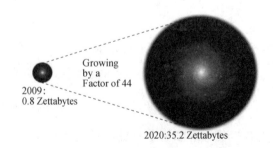

图5-2 2009年数据量与2020年数据量的对比

2．Variety（种类多）

大数据与传统数据相比，数据来源广、维度多、类型杂，各种机器仪表在自动产生数据的同时，人自身的行为也在不断创造数据，不仅有企业组织内部的业务数据，还有海量相关的外部数据。除数字、符号等结构化数据外，更有大量包括网络日志、音频、视频、图片、地理位置信息等非结构化数据，且占数据总量的 90% 以上。

3．Velocity（速度快）

随着现代感测、互联网、计算机技术的发展，数据生成、储存、分析、处理的速度远远超出人们的想象，这是大数据区别于传统数据或小数据的显著特征。例如，2016 年德国法兰克福国际超算大会（ISC）公布的全球超级计算机 500 强榜单中，由国家超级计算无锡中心研制的"神威·太湖之光"夺得第一，该系统峰值性能达 12.5 亿次／秒，其 1 分钟的计算能力，相当于全球 70 亿人同时用计算器不间断计算 32 年。生活中的例子有 1 分钟的时间，新浪可以发送 2 万条微博、苹果可以下载 4.7 万次应用等。

4．Value（价值密度低）

大数据背后潜藏的价值巨大，同其呈几何指数爆发式的增长相比，某一对象或模块数据的价值密度较低，这无疑给我们开发海量数据增加了难度和成本。但是，大数据真正的价值体现在从大量不相关的各种类型的数据中挖掘出对未来趋势与模式预测分析有价值的数据，并通过人工智能方法或数据挖掘方法等深度分析，并运用于农业、金融、医疗等各个领域，以期创造更大的价值。

不同的利益角色又会根据不同视角给予更多的补充，比如 Veracity（真实性）、Visualization（可视化）、Validity（有效性）等。事实上，所有这些 V 特征都是尝试从数据层、计算层和应用层对大数据的特征进行的描述。总体而言，作为一种难题的大数据暗含以下三个方面的属性。

（1）规模属性：大数据在数据量级上很大，数据层的大规模性以及数据本身所具备的多模式性、多模态性和异构性给存取、算法、计算和应用带来了极大的挑战。

（2）技术属性：大数据价值实现依赖一系列技术合集，涉及数据层、算法层、计算层、应用开发层等多个方面。

（3）价值属性：各种角色对大数据价值都有共识和期望，不同利益角色的个体（组织）对大数据价值的理解和关注点也不同。

任务 5.2　大数据相关技术

整个世界已经迎来了大数据时代。2020 年，人类产生的数据总量约 40ZB，全球范围内服务器的数量增加 10 倍，由企业数据中心直接管理的数据量增加 14 倍，IT 专业人员的数量增加 1.5 倍。许多权威人士认为这一数据大爆炸堪比新型石油，甚至是一种全新的资产类别。与机遇同时发生并推动机遇发展的则是应运而生的大数据相关技术。

大数据技术，就是从各种类型的数据中快速获取有价值信息的技术。本任务主要介绍大数据采集、大数据准备、大数据存储、大数据分析与挖掘以及大数据展示与可视化等技术。

通过本任务对于大数据相关技术的描述，即对大数据采集、大数据准备、大数据存储、大数据分析与挖掘以及大数据展示与可视化等技术进行讲解，帮助我们了解大数据从获取、存储、分析到应用这一实践流程，从而熟悉大数据技术的整体轮廓。

大数据技术，就是从各种类型的数据中快速获取有价值信息的技术。大数据领域已经涌现出了大量新的技术，它们成为大数据采集、存储、处理和呈现的有力武器。与大数据处理相关的技术一般包括大数据采集、大数据准备、大数据存储、大数据分析与挖掘以及大数据展示与可视化等，如图 5-3 所示。

图 5-3　大数据的技术体系

5.2.1　大数据采集

大数据采集是指通过 RFID 射频数据、传感器数据、视频摄像头的实时数据、来自历史视频的非实时数据，以及社交网络交互数据及移动互联网数据等方式来获得各种类型的结构化、半结构化（或称弱结构化）及非结构化的海量数据。

大数据采集是大数据知识服务体系的根本。大数据采集一般分为大数据智能感知层和基础支撑层。

◇ 大数据智能感知层：主要包括数据传感体系、网络通信体系、传感适配体系、智能识别体系及软硬件资源接入系统，实现对结构化、半结构化和非结构化的海量数据的智能化识别、定位、跟踪、接入、传输、信号转换、监控、初步处理和管理等，需要着重攻克针对大数据源的智能识别、感知、适配、传输、接入等技术。

◇ 基础支撑层：提供大数据服务平台所需的虚拟服务器，结构化、半结构化及非结构化数据的数据库以及物联网络资源等基础支撑环境，需要重点攻克分布式虚拟存储技术及大数据获取、存储、组织、分析和决策操作的可视化接口技术、大数据的网络传输与压缩技术、大数据隐私保护技术等。大数据采集方法主要包括系统日志采集、网络数据采集、数据库采集和其他数据采集四种。

5.2.2　大数据准备

大数据准备主要是完成对数据的抽取、转换和加载等操作。因获取的数据可能具有多种结构和类型，数据抽取过程可以帮助用户将这些复杂的数据转化为单一的或者便于处理的结构，以达到快速分析处理的目的。目前主要的 ETL 工具是 Flume 和 Kettle。ETL 是用来实现异构多数据源的数据集成的工具，是数据仓库、数据挖掘和商业智能等技术的基石。ETL 处理过程的主要步骤，如图 5-4 所示。Flume 是 Cloudera 提供的一个高可用、高可靠、分布式的海量日志采集、聚合和传输系统；Kettle 是一款国外开源的 ETL 工具，由纯 Java 编写，可以在 Windows、Linux 和 UNIX 上运行，数据抽取高效且稳定。

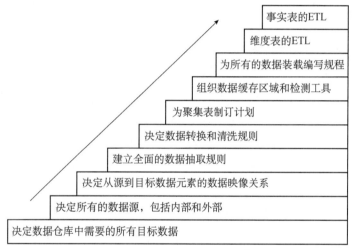

图 5-4　ETL 处理过程的主要步骤

5.2.3　大数据存储

大数据对存储管理技术的挑战主要在于扩展性。首先是容量上的扩展，要求底层存储架构和文件系统以低成本方式及时、按需扩展存储空间；其次是数据格式可扩展，满足各种非结构化数据的管理需求。传统的关系型数据库管理系统（RDBMS）为了满足强一致性的要求，影响了并发性能的发挥，而采用结构化数据表的存储方式，对非结构化数据进行管理时又缺乏灵活性。

目前，主要的大数据存储工具包括：

◇ HDFS，它是一个分布式文件系统，是 Hadoop 体系中数据存储管理的基础。

◇ NoSQL，泛指非关系型的数据库，可以处理超大量的数据。

◇ NewSQL 是对各种新的可扩展/高性能数据库的简称，这类数据库不仅具有 NoSQL 对海量数据的存储管理能力，还保持了传统数据库支持 ACID 和 SQL 等特性。

◇ HBase 是一个针对结构化数据的可伸缩、高可靠、高性能、分布式和面向列的动态模式数据库。

◇ OceanBase 是一个支持海量数据的高性能分布式数据库系统，实现了在数千亿条记录、数百 TB 数据上的跨行跨表事务。此外还有 MongoDB 等存储技术。

5.2.4　大数据分析与挖掘

大数据分析与挖掘技术是基于商业目的，有目的地进行收集、整理、加工和分析数据，提炼有价值信息的一个过程。数据分析是指通过分析手段、方法和技巧对准备好的数据进行探索、分析，从中发现因果关系、内部联系和业务规律，为商业目标提供决策参考。目前主要的大数据计算与分析软件包括：

◇ Datawatch，是一款用于实时数据处理、数据可视化和大数据分析的软件。

◇ Stata 是一套提供其使用者进行数据分析、数据管理以及绘制专业图表的完整及整合性统计软件。

◇ MATLAB 是一款商业数学软件，一种用于算法开发、数据可视化、数据分析以及数值计算的高级技术计算语言和交互式环境。

◇ SPSS 是"统计产品与服务解决方案"软件，是 IBM 公司推出的一系列用于统计分析运算、数据挖掘、预测分析和决策支持任务的软件产品及相关服务的总称。

◇ SAS 是一个功能强大的数据库整合平台，可进行数据库集成、序列查询和序列处理等工作。

◇ Storm 是一个分布式的、容错的实时计算系统。

◇ Hive 是建立在 Hadoop 基础上的数据仓库架构，它为数据仓库的管理提供了许多功能，包括数据 ETL（抽取、转换和加载）工具、数据存储管理和对大型数据集的查询与分析能力。此外还有 R、BC-BSP、Dremel 等计算和分析工具。

数据挖掘就是从大量的、不完全的、有噪声的、模糊的和随机的、由实际应用产生的数据中，提取隐含在其中的，但又是潜在有用的信息和知识的过程。目前主要的数据挖掘工具有：

◇ Mahout，一个用于机器学习和数据挖掘的分布式框架，区别于其他的开源数据挖掘软件，它是基于 Hadoop 之上的。

◇ R 是属于 GNU 系统的一个自由、免费、源代码开放的软件，它是一个用于统计计算和统计制图的优秀工具。

此外 Datawatch、MATLAB、SPSS、SAS 和 Stata 等都有着强大的数据挖掘功能。其中 Datawatch 允许用户访问、抽取任何数据信息并将其转换为实时数据，以便显示、分析并与其他用户以及系统分享。企业用户可以在 Datawatch 桌面上打开报告或文件，即点即选，数据立即就能提取出来。Datawatch 系统创建了可复用模型，定义了数据到行和列的转换。仅需一次单击动作，用户就能将最新的数据集显示于仪表板上，并开始可视化数据发掘工作。

5.2.5　大数据展示与可视化

大数据展示与可视化技术可以提供更为清晰直观的数据表现形式，将错综复杂的数据和数据之间的关系，通过图片、映射关系或表格，以简单、友好、易用的图形化、智能化的形式呈现给用户，供其分析使用。可视化工具主要分为如下几种。

1. 入门级工具

Excel 是微软公司办公软件 Office 家族的系列软件之一，可以进行各种数据的处理、统计分析和辅助决策操作，已经被广泛地应用于管理、统计、金融等领域。

2. 信息图表工具

信息图表是信息、数据、知识等的视觉化表达，它利用人脑对于图形信息相对于文字信息更容易理解的特点，更高效、直观、清晰地传递信息，在计算机科学、数学以及统计学领域有着广泛的应用。

1）Google Chart API

谷歌公司的制图服务接口 Google Chart API，可以用来统计数据并自动生成图片，该工具使用非常简单，不需要安装任何软件，可以通过浏览器在线查看统计图表。

2）ECharts

ECharts 是由百度公司前端数据可视化团队研发的图表库，可以流畅地运行在 PC 和移动设备上，兼容当前绝大部分浏览器（IE8/9/10/11、Chrome、Firefox、Safari 等），底层依赖轻量级的 Canvas 类库 ZRender，可以提供直观、生动、可交互、可高度个性化定制的数据可视化图表。

ECharts 提供了非常丰富的图表类型，包括常规的折线图、柱状图、散点图、饼图、K 线图，用于统计的盒形图，用于地理数据可视化的地图、热力图、线图，用于关系数据可视化的关系图、treemap，用于多维数据可视化的平行坐标，以及用于 BI 的漏斗图、仪表盘，并且支持图与图之间的混搭，能够满足用户绝大部分分析数据时的图表制作需求。

3）D3

D3 是最流行的可视化库之一，是一个用于网页作图、生成互动图形的 JavaScript 函数库，提供了一个 D3 对象，所有方法都通过这个对象调用。D3 能够提供大量线性图和条形图之外的复杂图表样式，例如，Voronoi 图、树形图、圆形集群和单词云等，如图 5-5 所示。

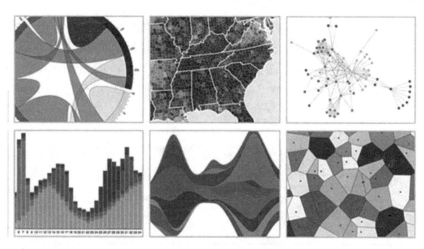

图 5-5　D3 提供的可视化图表

4）Tableau

Tableau 是桌面系统中最简单的商业智能工具软件，更适合企业和部门进行日常数据报表和数据可视化分析工作。Tableau 实现了数据运算与美观的图表的完美结合，用户只要将大量数据拖放到数字"画布"上，转眼间就能创建好各种图表。

5）大数据魔镜

大数据魔镜是一款优秀的国产数据分析软件，它丰富的数据公式和算法可以让用户真正理解、探索、分析数据，用户只要通过一个直观的拖放界面就可创造交互式的图表和数据挖掘模型。

3. 地图工具

地图工具在数据可视化中较为常见，它在展现数据基于空间或地理分布上有很强的表现力，可以直观地展现各分析指标的分布、区域等特征。当指标数据要表达的主题跟地域有关联时，就可以选择以地图作为大背景，从而帮助用户更加直观地了解整体的数据情况，同时也可以根据地理位置快速地定位到某一地区来查看详细数据。

◇ Google Fusion Tables 让一般使用者也可以轻松制作出专业的统计地图。该工具可以让数据表呈现为图表、图形和地图，从而帮助使用者发现一些隐藏在数据背后的模式和趋势。

◇ Modest Maps 是一个小型、可扩展、交互式的免费库，提供了一套查看卫星地图的 API，只有 10KB 大小，是目前最小的可用地图库。它也是一个开源项目，有强大的社区支持，是在网站中整合地图应用的理想选择。

◇ Leaflet 是一个小型化的地图框架，通过小型化和轻量化来满足移动网页的需要。

4. 时间线工具

时间线是表现数据在时间维度上的演变的有效方式，它通过互联网技术，依据时间顺序，把一方面或多方面的事件串联起来，形成相对完整的记录体系，再运用图文的形式呈现给用户。时间线可以运用于不同领域，最大的作用就是把过去的事物系统化、完整化、精确化。

5. 高级分析工具

1）R

R 是属于 GNU 系统的一个自由、免费、源代码开放的软件，它是一个用于统计计算和统计制图的优秀工具，使用难度较高。R 的功能包括数据存储和处理系统、数组运算工具（具有强大的向量、矩阵运算功能）、完整连贯的统计分析工具、优秀的统计制图功能、简便而强大的编程语言，可操纵数据的输入和输出，实现分支、循环以及用户自定义功能等，通常用于大数据集的统计与分析。

2）Weka

Weka 是一款免费的、基于 Java 环境的、开源的机器学习以及数据挖掘软件，不但可以进行数据分析，还可以生成一些简单图表。

3）Gephi

Gephi 是一款比较特殊也很复杂的软件，主要用于社交图谱数据可视化分析，可以生成非常酷的可视化图形。

4）Python

Python 是一种面向对象的解释型计算机程序设计语言。Python 是纯粹的自由软件，源代码和解释器 CPython 遵循 GPL（General Public License）协议。Python 具有丰富和强大的库。它常被称为"胶水语言"，能够把用其他语言制作的各种模块（尤其是 C/C++）很轻松地连接在一起。Python 也是一种很好的可视化工具，可以开发出各种可视化效果图，Python 可视化库可以大致分为基于 Matplotlib 的可视化库、基于 JavaScript 的可视化库、基于上述两者或其他组合功能的库。

任务 5.3　大数据应用及发展趋势

大数据应用自然科学的知识来解决社会科学中的问题，在许多领域具有重要的应用。早期的大数据技术主要应用在大型互联网企业中，用于分析网站用户数据以及用户行为等。现在，传统企业、事业单位等有大量数据需要处理的组织和机构，也越来越多地使用大数据技术以便满足各种功能需求。除了常见的商业智能和企业营销外，大数据技术也开始较多地应用于社会科学领域，并在数据可视化、关联性分析、经济学和社会科学领域发挥重要的作用。大数据应用基本上呈现出互联网领先，其他行业积极效仿的态势，而各行业数据的共享开放已逐渐成为趋势。

任务描述

大数据在互联网企业中的应用处于领先地位，并逐步深入到其他行业中，如零售、金融、医疗、教育、农业、环境行业等，本任务对主要领域的应用进行介绍，并对大数据的发展趋势进行简述。

任务分析

通过本任务大数据应用及发展趋势的讲解，要求同学们能对大数据在各领域的应用和发展趋势有一定的认知和了解。

任务实施

5.3.1　大数据应用

1. 大数据在零售行业中的应用

零售行业大数据应用有两个层面：一个层面是零售行业可以了解客户的消费喜好和趋势，进行商品的精准营销，降低营销成本；另一个层面是依据客户购买的商品，为客户提供可能购买的其他商品，扩大销售额，也属于精准营销范畴。

零售行业可以通过客户购买记录，了解客户关联商品购买喜好，将相关的商品放到一起来增加产品销售额；零售行业还可以记录客户购买习惯，将一些日常需要的必备生活用品，在客户即将用完之前，通过精准广告的方式提醒客户进行购买。

电商行业的巨头天猫和京东，已经通过客户的购买习惯，将客户日常需要的商品例如尿不湿、卫生纸、衣服等依据客户购买习惯事先进行准备。客户刚刚下单后，商品就会在 24 小时内送到客户手中，提高了客户体验，让客户连后悔的时间都没有。利用大数据技术，零售行业将至少会提高 30%的销售额，并提高客户购买体验。

2. 大数据在金融行业中的应用

1）银行数据应用场景

利用数据挖掘来分析一些交易数据背后的商业价值。

2）保险数据应用场景

保险数据主要是围绕产品和客户进行的，典型的案例是利用客户行为数据来制定车险价格，利用客户外部行为数据来了解客户需求，向目标客户推荐产品。

3）证券数据应用场景

对客户交易习惯和行为进行分析可以帮助证券公司获得更多的收益。

3. 大数据在医疗行业中的应用

医疗行业拥有大量的病例、病理报告、治疗方案、药物报告等，通过对这些数据进行整理和分析将会极大地辅助医生提出治疗方案，帮助病人早日康复。我们可以构建大数据平台来收集不同病例和治疗方案，以及病人的基本特征，建立针对疾病特点的数据库，帮助医生进行疾病诊断。

医疗行业的大数据应用一直在进行，但是数据并没有完全打通，基本都是孤岛数据，没办法进行大规模的应用。未来可以将这些数据统一采集起来，纳入统一的大数据平台，为人类健康造福。

4. 大数据在教育行业中的应用

信息技术已在教育领域有了越来越广泛的应用，教学、考试、师生互动、校园安全、家校关系等，只要技术到达的地方，各个环节都被数据包裹。通过大数据的分析来优化教育机制，也可以做出更科学的决策，这将带来潜在的教育革命。在不久的将来，个性化学习终端将会更多地融入学习资源云平台，根据每个学生的不同兴趣爱好和特长，推送相关领域的前沿技术、资讯、资源乃至未来职业发展方向。

5. 大数据在农业中的应用

借助于大数据提供的消费能力和趋势报告，政府可为农业生产进行合理引导，依据需求进行生产，避免产能过剩造成不必要的资源和社会财富浪费。通过大数据的分析将会更精确地预测未来的天气，帮助农民做好自然灾害的预防工作，帮助政府实现农业的精细化管理和科学决策。在数据驱动下，结合无人机技术，农民可以采集农产品生长信息、病虫害信息。

6. 大数据在环境行业中的应用

借助于大数据技术，天气预报的准确性和实效性将会大大提高，预报的及时性将会大大提升，同时对于重大自然灾害如龙卷风，通过大数据计算平台，人们将会更加精确地了解其运动轨迹和危害的等级，有利于帮助人们提高应对自然灾害的能力。

7. 大数据在智慧城市中的应用

大数据技术可以了解经济发展情况、各产业发展情况、消费支出和产品销售情况等，依据分析结果，科学地制定宏观政策，平衡各产业发展，避免产能过剩，有效利用自然资源和社会资源，提高社会生产效率。大数据技术也能帮助政府进行支出管理，透明合理的财政支出将有利于提高公信力和监督财政支出。

5.3.2　大数据发展趋势

1. 大数据从概念化走向价值化

一方面，大数据将向更多新领域扩张，也会出现更多数据驱动的商业模式，更具体点说，互联网金融等将会成为大数据应用的新的商业模式，特别是基于海量数据的信用体系和风险控制，一定会冒出来；另一方面，资本高度关注大数据领域，相关的融资、并购与 IPO 纷纷出现，因此大数据从概念化走向价值化成为大数据发展趋势中的最大趋势。

2. 大数据安全与隐私越来越重要

大数据安全不容忽视，这是因为大数据更容易成为网络中的攻击目标；对存储的物理安全性要求也会越来越高；大数据分析技术更容易被黑客利用；大数据引起了更多不易被追踪和防范的犯罪手段；个人隐私的问题也更为严重。个人的隐私越来越多地融入各种大数据中，大数据拥有者掌控了越来越多人的信息。同时，有偿的隐私保护服务会被大众接受。

3. 大数据分析与可视化成为热点

大数据规模大、难理解，分析过程离不开可视化技术，可视化将贯穿于大数据分析与结果展示的全过程，可视化已经成为很多领域研究的议题。有了大数据以后，大规模、多角度、多视角与多手段的数据可视化，还有实时处理分析和大数据的处理方法贯穿了整个数据分析和数据展示的过程。

4. 数据的商品化和数据共享的联盟化

数据共享联盟有望逐步壮大，成为产业、科研和学术界一个环环相扣的支撑环节和产业发展的核心环节。另外，由于数据变成资源，成为有价值的东西，数据私有化和独占问题就会逐渐显现，成为关注的焦点。数据产权界定问题日益突出，在数据权属确定的情况下，数据商品化将成为必然选择。

5. 深度学习与大数据性能成为支撑性的技术

在大数据时代，依靠高性能计算的支持，深度学习将会成为大数据智能分析的核心技术之一。基于海量智能的技术成为发展的热点，它利用群体智能和众包计算支撑大数据分析和应用，依赖于对捕捉到的数据的分析来做判断和决策，这会成为将要兴起的下一个浪潮。以分布式计算来支撑大数据分析是必经之路。在很多大数据的应用场合，基于物理资源的分散式应用会有更多的应用场景。

6. 数据科学的兴起

数据科学作为一个与大数据相关的新兴学科出现，各种大数据分析系统各有所长，在不同类型分析查询下，表现出不同的性能差异，使大家对数据科学兴起有了更具体的认识。目前，许多研究机构、学术团体和高校都在进行对大数据的研究以及大数据方面的学科建设和实验室建设，使得大数据成为一门真正的数据科学。

7. 大数据产业成为一种战略性产业

早在 2011 年，全球知名咨询公司麦肯锡发布了《大数据：创新、竞争和生产力的下一个前沿领域》的报告，预示了大数据产业将会成为 21 世纪具有决定性的产业。发展大数据产业，利用大数据分析提高国家经济决策和社会服务能力。除大企业成为大数据产业最活跃的群体外，一些拥有大数据的政府部门也纷纷利用积累的数据，采用大数据技术进行分析，产生了突出的效果。

8. 大数据生态环境逐步完善

虽然大数据生态环境目前还没有完善到令人满意的程度，但是它正在逐步完善。一方面，开源逐步成为主流；另一方面，大数据、云计算、物联网相互交融，开展大数据教育、与计算机类相关的教育活动等，其中大数据教育更多是对人才方面的教育。

9. 大数据处理架构的多样化模式并存

在大数据处理方面，Hadoop/MapReduce 框架一统天下的模式已被打破，实时流计算、分布式内存计算、图计算框架等并存；在大数据存储与管理方面，大数据的 4V 特征放大了以前海量数据的存储与管理的挑战；在性能提升方面，内存价格不断降低，使内存计算成为解决实时性大数据处理问题的主要手段。

任务 5.4　大数据安全

在大数据时代背景下，由于应用环境的多样性、复杂性和特殊性，数据安全面临多种多样的威胁与挑战：不仅依然需要面临数据窃取、篡改与伪造等传统威胁，同时也需要面对近年来出现日益增多的数据滥用、个人信息与隐私泄露、"大数据杀熟"等新的安全问题。

任务描述

数据安全面临多种多样的威胁与挑战，本任务带领大家了解大数据应用中面临的安全问题，以及与大数据相关的法律法规。

任务分析

通过本任务中安全问题和安全法规的讲解，让我们明白安全问题的痛点以及与大数据相关的法律法规，提高我们自觉遵守和维护相关法律法规的意识。

任务实施

5.4.1　大数据安全问题

1. 隐私和个人信息安全问题

在大数据时代，个人身份、健康状况、个人信用和财产状况以及自己和恋人的亲密过程是隐私；使用设备、位置信息、电子邮件也是隐私；同时上网浏览网页、应用 App、在网上参加的活动、发表及阅读什么帖子、点赞，也可能成为隐私。

在大数据时代，无论是个人日常购物消费等琐碎小事，还是读书、买房、生儿育女等人生大事，都会在各式各样的数据系统中留下"数据脚印"。就单个系统而言，这些细小数据可能无关痛痒，但一旦将它们通过自动化技术整合后，就会逐渐还原和预测个人生活的轨迹和全貌，使个人隐私无所遁形。

哈佛大学研究显示，只要知道一个人的年龄、性别和邮编，就可以在公开的数据库中识别出此人 87%的身份信息。在模拟和小数据时代，一般只有政府机构才能掌握个人数据，而如今许多企业、社会组织也拥有海量数据，甚至在某些方面超过政府所掌握的数据，这些海量数据的汇集使敏感数据暴露的可能性加大，对大数据的收集、处理、保存不当更会加剧数据信息泄露的风险。

2. 国家安全问题

1）大数据成为国家之间博弈的新战场

大数据意味着海量的数据，也意味着更复杂、更敏感的数据，特别是关系国家安全和利益的数据，如国防建设数据、军事数据、外交数据等，极易成为网络攻击的目标。一旦机密情报被窃取或泄露，就会关系到整个国家的命运。

"维基解密"（Wikileaks）网站泄露美国军方机密，影响之深远，令美国政府"愤慨"。举世瞩目的"棱镜门"事件，更是昭示着国家安全经历着大数的严酷挑战。大数据安全已经作为非传统安全因素，受到各国的重视。

2）自媒体平台成为影响国家意识形态安全的重要因素

自媒体平台包括博客、微博、微信、抖音、论坛/BBS 等网络社区。大数据时代的到来重塑着媒体表达方式，传统媒体不再一枝独秀，自媒体迅速崛起，使得每个人都是自由发声的独立媒体，都有在网络平台上发表自己观点的权利。

自媒体的发展良莠不齐，一些自媒体平台上垃圾文章、低劣文章层出不穷，甚至一些自媒体为了追求点击率，不惜突破道德底线发布虚假信息，受众群体难以分辨真伪，冲击了主流发布的权威性。

5.4.2　大数据相关的法律法规

1. 数据开放相关法规

我国于 2019 年 5 月 15 日正式实施《中华人民共和国政府信息公开条例》（以下简称《条例》），旨在保障人民群众依法获取政府信息。《条例》规定，坚持"公开为常态、不公开为例外"的原则，凡是能主动公开的一律主动公开。积极扩大主动公开范围和深度，根据政务公开实践发展要求，明确各级行政机关应当主动公开机关职能、机构设置、行政处罚等行为的依据条件程序、公务员招考、国民经济和社会发展统计信息等15类信息。除主动公开信息外，也规定公民、法人或者其他组织可以依法向政府申请获取相关政府信息，图5-6所示为国家数据网站。

图 5-6　国家数据网站（http://data.stats.gov.cn/）

2. 数据安全相关法规

1)《中华人民共和国网络安全法》

我国于2017年6月1日正式实施《中华人民共和国网络安全法》（通常简称《网安法》）。《网安法》是我国首部全面规范网络空间安全管理方面问题的基础性法律，包含的内容十分丰富，一共包括7章79条，包含网络运行安全、关键信息基础设施的运行安全、网络信息安全等内容。值得关注的是，《网安法》在数据安全方面也有诸多规定。其中第四十二条规定，"网络运营者不得泄露、篡改、毁损其收集的个人信息；未经被收集者同意，不得向他人提供个人信息。但是，经过处理无法识别特定个人且不能复原的除外。"

2)《数据安全管理办法》

2019年5月28日国家互联网信息办公室发布《数据安全管理办法（征求意见稿）》。明确管理范围是中华人民共和国境内利用网络开展数据收集、存储、传输、处理、使用等活动（第二条），数据安全分为个人信息和重要数据安全（第一条）。

3）其他的一些法律

行业的法规，比如2013年9月1日正式实施的《电信和互联网用户个人信息保护规定》，旨在保护电信和互联网用户个人信息的合法权益。一些地方性法规，比如《贵州省大数据安全保障条例》已于2019年8月1日通过，并于2019年10月1日起正式施行。该条例明确大数据安全责任单位内部职责，规定数据采集、使用、处理需要采取一定和必要的数据安全措施，以及违反条例相应一些法律责任等。此外，《中华人民共和国个人信息保护法》是一部系统保护个人信息的法律条款，对于个人信息的保护，法规—标准逐渐趋于体系化，如图5-7所示。

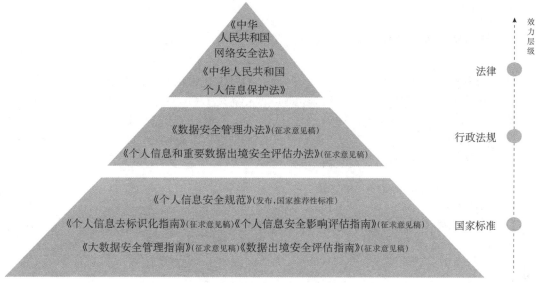

图 5-7　国内数据安全相关法规—标准

本章小结与课程思政

本章重点介绍数据和大数据的概念，以及大数据的"4V"特性，同时介绍大数据的架构知识、基本的数据挖掘算法、大数据可视化工具，并介绍大数据在不同领域的应用和大数据产业。最后介绍大数据应用中面临的常见安全问题和风险，以及大数据安全的相关法律法规。

大数据为思想政治教育创造了良好机遇，它所提供的丰富数据和信息为我们从历史角度和社会角度分析问题提供了新的视角，使我们适应互联网的新形势，注重把握互联网信息对我们的深入影响；关注国际国内时政要闻的重大问题，对中国的时政大事随时回应，运用马克思主义的立场、观点和方法进行阐释；以及对国家发展重大历史问题进行甄别，对社会热点问题要旗帜鲜明地表明态度，不断提出问题与看法，以增强大学生的思想深度和扩宽看问题的角度。

思考与训练

1．填空题

（1）大数据的 4 个基本特征是：＿＿＿＿＿＿＿、＿＿＿＿＿＿＿、＿＿＿＿＿＿＿和＿＿＿＿＿＿。

（2）大数据的最显著特征是＿＿＿＿＿＿＿。

（3）大数据处理相关的技术一般包括：＿＿＿＿＿＿＿、大数据准备、＿＿＿＿＿＿＿、大数据分析与挖掘以及大数据展示与可视化等。

2. 选择题

（1）大数据作为一种数据集合，它的含义包括（　　　）。（多选题）

A．数据很大　　　　　　　　　　　　B．很有价值

C．构成复杂　　　　　　　　　　　　D．变化很快

（2）建立大数据需要设计一个什么样的大型系统？（　　　）（多选题）

A．能够把应用放到合适的平台上　　　B．能够开发出相应应用

C．能够处理数据　　　　　　　　　　D．能够存储数据

（3）大数据处理流程可以概括为以下哪几步？（　　　）（多选题）

A．挖掘　　　　　　　　　　　　　　B．采集

C．统计和分析　　　　　　　　　　　D．导入和预处理

（4）当前社会中，最为突出的大数据环境是（　　　）。（单选题）

A．互联网　　　　　　　　　　　　　B．物联网

C．综合国力　　　　　　　　　　　　D．自然资源

（5）大数据时代，数据使用的关键是（　　　）。（单选题）

A．数据收集　　　　　　　　　　　　B．数据存储

C．数据分析　　　　　　　　　　　　D．数据再利用

3. 思考题

（1）大数据在未来有什么样的发展趋势？

（2）简述常见大数据应用。

（3）简述常见大数据的相关软件。

第6章 人工智能

人工智能（Artificial Intelligence，AI）是 20 世纪 50 年代中期兴起的一门新兴边缘科学，它既是计算机科学的一个分支，又是计算机科学、控制论、信息论、语言学、神经生理学、心理学、数学、哲学等多种学科相互渗透而发展起来的综合性学科。人工智能又称为智能模拟，是用计算机系统模仿人类的感知、思维、推理等思维活动。

学习目标

◆ 掌握人工智能基本概念。
◆ 了解人工智能的发展及应用。
◆ 了解人工智能的研究领域。
◆ 了解人工智能相关基础算法。
◆ 培养科技报国的精神。

任务 6.1　人工智能概述

任务描述

在互联网发展的浪潮中，人工智能的出现及兴起无疑是极其重要的一环。人工智能在近 10 年得到了大规模应用，它与人类生活产生了越来越多的联系。通过本任务的学习，读者能对人工智能有一个基本的了解、认知。

任务分析

通过本任务中的概念描述，读者将对人工智能的含义、发展历程及应用等主要内容有基本的了解。

任务实施

6.1.1　人工智能的定义

什么是人工智能？顾名思义，人工智能就是人造智能，其英文表示是"Artificial Intelligence"，简称 AI。"人工智能"一词目前是指用计算机模拟或实现的智能，因此人工智能又称机器智能。当然，这只是对人工智能的字面解释或一般解释。关于人工智能的科学定义，学术界目前还没有统一的认识。"人工智能"一词最初是在 1956 年美国计算机协会组织的达特茅斯（Dartmouth）学会上提出的。自那以后，研究者们发展了众多理论和原理，人工智能的概念也随之扩展。由于智能概念的不确定，因此人工智能的概念一直没有一个统一的标准。此处摘取部分学者对人工智能概念的描述。

人工智能是研究智能行为的学科。它的最终目的是建立自然智能实体行为的理论和指导创造具有智能行为的人工制品。这样一来，人工智能可分为两个分支：科学人工智能和工程人工智能。

——尼尔森（Nils Nilsson）

人工智能就是研究如何使计算机去做过去只有人才能做的富有智能的工作。

——帕特里克·温斯顿（P. H. Winston）

人工智能是一种使计算机能够思维、使计算机具有智力的激动人心的新尝试。

——约翰·豪格兰德（John Haugeland）

整体来说，人工智能是一门研究如何利用人工的方法和技术，在机器上模仿延伸及扩展人类智能的学科。

6.1.2　人工智能的发展史

人工智能正式的起源可追溯至 1950 年"人工智能之父"艾伦·图灵（Alan. M. Turing）提出的"图灵测试"（Turing Test）。按照他的设想，如果一台计算机能够与人类开展对话而不被辨别出计算机身份，那么这台计算机就具有智能。同年，图灵大胆预言了真正具备智能的计算机的实现可行性。但目前为止，还没有任何一台计算机完全通过图灵测试。

人工智能的概念虽然只有短短几十年历史，但其理论基础与支撑技术的发展经历了漫长的岁月，现在人工智能领域的繁荣是各学科共同发展、科学界数代积累的结果。

1. 萌芽期（1956 年以前）

人工智能最早的理论基础可追溯至公元前 4 世纪，著名的古希腊哲学家、科学家亚里士多德（Aristotle）提出了形式逻辑的理论。他提出的三段论至今仍是演绎推理不可或缺的重要基础。17 世纪，德国数学家莱布尼茨（Gottfried W. Leibniz）提出了万能符号和推理计算的思想，其为数理逻辑的产生与发展奠定了基础。19 世纪，英国数学家乔治·布尔（George Boole）提出了布尔代数，布尔代数是当今计算机的基本运算方式，其为计算机的建造提供了可能。英国发明家查尔斯·巴贝奇（Charles Babbage）在同一时期设计了差分机，这是第一台能计算二次多项式的计算机，只要提供手摇动力就能实现计算。虽然功能有限，但是这台计算机第一次在真正意义上减轻了人类大脑的计算压力。机械从此开始具有"计算智能"。

1946 年，"莫尔小组"的约翰·莫克利（John Mauchly）和约翰·埃克特（John Eckert）制造了 ENIAC，这是世界上第一台通用电子计算机。虽然 ENIAC 是里程碑式的成就，但它仍然有许多致命的缺点：体积庞大、耗电量过大、需要人工参与命令的输入和调整。1947 年，"计算机之父"冯·诺依曼（Von Neumann）对此设备进行改造和升级，设计制造了真正意义上的现代电子计算机设备 MANIAC。

1946 年，美国生理学家沃伦·麦卡洛克（W.McCulloch）建立了第一个神经网络模型。他对微观人工智能的研究工作，为之后神经网络的发展奠定了重要基础。1949 年，唐纳德·赫布（D.O.Hebb）提出了一个神经心理学学习范式——Hebbian 学习理论，它描述了突触可塑性的基本原理，即突触前神经元向突触后神经元持续重复的刺激可以增加突触传递的效能。该原理为神经网络的模型建立提供了理论基础。

1948 年，信息论之父克劳德·香农（C.E.Shannon）提出了"信息熵"的概念，他借鉴了热力学的概念，将信息中排除了冗余后的平均信息量定义为"信息熵"。这一概念产生了非常深远的影响，在非确定性推理、机器学习等领域起到了极为重要的作用。

2. 第一次发展（1956—1974 年）

1956 年，在历时两个月的达特茅斯会议上，人工智能作为一门新兴的学科由麦卡锡正式提出，这是人工智能正式诞生的标志。此次会议后，美国形成了多个人工智能研究组织，如艾伦·纽厄尔（Allen Newell）和赫伯特·亚历山大·西蒙（Herbert Alexander Simon）的 Carnegie RAND 协作组、马文·李·明斯基（Marvin Lee Minsky）和麦卡锡的麻省理工学院（Massachusetts Institute of Technology，MIT）研究组、塞缪尔（Arthur Samuel）的 IBM 工程研究组等。

在之后的近 20 年间，人工智能在各方面快速发展，研究者们以极大的热情研究人工智能技术，并不断扩张其应用领域。

1）机器学习

1956 年，IBM 公司的塞缪尔写出了著名的西洋跳棋程序，该程序可以通过棋盘状态学习一个隐式的模型来指导下一步走棋。塞缪尔和程序对战多局后，认为该程序经过一定时间的学习后可以达到很高的水平。通过使用这个程序，塞缪尔反驳了前人提出的"计算机无法超越人类，像人类一样写代码和学习"的论断。自此，他定义并解释了一个新词——机器学习。

2）模式识别

1957 年，周绍康提出用统计决策理论方法求解模式识别问题，为模式识别研究工作的发展奠定了坚实基础。同年，弗兰克·罗森布拉特（Frank Rosenblatt）提出了一种基于模拟人脑的思想进行识别的数学模型——感知器（Perceptron），初步实现了通过给定类别的各个样本对识别系统进行训练，使系统在给定样本上学习完毕后具有对其他未知类别的模式进行正确分类的能力。

3）模式匹配

1966 年，麻省理工学院的人工智能学院编写了第一个聊天程序 ELIZA。它能够根据设定的规则和用户的提问进行模式匹配，从预先编写好的答案库中选择合适的回答。ELIZA 曾模拟心理治疗医生和患者交谈，许多人没能识别出它的真实身份。

"对话就是模式匹配"，这是计算机自然语言对话技术的开端。

此外，在人工智能第一次发展期中，麦卡锡开发了 LISP，该语言成为以后几十年来人工智能领域最主要的编程语言。明斯基对神经网络有了更深入的研究，发现了简单神经网络的不足。为了解决神经网络的局限性，多层神经网络、反向传播（Back Propagation，BP）算法开始出现。专家系统也开始起步，第一台工业机器人走上了通用汽车的生产线，也出现了第一个能够自主动作的移动机器人。

相关领域的发展也极大促进了人工智能的进步。20 世纪 50 年代创立的仿生学激发了学者们的研究热情，模拟退火算法因此产生，它是一种启发式算法，是蚁群算法等搜索算法的研究基础。

3. 第一次寒冬（1974—1980 年）

然而，人们高估了科学技术的发展速度。人们对人工智能的热情没有维持太长时间，太过乐观的承诺无法按时兑现，引发了全世界对人工智能技术的怀疑。

在 1957 年引起学术界轰动的感知器，在 1969 年遭遇了重大打击。当时，明斯基提出了著名的 XOR 问题，论证了感知器在类似 XOR 问题的线性不可分数据下的无力。对学术界来说，XOR 问题成了人工智能几乎不可逾越的鸿沟。

1973 年，人工智能遭遇科学界的质问，很多科学家认为人工智能那些看上去宏伟的目标根本无法实现，研究已经完全失败。越来越多的怀疑使人工智能遭受了严厉的批评和对其实际价值的质疑。随后，各国政府和机构也停止或减少了研究人工智能的资金投入，人工智能在 20 世纪 70 年代陷入了第一次寒冬。

人工智能此次遇到的挫折并非偶然。受当时计算能力的限制，许多难题虽然理论上有解，但根本无法在实际中解决。举例来说，对机器视觉的研究在 20 世纪 60 年代就已经开始，美国科学家劳伦斯·罗伯茨（Lawrence G. Roberts）提出的边缘检测、轮廓线构成等方法十分经典，一直到现在还在被广泛使用。然而，有理论基础不代表有实际产出。当时有科学家计算得出，要用计算机模拟人类视网膜视觉至少需要每秒执行 10 亿次指令，而 1976 年世界上最快的计算机 Cray-1 造价数百万美元，但速度还不到每秒 1 亿次，普通计算机的计算速度还不到每秒一百万次。硬件条件限制了人工智能的发展。此外，人工智能发展的另一大基础是庞大的数据，而当时计算机和互联网尚未普及，根本无法获取大规模数据。

在此阶段内，人工智能的发展速度放缓，尽管反向传播的思想在 20 世纪 70 年代就被塞波·林纳因马（Seppo Linnainmaa）以"自动微分的翻转模式"提出来，但直到 1981 年才被保罗·韦伯斯（Paul Werbos）应用到多层感知器中。多层感知器和 BP 算法的出现，促成了第二次神经网络大发展。1986 年，大卫·鲁梅尔哈特（D.E.Rumelhart）等人成功地实现了用于训练多层感知器的有效 BP 算法，在人工智能领域产生了深远影响。

4. 第二次发展（1980—1987 年）

1980 年，卡耐基梅隆大学研发的 XCON 正式投入使用。XCON 是个完善的专家系统，包含了设定好的超过 2500 条规则，在后续几年里处理了超过 80000 条订单，准确率超过 95%。这成为一个新时期的里程碑，专家系统开始在特定领域发挥威力，也带动整个人工智能技术进入了一个繁荣阶段。

专家系统往往聚焦于单个专业领域，模拟人类专家回答问题或提供知识，帮助工作人员做出决策。它把自己限定在一个小的范围内，从而避免了通用人工智能的各种难题，同时充分利用现有专家的知识经验，解决特定工作领域的任务。

因为 XCON 取得巨大商业成功，所以在 20 世纪 80 年代，60%的世界 500 强公司开始开发和部署各自领域的专家系统。据统计，从 1980 年到 1985 年，有超过 10 亿美元投入人工智能领域，大部分用于企业内的人工智能部门，在这一时期涌现出了很多人工智能软硬件公司。

1986 年，慕尼黑联邦国防军大学在一辆奔驰面包车上安装了计算机和各种传感器，实现了自动控制方向盘、油门和刹车。它被称为 VaMoRs，是真正意义上的第一辆自动驾驶汽车。

在人工智能领域，当时主要使用 LISP。为了提高各种程序的运行效率，很多机构开始研发专门用来运行 LISP 程序的计算机芯片和存储设备。虽然 LISP 机器取得了一些进展，但同时 PC 也开始崛起，IBM 公司和苹果公司的个人计算机快速占领整个计算机市场，它们的 CPU

频率和速度稳步提升，甚至变得比昂贵的 LISP 机器更强大。

5. 第二次寒冬（1987—1993 年）

1987 年，专用 LISP 机器硬件销售市场严重崩溃，人工智能领域再一次进入寒冬。

硬件市场的崩溃加上各国政府和机构的撤资导致了人工智能领域数年的低谷，但学术界在此阶段取得了一些重要的成就。

1988 年，概率统计方法被引入人工智能的推理过程，这对后来人工智能的发展产生了重大影响。

在第二次寒冬到来后的近 20 年里，人工智能技术逐渐与计算机和软件技术深度融合。但人工智能算法理论进展缓慢，很多研究者只是基于以前的理论，依赖于更强大、更快速的计算机硬件就可以取得突破性的成果。

6. 稳健发展期（1993—2011 年）

1995 年，基于 ELIZA 的启发，理查德·华莱士（Richard S.Wallace）开发了新的聊天机器人程序 Alice，它能够利用互联网不断增大自身的数据集，优化内容。

1996 年，IBM 公司的计算机深蓝与人类世界的象棋冠军卡斯帕罗夫（Garry Kasparov）对战，但并没有取胜。卡斯帕罗夫认为计算机下棋永远不会战胜人类。

之后，IBM 公司对深蓝进行了升级。改造后的深蓝拥有 480 颗专用的 CPU，运算速度翻倍，每秒可以运算 2 亿次，可以预测未来 8 步或更多步的棋局，顺利战胜了卡斯帕罗夫。

但此次具有里程碑意义的对战，其实只是计算机依靠运算速度和枚举，在规则明确的游戏中取得的胜利，并不是真正意义上的人工智能。

7. 繁荣期（2011 年至今）

在 2011 年，同样来自 IBM 公司的沃森系统参与了综艺竞答类节目"危险边缘"，与真人一起抢答竞猜，沃森系统凭借其出众的自然语言处理能力和其强大的知识库战胜了两位人类冠军。计算机此时已经可以理解人类语言，这是人工智能领域的重大进步。

在 21 世纪，随着移动互联网技术、云计算技术的爆发，以及 PC 的广泛使用，各机构得以积累历史上超乎想象的数据量，为人工智能的后续发展提供了足够的素材和动力。

语义网（Semantic Web）于 2011 年被提出，它的概念来源于万维网，本质上是一个以 Web 数据为核心，以机器理解和处理方式进行链接而形成的海量分布式数据库。语义网的出现极大地推进了知识表示领域技术的发展。2012 年，谷歌公司推出基于知识图谱的搜索服务，首次提出了知识图谱的概念。

2016 年和 2017 年，谷歌公司发起了两场轰动世界的围棋人机之战，其人工智能程序 AlphaGo 连续战胜两位围棋世界冠军：韩国的李世石和中国的柯洁。

在今天，人工智能渗透了人类生活的方方面面。以苹果公司 Siri 为代表的语音助手使用了自然语言处理（NLP）技术。在 NLP 技术的支撑下，计算机可以处理人类自然语言，并以越来越自然的方式将其与期望指令和响应进行匹配。在浏览购物网站时，用户常会收到推荐算法（Recommendation Algorithm）产生的商品推荐。推荐算法通过分析用户此前的购物历史数据，以及用户的各种偏好表达，就可以预测用户可能会购买的商品。

6.1.3　人工智能的应用

科技的发展是为改善人们的生活质量及提高工作效率，人工智能的发展同样也如此。人工智能是自然科学与社会科学的交叉学科，涉及哲学、认知科学、数学、神经生理学、心理学、计算机科学、信息论、控制论等。人工智能的应用场景也非常之多，主要可分为以下几大场景。

1. 家居

智能家居主要是基于物联网技术，通过智能硬件、软件系统、云计算平台构成一套完整的家居生态圈。用户可以通过远程控制设备，设备间可以互联互通，并进行自我学习等，来整体优化家居环境的安全性、节能性、便捷性等。值得一提的是，近两年随着智能语音技术的发展，智能音箱成为一个爆款产品。小米、天猫、Rokid 等企业纷纷推出自家品牌的智能音箱，不仅成功打开家居市场，也为未来更多的智能家居产品培养了用户习惯。但目前家居市场智能产品种类繁杂，如何打通这些产品之间的沟通壁垒，建立安全可靠的智能家居服务环境，是该行业下一步的发力点。

2. 零售

人工智能在零售领域的应用已经十分广泛，无人便利店、智慧供应链、客流统计、无人仓/无人车等都是热门方向。京东自主研发的无人仓采用大量智能物流机器人进行协同与配合，通过人工智能、深度学习、图像智能识别、大数据应用等技术，让工业机器人可以进行自主的判断和行为，完成各种复杂的任务，使商品分拣、运输、出库等环节实现自动化。图普科技则将人工智能技术应用于客流统计，通过人脸识别客流统计功能，门店可以从性别、年龄、表情、新老顾客、滞留时长等维度建立到店客流用户画像，为调整运营策略提供数据基础，帮助门店运营从匹配真实到店客流的角度提升转换率。

3. 交通

智能交通系统是通信、信息和控制技术在交通系统中集成应用的产物。智能运输系统（ITS）应用最广泛的国家是日本，其次是美国、欧洲等国家或地区。目前，我国在 ITS 方面的应用主要通过对交通中的车辆流量、行车速度进行采集和分析，来对交通进行实时监控和调度，有效提高通行能力、简化交通管理、降低环境污染等。

4. 教育

科大讯飞、乂学教育等企业早已开始探索人工智能在教育领域的应用。通过图像识别，可以实现机器批改试卷、识题答题等；通过语音识别可以纠正、改进发音；人机交互可以进行在线答疑解惑等。AI 和教育的结合在一定程度上可以改善教育行业师资分布不均衡、费用高昂等问题，从工具层面给师生提供更有效率的教学方式，同时不会对教育内容产生较多实质性的影响。

5. 医疗

目前，在垂直领域的图像算法和自然语言处理技术已可基本满足医疗行业的需求，市场上出现了众多技术服务商，例如，提供智能医学影像技术的德尚韵兴、研发人工智能细胞识别医学诊断系统的智微信科、提供智能辅助诊断服务平台的若水医疗、统计及处理医疗数据的易通天下等。尽管智能医疗在辅助诊疗、疾病预测、医疗影像辅助诊断、药物开发等方面发挥重要作用，但由于各医院之间医学影像数据、电子病历等不流通，导致企业与医院之间合作不透明等问题，使得技术发展与数据供给之间存在矛盾。

6. 物流

物流行业通过利用智能搜索、推理规划、计算机视觉以及智能机器人等技术在运输、仓储、配送装卸等流程上已经进行了自动化改造，能够基本实现无人操作。比如利用大数据对商品进行智能配送规划，优化配置物流供给、需求匹配、物流资源等。目前物流行业大部分人力分布在"最后一公里"的配送环节，京东、苏宁、菜鸟争先研发无人车、无人机，力求抢占市场机会。

7. 安防

近些年来，中国安防监控行业发展迅速，视频监控数量不断增长，在公共和个人场景监控摄像头安装总数已经超过了 1.75 亿。而且，在部分一线城市，视频监控已经实现了全覆盖。不过，相对于国外而言，我国安防监控领域仍然有很大成长空间。

截至当前，安防监控行业的发展经历了 4 个发展阶段，分别为模拟监控、数字监控、网络高清和智能监控时代。每一次行业变革，都得益于算法、芯片和零组件的技术创新，以及由此带动的成本下降。因而，产业链上游的技术创新与成本控制成为安防监控系统功能升级、产业规模增长的关键，也成为产业可持续发展的重要基础。

6.1.4　人工智能的开源工具

1. TensorFlow

TensorFlow 是一个开源软件库，最初由 Google Brain Team 的研究人员和工程师开发。TensorFlow 使用数据流图进行数值计算。TensorFlow 框架可以很好地支持人工智能的各种算法，支持多种计算平台，系统稳定性较高。

TensorFlow 具有以下特点：

（1）支持多语言。TensorFlow 提供了 Python、C++、Java 接口来构建用户的程序，而核心部分是用 C++实现的。用户也可以使用 Jupyter Notebook 来书写笔记、代码，以及可视化每一步的特征映射（Feature Map）。用户还可以开发更多其他语言（如 Go、Lua、R 等）的接口。TensorFlow 的主要编程语言是 Python。

（2）支持多平台。Python 开发环境的各种平台都能支持 TensorFlow。但是，要访问一个受支持的 GPU，TensorFlow 需要依赖其他软件，比如 NVIDIA CUDA 工具包和 cuDNN。

（3）可移植性。TensorFlow 可以在 CPU 和 GPU 上运行，以及在台式机、服务器、移动端、云端服务器、Docker 容器等各个终端运行。因此，当用户有一个新思路时，就可以立即在笔记本电脑上进行尝试。

（4）高度的灵活性。TensorFlow 是一个采用数据流图（Data Flow Graph），用于数值计算的开源软件库。只要计算可以表示为一个数据流图，就可以使用 TensorFlow，只需要构建图，书写计算的内部循环即可。因此，它并不是一个严格的"神经网络库"。用户也可以在TensorFlow 上封装自己的"上层库"，如果发现没有自己想要的底层操作，用户也可以自己写

C++代码来丰富。

2. PyTorch

PyTorch 是由 Facebook 发布的深度学习开发框架，它是一个机器学习科学计算包，前身是 Torch。Torch 是一个有大量机器学习算法支持的科学计算框架，是一个与 NumPy 类似的张量（Tensor）操作库，其特点是特别灵活，但因其采用了小众的编程语言 Lua，所以流行度不高，于是就有了基于 Python 的 PyTorch。

PyTorch 有以下特点：

（1）简洁。PyTorch 的设计遵循 tensor→variable（autograd）→nn.Module 三个由低到高的抽象层次，分别代表高维数组（张量）、自动求导（变量）和神经网络（层/模块），而且这三个抽象之间联系紧密，可以同时进行修改和操作。PyTorch 的代码易于理解，且 PyTorch 的源码只有 TensorFlow 的十分之一左右，直观的设计使得 PyTorch 的源码十分易于阅读。

（2）易用。PyTorch 的面向对象的接口设计来源于 Torch，而 Torch 的接口设计以灵活易用而著称，Keras 作者最初就是受 Torch 的启发才开发了 Keras。PyTorch 继承了 Torch 的衣钵，尤其是 API 的设计和模块的接口都与 Torch 高度一致。PyTorch 的设计最符合人们的思维，它让用户尽可能地专注于实现自己的想法，即所思即所得，不需要考虑太多关于框架本身的束缚。

3. Caffe

Caffe 是一种清晰而高效的深度学习框架。Caffe 最初由杨庆佳在加州大学伯克利分校读博期间发起，后来由伯克利 AI 研究公司（BAIR）和社区贡献者联合开发。它主要专注于计算机视觉应用的卷积神经网络。

Caffe 具有以下优点：Expressive 架构鼓励实用和创新；可扩展代码更有助于开发；Caffe 的高速使理论实验和实际应用得到了完美的结合。

任务 6.2　今天是否出游

人工智能是让机器能够模仿人的思维去抉择、思考等，那么人的哪些思维可以用在人工智能的研究中呢？

任务描述

本任务通过生活中的小事件，让读者了解决策树。本任务主要介绍决策树的工作原理。

任务分析

通过小案例，了解如何构造决策树，学习决策树构造过程中的基本原理，并对构造的决策树进行测试。

任务实施

小明是一个选择困难者，今天小明打算出去散散心，但是又因为天气的原因而犹豫是否出去，为了解决这个问题，小明使用一套决策方法来决定今天是否出去散心。小明先根据以往的出游经历就是否出游整理出一组数据，如表 6-1 所示。

表 6-1　是否出游统计表

序号	天气情况				是否出游
	天气	温度	湿度	是否有风	
1	晴天	高温	高	否	否
2	晴天	高温	高	是	否
3	阴天	高温	高	否	是
4	下雨	中温	高	否	是
5	下雨	低温	正常	否	是
6	下雨	低温	正常	是	否
7	阴天	低温	正常	是	是
8	晴天	中温	高	否	否
9	晴天	低温	正常	否	是
10	下雨	中温	正常	否	是
11	晴天	中温	正常	是	是
12	阴天	中温	高	是	是
13	阴天	高温	正常	否	是
14	下雨	中温	高	是	否

接下来，一起来看一下小明是如何根据以往的天气情况计算出当天是否出游的。

第一步：计算"出游"和"不出游"的不确定性。

从表 6-1 中可以得知，是否出游分两种情况即二分类问题。那么需要计算出"出游"和"不出游"这两种情况的不确定性，即"信息熵"。

通过统计表 6-1 中的数据可知，"出游"C_1 的概率为 9/14，"不出游"C_2 的概率为 5/14。由此可以计算出"信息熵"$H(D)$ 的值为：

$$H(D) = -\frac{9}{14}\log_2\left(\frac{9}{14}\right) - \frac{5}{14}\log_2\left(\frac{5}{14}\right) = 0.940$$

第二步：分别计算"天气""温度""湿度""是否有风"对"是否出游"的影响。

首先观察表 6-1 中"天气"分为"晴天""阴天""下雨"三种情况，这三种情况对应的"出游"和"不出游"不确定性即"信息熵"，参照第一步的计算方式，分别是：

（1）"晴天"是否出游的"信息熵"。

对表 6-1 中的数据进行统计，"晴天"是否出游的数据占 5 条，其中"晴天"出游占 2 条，"晴天"不出游占 3 条，如表 6-2 所示。

表 6-2　"晴天"是否出游

序号	天气	温度	湿度	是否有风	是否出游
1	晴天	高温	高	否	否
2	晴天	高温	高	是	否
8	晴天	中温	高	否	否
9	晴天	低温	正常	否	是
11	晴天	中温	正常	是	是

因此"晴天"是否出游的"信息熵"为：

$$H\left(D_{晴天}\right)=-\frac{2}{5}\log_2\left(\frac{2}{5}\right)-\frac{3}{5}\log_2\left(\frac{3}{5}\right)=0.971$$

（2）"阴天"是否出游的"信息熵"。

经过统计，"阴天"是否出游的数据占 4 条，其中"阴天"出游占 4 条，"阴天"不出游占 0 条，如表 6-3 所示。

表 6-3　"阴天"是否出游

序号	天气	温度	湿度	是否有风	是否出游
3	阴天	高温	高	否	是
7	阴天	低温	正常	是	是
12	阴天	中温	高	是	是
13	阴天	高温	正常	否	是

因此"阴天"是否出游的"信息熵"为：

$$H\left(D_{阴天}\right)=-\frac{4}{4}\log_2\left(\frac{4}{4}\right)=0$$

（3）"下雨"是否出游的"信息熵"。

经过统计，"下雨"是否出游的数据占 5 条，其中"下雨"出游占 3 条，"下雨"不出游占 2 条，如表 6-4 所示。

表 6-4　"下雨"是否出游

序号	天气	温度	湿度	是否有风	是否出游
4	下雨	中温	高	否	是
5	下雨	低温	正常	否	是
6	下雨	低温	正常	是	否
10	下雨	中温	正常	否	是
14	下雨	中温	高	是	否

因此"下雨"是否出游的"信息熵"为：

$$H\left(D_{下雨}\right)=-\frac{3}{5}\log_2\left(\frac{3}{5}\right)-\frac{2}{5}\log_2\left(\frac{2}{5}\right)=0.971$$

（4）计算"晴天""阴天""下雨"情况下是否出游的加权平均熵

"晴天""阴天""下雨"三种情况分别占总数据的 5/14、4/14、5/14，于是这个加权平均熵为：

$$H\left(D\,|\,\text{天气}\right)=\frac{5}{14}\times H\left(D_{\text{晴天}}\right)+\frac{4}{14}\times H\left(D_{\text{阴天}}\right)+\frac{5}{14}\times H\left(D_{\text{下雨}}\right)$$

$$=\frac{5}{14}\times0.971+\frac{4}{14}\times0+\frac{5}{14}\times0.971$$

$$=0.694$$

（5）计算"天气"因素对是否出游带来的影响，即信息增益（熵的减少程度）：

$$\text{gain}\left(D,\text{天气}\right)=H\left(D\right)-H\left(D\,|\,\text{天气}\right)$$

$$=0.940-0.694$$

$$=0.246$$

第三步：采用第二步计算步骤，分别计算"温度""湿度""是否有风"带来的影响，即信息增益：

$$\text{gain}\left(D,\text{温度}\right)=0.029$$

$$\text{gain}\left(D,\text{湿度}\right)=0.152$$

$$\text{gain}\left(D,\text{是否有风}\right)=0.048$$

第四步：确定第一个决策节点。

通过第二步、第三步的计算，可知"天气""温度""湿度""是否有风"对是否出游的影响。经过比较发现"天气"对是否出游的影响最大，即信息增益的值最大，因此确定"天气"为决策是否出游的第一个条件，如图 6-2 所示。

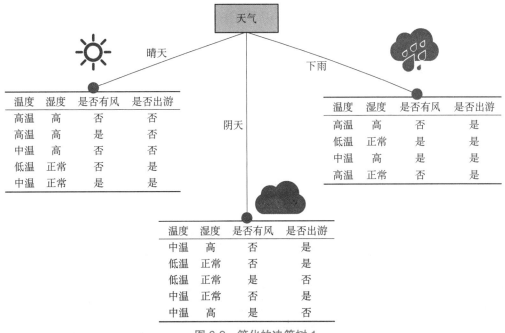

图 6-2 简化的决策树 1

第五步：分别在"晴天""阴天""下雨"三种不同的情况下确定决策节点。

（1）"晴天"下的决策节点确定。

参照第一步至第三步的计算方式，分别计算出表6-5中的"温度""湿度""是否有风"信息增益。

表6-5 "晴天"是否出游

序号	温度	湿度	是否有风	是否出游
1	高温	高	否	否
2	高温	高	是	否
8	中温	高	否	否
9	低温	正常	否	是
11	中温	正常	是	是

$$\text{gain}(D,温度) = H(D) - H(D|温度)$$

$$= \left(-\frac{2}{5}\log_2\frac{2}{5} - \frac{3}{5}\log_2\frac{3}{5}\right) - \left(\frac{2}{5} \times H(D_{高温}) + \frac{2}{5} \times H(D_{中温}) + \frac{1}{5} \times H(D_{低温})\right)$$

$$= 0.971 - \left(\frac{2}{5} \times \left(-\frac{2}{2}\log_2\frac{2}{2}\right) + \frac{2}{5} \times H(D_{中温}) + \frac{1}{5} \times H(D_{低温})\right)$$

$$= 0.971 - \left(0 + \frac{2}{5} \times \left(-\frac{1}{2}\log_2\frac{1}{2} - \frac{1}{2}\log_2\frac{1}{2}\right) + \frac{1}{5} \times H(D_{低温})\right)$$

$$= 0.971 - \left(0 + \frac{2}{5} + \frac{1}{5} \times \left(-\frac{1}{1}\log_2\frac{1}{1}\right)\right)$$

$$= 0.971 - \left(0 + \frac{2}{5} + 0\right)$$

$$= 0.571$$

$$\text{gain}(D,湿度) = H(D) - H(D|湿度) = 0.971$$

$$\text{gain}(D,是否有风) = H(D) - H(D|是否有风) = 0.020$$

通过计算得到在"晴天"情况下的"温度""湿度""是否有风"的信息增益，经过比较，最终确定"湿度"为"晴天"条件下的一个决策节点。

（2）"阴天"下的决策节点确定。

参照第一步至第三步的计算方式，分别计算出表6-6中的"温度""湿度""是否有风"信息增益。

表6-6 "阴天"是否出游

序号	温度	湿度	是否有风	是否出游
3	高温	高	否	是
7	低温	正常	是	是
12	中温	高	是	是
13	高温	正常	否	是

$$\text{gain}(D,\text{温度}) = H(D) - H(D|\text{温度}) = 0$$

$$\text{gain}(D,\text{湿度}) = H(D) - H(D|\text{湿度}) = 0$$

$$\text{gain}(D,\text{是否有风}) = H(D) - H(D|\text{是否有风}) = 0$$

通过计算得到在"阴天"情况下的"温度""湿度""是否有风"的信息增益均为 0，说明在"阴天"情况下，小明不受"温度""湿度""是否有风"的影响，均出游。

（3）"下雨"下的决策节点确定。

参照第一步至第三步的计算方式，分别计算出表 6-7 中的"温度""湿度""是否有风"信息增益。

表 6-7　"下雨"是否出游

序号	温度	湿度	是否有风	是否出游
4	中温	高	否	是
5	低温	正常	否	是
6	低温	正常	是	否
10	中温	正常	否	是
14	中温	高	是	否

$$\text{gain}(D,\text{温度}) = H(D) - H(D|\text{温度}) = 0.020$$

$$\text{gain}(D,\text{湿度}) = H(D) - H(D|\text{湿度}) = 0.020$$

$$\text{gain}(D,\text{是否有风}) = H(D) - H(D|\text{是否有风}) = 0.971$$

通过计算得到在"下雨"情况下的"温度""湿度""是否有风"的信息增益，经过比较，最终确定"是否有风"为"下雨"条件下的一个决策节点。

通过对以上计算结果进行比较，最终确定"晴天""阴天""下雨"情况的决策点，如图 6-3 所示。

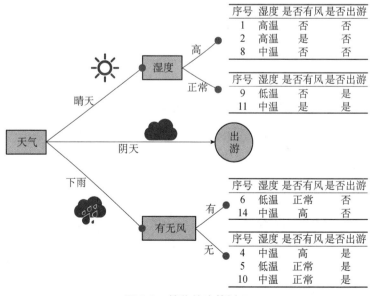

图 6-3　简化的决策树 2

第六步：对图6-3中余下的数据继续进行计算，得出最终的决策树，如图6-4所示。

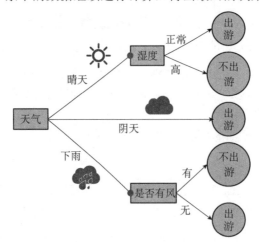

图6-4　最终的决策树

第七步：使用构造完成的决策树。

以上步骤为决策树的构造过程，也是小明根据以往的经验数据构造决策树的过程，该决策树可以帮助小明决策今天是否出游。于是小明查看了今天的天气情况，晴天、高温、湿度正常、有风，将这些条件代入到图6-4中的决策树中，得出"出游"，如图6-5所示。

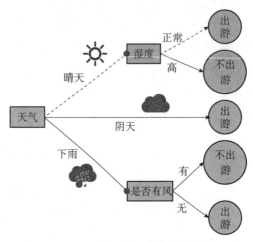

图6-5　今天是否出游的决策

以上第一步至第六步为决策树的构造过程，第七步为决策树的测试。经过这一系列的计算，小明愉快地出门散心了。

任务6.3　认识兔子和乌龟

人脑，无疑是智能的载体。如果想让"人造物"具备智能，模仿人脑无疑是最朴素的方法了。人工神经网络便是生物神经网络的"仿制品"。

任务描述

通过"认识兔子和乌龟"小例子，教会机器识别什么是兔子、什么是乌龟。

任务分析

通过小案例，要求了解什么是人工神经网络、如何构建人工神经网络，学习人工神经网络的工作原理。

任务实施

人工神经网络是由感知机构成的。所谓感知机，其实就是一个由两层神经元构成的网络结构，它在输入层接收外界的输入，通过激活函数（含阈值）实施变换后，把信号传送至输出层，因此它也被称为"阈值逻辑单元"。

接下来，通过认识"兔子"和"乌龟"的过程，来学习一下简单的神经网络是如何识别"兔子"和"乌龟"的。

第一步：收集"兔子"和"乌龟"的基本特征。为了方便计算，有无耳朵这个特征在有耳朵时值取为1，无耳朵时值取为-1；有无毛这个特征在有毛时取值为1，无毛时取值为-1，如表6-8所示。

表6-8　兔子与乌龟的特征值表

品类	有无耳朵	有无毛
兔子	1（有耳朵）	1（有毛）
乌龟	-1（无耳朵）	-1（无毛）

第二步：依据兔子和乌龟的特征个数构建感知机。假设特征 x_1 代表输入的有无耳朵，特征 x_2 代表有无毛，为了方便计算，它们对应的权重 w_1 和 w_2 的默认值暂且都设为1。为了进一步简化，把阈值 θ 设置为0。为了标识方便，将感知机输出数字化，如果输出1，代表"兔子"；如果输出0，代表"乌龟"，如图6-6所示。

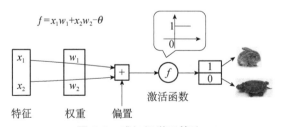

图6-6　感知机学习算法

第三步：将表6-8中的数据代入到图6-6所示的感知机中进行计算，调整感知机模型。数据代入计算如下：

$$兔子 \rightarrow 1 \times 1 + 1 \times 1 + 0 = 2$$
$$乌龟 \rightarrow -1 \times 1 + -1 \times 1 + 0 = -2$$

而我们的约定是，如果输出为 1，代表判定为兔子，显然，输出的结果距离我们预期的结果还有差距，怎么办呢？这时，激活函数就派上用场了。激活函数的作用就是做非线性变换，在它的帮助下，输出会朝着我们预期的方向靠拢。

这里，将最简单的阶跃函数作为激活函数。在阶跃函数中，输出规则非常简单：当 $x>0$ 时，输出 1，否则输出 0。在阶跃函数的作用下，计算结果为：

$$兔子 \rightarrow sgn(1\times1+1\times1+0)=1$$
$$乌龟 \rightarrow -sgn(1\times1+-1\times1+0)=0$$

从而，获得一个可以识别"兔子"和"乌龟"的感知机模型，即简单的人工神经网络，该感知的模型如下：

$$\begin{cases} sgn(f) = \begin{cases} 1, f \geq 0 \\ 0, f < 0 \end{cases} \\ f = x_1 + x_2 \end{cases}$$

本章小结与课程思政

本章介绍了什么是人工智能、人工智能的发展史、人工智能在不同场景中的应用，简单介绍了能够用于人工智能开发的开源工具，最后利用两个小案例来讲解一下人工智能算法是如何在实际应用中使用的。在学习过程中，告诉学生科技就是力量，科技能够带来经济的发展。通过学习人工智能发展史，从中体会到科技的发展不是一蹴而就的，是需要一步一个脚印踏踏实实地走出来的，教会学生做事情要脚踏实地、兢兢业业，要具有工匠精神、刻苦钻研的精神、勇于创新的精神，要懂得利用所学的知识为国家的发展、科技的发展贡献出自己的一份力量，做一个有志向、有理想、有抱负的新一代青年人。

思考与训练

1. 选择题

（1）被誉为"人工智能之父"的是（　　）。

A．图灵　　　　　　　　　　　　　　B．费根鲍姆

C．傅京孙　　　　　　　　　　　　　D．尼尔逊

（2）人工智能的含义最早是由（　　）于 1950 年提出的，并且同时提出一个机器智能的测试模型。

A．明斯基　　　　　　　　　　　　　B．扎德

C．图灵　　　　　　　　　　　　　　D．冯·诺依曼

（3）AI 是（　　）的英文缩写。

A．Automatic Intelligence　　　　　　B．Artifical Intelligence

C．Automatic Information　　　　D．Artifical Information

（4）下列哪个不是人工智能的研究领域（　　）。

A．机器学习　　　　　　　　　　B．模式识别

C．人工生命　　　　　　　　　　D．编译原理

（5）研究人工智能的目的是让机器能够（　　），以实现某些脑力劳动的机械化。

A．具有智能　　　　　　　　　　B．和人一样工作

C．完全代替人的大脑　　　　　　D．模拟、延伸和扩展人的智能

（6）人类智能的特性表现在哪 4 个方面。（　　）

A．聪明、灵活、学习、运用

B．感觉、适应、学习、创新

C．能感知客观世界的信息、能通过思维对获得的知识进行加工处理、能通过学习积累知识、增长才干和适应环境变化、能对外界的刺激做出反应

D．能捕捉外界环境信息、能够利用外界的有利因素、能够传递外界信息、能够综合外界信息进行创新思维

（7）下列关于人工智能的叙述中不正确的是（　　）。

A．人工智能技术与其他科学技术相结合极大地提高了应用的智能化技术

B．人工智能是科学技术的发展趋势

C．因为人工智能的系统研究是从 20 世纪 50 年代开始的，非常新，所以十分重要

D．人工智能有力地促进了社会的发展

（8）"人工智能"一词诞生于什么地方？（　　）

A．Dartmouth　　　　　　　　　　B．London

C．New York　　　　　　　　　　D．Las Vehas

2．思考题

（1）什么是人工智能？在它的发展过程中经历了哪些阶段？

（2）人工智能在生活中的应用有哪些？

（3）假如香蕉与西瓜的特征值如表 6-9 所示，参照本章任务 6.3 的方式，获得一个可以识别"香蕉"与"西瓜"的感知机模型。其中标签"1"代表"香蕉"，"0"代表"西瓜"，作为分类结果标记。

表 6-9　香蕉与西瓜的特征值表

品类	颜色	形状	标签
香蕉	1（黄色）	1（月牙形）	1
西瓜	−1（绿色）	−1（圆形）	0

第 7 章　云计算

云计算作为一种互联网新技术，被称为继大型计算机、个人计算机、互联网之后的又一次产业革命。云计算的核心是将许多计算机资源协调在一起，提供超高的计算能力、海量的数据存储能力、网络通信能力和扩展能力。云计算技术是信息技术应用服务平台、云存储技术、大数据分析、互联网技术的基础，在信息技术的发展过程中起着平台支撑作用。

学习目标

◆ 了解云计算概念。
◆ 熟悉云计算服务模式。
◆ 熟悉云计算部署方式。
◆ 掌握云计算核心技术。
◆ 培养创新意识，坚定创新自信。

任务 7.1　云计算概述

云计算是一个新的概念，那么什么是云计算呢？其发展历史又是怎样的呢？它有哪些特征呢？本任务将从云计算的概念、发展、基本特征这三方面展开描述，让读者从整体上对云计算有一个初步的认识。

任务描述

本任务要求了解云计算的基本概念，了解云计算是如何发展的，熟悉云计算的基本特征。

任务分析

通过本任务云计算概念的介绍，要求读者对云计算有一个整体的认识，进而了解云计算的内涵；通过了解云计算的发展历程，理解发展需求和发展状况；通过总结云计算的基本特征，理解云计算具备显著优势的内在因素。

任务实施

7.1.1　云计算的定义

关于云计算的定义，目前存在着多种说法。现阶段大众广泛认可的是美国国家标准与技术研究院（National Institute of Standards and Technology，NIST）给出的定义：云计算是一种按使用量付费的模式，这种模式提供可用的、便捷的、按需的网络访问，进入可配置的计算资源共享池（包括网络、服务器、存储、应用软件和服务），只需投入很少的管理工作，或与服务供应商进行很少的交互，就可以让这些资源能够被快速提供。

对于厂商来说，云计算在于将计算和数据分布在大量的计算机资源上，这使得计算能力、存储能力具备很强的可扩展性，用户可通过多种接入方式方便地接入网络获得应用和服务。

对于用户来说，云计算是指技术开发人员或者企业用户通过网络以按需、自定义、可扩展的方式，随时获取计算能力、存储资源、网络资源和各种软件服务资源，且在获取资源的过程中是透明的。用户无须了解"云"的基础设施和核心技术，只需关注自己所需要的云计算资源和服务。

抽象地说，云计算是一种计算模式，在这种模式下，虚拟化的资源通过互联网动态、可扩展地以服务形式提供出来。如图 7-1 所示，云计算出现之前，每个企业创建自己的数据中心，需采购大量设备，消耗人力、物力、资金；云计算出现之后，企业相当于用户，能够按需自助获取计算资源。

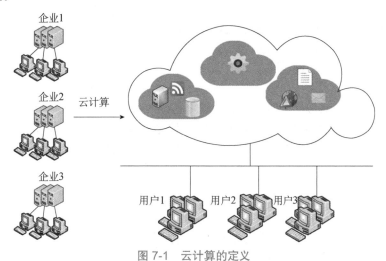

图 7-1　云计算的定义

综上所述，云计算的基本含义是相同的，云计算将可配置的计算资源共享池，通过互联网以服务的方式提供给用户，使用户能够像用电、用水那样按需获取云资源，感受前所未有的体验。

7.1.2　云计算的起源与发展

云计算的起源要从早期虚拟化概念说起。1959 年英国计算机科学家克里斯托弗·斯特雷奇（Christopher Strachey）发表关于虚拟化论文，提出虚拟化的基本概念，其虚拟化理论是如今云计算技术的基础理论之一，云计算资源主要由虚拟化技术和大规模计算集群来实现。

云计算的思想可以追溯到 20 世纪 60 年代，约翰·麦卡锡（John McCarthy）提出效用计算机的概念，他曾说，"如果计算机在未来流行开来，那么未来计算机也可以像电话系统一样成为公共设施……计算机设施可能成为也将成为一种全新的、重要的行业基础。"这里就展现出云计算按需使用资源的思想。

云计算这一术语是在 2000 年以后出现的。2006 年 Google 首席执行官埃里克·施密特（Eric Schmidt）在搜索引擎大会（SES 2006）上介绍"Google 101"项目中使用了"云计算"一词，首次提出"云计算（Cloud Computing）"的概念。2007 年 10 月，Google 公司与美国国际商业机器公司（IBM）开始在美国的大学中推广"云计算"计划，在这个计划中，为了降低云计算技术在学术研究上的成本，他们提供云计算所需要的软硬件设备和技术支持。

我国的第一个云计算中心在无锡太湖成立，2008 年 2 月，IBM 宣布在中国无锡太湖新城科教产业园为中国的软件公司建立第一个云计算中心（Cloud Computing Center）。该中心将为中国新兴软件公司提供接入一个虚拟计算环境的能力。2007 年 12 月，IBM 公司首次宣布将 IBM 的顶级计算基础结构服务引入中国，随后 Amazon 公司也将 Amazon 的公有云计算服务引入中国。

云计算是一种共享 IT 基础架构的方法，它可以将巨大的资源池连接起来提供 IT 服务。云计算让企业数据中心的运行更加类似互联网，通过安全和可扩展的方式让计算资源可以像虚拟资源一样被访问和共享。

云计算的兴起和发展顺应了企业和用户对于计算资源和服务的需求，降低了企业和用户构建资源环境的成本，提升了处理海量数据的能力，为高效、可扩展和易用的软件开发和使用提供了支持和保障。云计算技术的发展，逐渐形成整合各行业上下游的生态系统。

7.1.3 云计算的特征

云计算以服务的方式向用户提供计算能力、存储资源、网络资源和各种软件服务资源，使用户能够像用水、用电那样按需求随时获取云计算资源，这些云计算资源往往通过大规模计算集群和虚拟化技术等来实现。庞大的计算集群和虚拟化技术使得云计算具备以下几个基本特征。

1. 按需自助服务

用户按需获取云端计算资源，很少需要云服务提供商的管理和干预。由于云计算将网络设备、服务器、存储设备、应用软件和服务等转化为服务模式的产品，用户自然能够按实际需求和实际预算通过网络访问和使用这些资源。

云计算有三种模式，分别为基础设施即服务（Infrastructure as a Service，IaaS）、平台即服务（Platform as a Service，PaaS）、软件即服务（Software as a Service，SaaS），每种模式下分别有不同规格的配置，用户可以根据自己的需要来选择其中一种模式及其相应配置。

按需自助的前提是要了解自己的需求，了解云产品的配置和性能，并清楚地知道申请哪些云产品能够解决业务需求，这就要求用户具备一定的相关专业知识。

2. 广泛网络接入

用户可以随时随地使用云终端设备接入网络并使用云端的计算资源。常见的云终端设备包括手机、平板电脑、笔记本电脑、掌上电脑和台式机等。

云计算模式依赖于网络连接，网络是云计算的基础支撑，有了网络，用户才能够实现对云资源的访问。这个网络可以是有线网络，也可以是无线网络。

3. 资源池化

云端计算资源以共享资源池的方式统一管理，以便通过多租户形式将资源共享给不同用户，也只有资源池化才能根据用户的需求动态分配或再分配虚拟的资源。

资源池化应该如何理解呢？资源池化不仅仅是将同类的资源放置在一起，转换为资源池的形式，还将所有的资源分解至一个较小单位，便于扩展和释放。例如，数据中心将所有的硬盘容量合并，分配时按较小的单位（如 GB）进行操作，如图 7-2 所示，被池化后，方便调整资源大小。

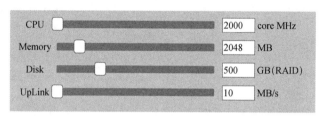

图 7-2　资源池化

资源池化的特点是可以屏蔽不同资源的差异化。被池化的资源包括计算、存储、网络等资源，例如，用户在申请存储空间时对其屏蔽实际物理存储部件（机械硬盘和固态硬盘），对用户而言是无感的。资源池化使得用户往往通常不知道自己正在使用哪些资源，以及资源的确切位置，但是在自助申请时能够选择大概的区域范围（比如在哪个国家、哪个省或者哪个数据中心）。

4. 快速弹性伸缩

云计算能够快速实现资源弹性扩展和缩减。根据业务需求，用户不仅能快速获取资源扩展计算、存储能力，而且能迅速释放资源，减少资源，节约成本。快速弹性伸缩是云计算的显著特征和优势，从根本上满足了用户的需求，进而吸引众多用户。例如，电商平台可以在购物狂欢节临时购买大量的虚拟资源进行扩容，待促销活动结束后再释放资源，即根据业务情况自助扩展计算资源、释放资源。

快速弹性伸缩的类型是多样的，一方面云计算可以人工实现扩展和缩放；另一方面，云计算支持策略扩展和缩放，用户可以自行设置策略，从而有计划有节奏地扩展和缩放，有效利用资源。伸缩不仅可以增加或减少服务器的类型和数量，也可以对某台服务器进行资源、配置的增加或减少。

快速弹性伸缩最明显的优势在于保证业务稳定运行的同时节省成本。比如我们要开发一个网站，要搭建集群，如果没有云计算这种模式，用户可能需要购置大量设备、配备充足人员等，消耗过多的人力、物力、资金。所以快速弹性伸缩不仅给用户提供了设备条件，提供了保障，而且减少用户开发和运维成本，让用户快速搭建企业应用。

5. 计费服务

用户使用云端计算资源是要付费的，付费的计量方法有很多，比如根据某类资源（如存储、CPU、内存、网络带宽等）的使用量和时间长短计费，也可以按照每使用一次来计费。计费服务能够帮助用户准确地根据自己的业务进行自动控制和优化资源配置。

用户可以根据业务需求、长期或短期的实际情况来选择包年、包月或按量付费。

任务 7.2　云计算服务模式

云计算服务是指将资源池中的计算资源向用户提供按需服务，用户通过网络以按需、可扩展、计费的方式获得所需资源和服务。云计算作为一种新的服务模式，其服务类型一般分为三大类：基础设施即服务（Infrastructure as a Service，IaaS）、平台即服务（Platform as a Service，PaaS）、软件即服务（Software as a Service，SaaS）。这三大类组成了整个云计算技术层面的架构（包括虚拟化技术、自动化部署、分布式计算等），并且每一类模式都对外提供按需扩展、灵活缩放、可计量的服务。

任务描述

本任务要求了解云计算服务模式的类型，理解每一类服务模式的特点，以及模式间的关系。

任务分析

通过对云计算服务模式的介绍，以及三种模式之间的关系介绍，理解云计算服务模式的服务内容的特点，理解三种模式的主要区别，以及每种模式所面向的用户群体。

任务实施

依据云计算服务模式的分类，云计算服务模式有 IaaS、PaaS、SaaS 三类。它们分别对应云计算组成的三个层次。如图 7-3 所示，计算能力、网络、存储能力对应 IaaS 层，提供基础设施服务；中间的数据库、中间件、容器对应 PaaS 层，提供平台服务；顶层的 App、监控服务、客户关系管理系统（CRM）等应用对应 SaaS 层，提供应用服务。

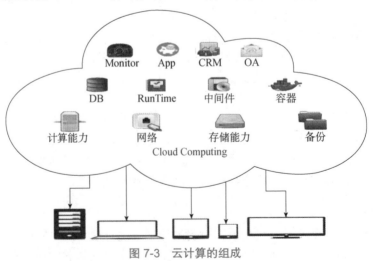

图 7-3　云计算的组成

7.2.1　IaaS

基础设施即服务（IaaS），顾名思义是将基础设施作为一种服务提供给用户。在这种服务模式中，云计算提供商提供虚拟硬件资源，如云主机、云存储、虚拟网络以及搭建应用环境所需的一些基础环境等。用户无须购买任何硬件设备，就可以搭建自己的应用系统。

IaaS 面向的用户群体主要是系统集成商、网络架构师。用户通过 IaaS 获取计算机、存储空间、网络、负载均衡和防火墙等基本资源后，可以在此基础上部署、搭建应用。但是，用户不能管理和控制云计算基础设施，只能对基础设施上层自己搭建的中间件和应用进行管理和配置，基础设施的管理由 IaaS 服务提供商负责。

IaaS 服务模式中一个典型的案例是美国纽约时报使用了亚马逊云计算服务，在不到 24 小时内，处理了 1100 万篇文章，累计花费了 240 美元。由于需要处理 TB 级大小的文档数据，因此如果纽约时报使用自己的服务器来处理这些文章，那么大概需要 3 个月时间，以及更多的费用。

7.2.2　PaaS

平台即服务（PaaS），是将一个完整的软件研发和部署平台作为一种服务提供给用户。在这种服务模式中，云计算提供商提供中间件、框架、数据库、应用服务器等平台资源。例如，Spring、RabbitMQ、Redis、node.Js、Java、Python、Ruby、MySQL、MongoDB、Hadoop 等，支持应用从创建初期到应用运行整个生命周期所需的各种软/硬件资源和工具。

PaaS 面向的用户群体主要是应用开发者。在云计算开发环境中，用户可以通过网络在线进行开发。一方面，用户使用在线开发工具，利用浏览器、远程控制台直接远程开发应用，不需要在本地安装开发工具；另一方面，用户结合本地开发工具和云计算的集成环境，将开发好的应用部署到云计算环境中。

PaaS 服务模式的产品实例，主要有华为的软件开发云 DevCloud、Google 公司的 GoogleAppEngine 和 Salesforce 公司的 Force.com。

7.2.3　SaaS

软件即服务（SaaS），是将软件作为一种服务提供给用户。在这种服务模式中，云计算提供商提供软件资源。用户不需要在本地安装软件，通过 Internet 即可获取软件的使用，例如，基于 Web 的电子邮件。

SaaS 面向的用户群体主要是终端用户。面向普通用户的服务有 Google Calendar，面向企业团体的服务有 Salesforce.com、SugarCRM，用于帮助处理人力资源管理、协作、客户关系管理和业务合作伙伴关系管理等。这些 SaaS 提供的应用程序省去了用户用于安装和维护软件的时间，方便用户进行业务处理。

7.2.4　三种服务模式间的关系

Iaas、PaaS、SaaS 这三种服务模式中每层都有相应的技术，为不同的用户群体提供该层的服务，服务均具有可扩展性、灵活性；每层云服务可以独立成云，也可以基于下层而提供服务；每种云可以直接提供给最终用户使用，也可以只用于支撑上层的服务。

图 7-4 云计算服务模式的用户群体

1. 用户角度

IaaS、SaaS、PaaS 之间的关系是独立的，因为它们主要的用户类型不同。如图 7-4 所示，IaaS 的用户是系统集成商、网络架构师，用户需要对云平台的系统进行管理，要求用户掌握较好的云计算知识和系统管理知识；PaaS 的用户主要是应用开发者，用户需要在云平台上开发和部署应用，要求用户掌握一定的开发专业知识；SaaS 的用户主要是中小型企业和普通用户，即终端用户，用户直接使用云平台的软件服务，对用户的专业水平要求较低。

2. 技术层面

云计算技术层次由上到下依次是 SaaS、PaaS、IaaS。虽然 SaaS 基于 PaaS，而 PaaS 基于 IaaS，但它们并不是纯粹的继承关系，首先 SaaS 可以基于 PaaS 或者直接部署于 IaaS 之上，其次 PaaS 可以从 IaaS 上构建，也可以直接构建在硬件设备、实际的硬件资源之上。

为了更清晰地对比和理解云计算各种服务模式间的关系，这里对它们的关系进行了汇总，如表 7-1 所示，希望能够帮助大家理解每种服务模式对应的服务类型、用户类型、对用户的要求、代表产品等。

表 7-1　云计算服务模式的关系

服务模式	服务类型	用户类型	获取资源	对用户的要求	代表产品
SaaS	软件	中小型企业和普通用户	有限	不需要特定的知识	Google Apps
PaaS	平台	应用开发者	中等	具备开发相关知识	Azure Platform
IaaS	基础设施	系统集成商、网络架构师	较大	具备系统管理知识	EC2

任务7.3　云计算部署方式

云计算具备快速、安全的云计算服务和数据存储，满足用户对于庞大计算资源和数据中心的需求；云计算能够动态伸缩，自动化满足应用规模增长的需要；云计算的资源池化，能够满足用户计量使用的需求，云计算减少用户硬件基础设施的投入，降低了用户购置成本。云计算技术的优势显而易见，云计算的发展逐渐形成整合各行业上下游的生态系统，成为企业部署服务的优先选择。云计算的部署方式主要分为 4 种：公有云、私有云、社区云、混合云。

任务描述

本任务要求了解云计算的部署方式，理解各类云计算部署方式的联系和区别，熟悉各类云计算部署方式的适用场景。

通过对比学习云计算部署方式，熟悉云计算部署方式的特征，理解不同部署方式间的区别，以及不同部署方式适用的场景。

任务实施

7.3.1　公有云

公有云是能被公开访问的云环境，是云计算服务提供商为公众提供服务的云计算平台，它的核心属性是共享资源服务，理论上任何人都可以通过授权接入该平台，如图 7-5 所示。云计算服务提供商可以提供从底层物理基础设施，中间层软件运行环境，到上层应用程序等各方面的 IT 资源的安装、部署、运行和维护服务，这些服务按流量或者服务时长计费，用户能够按需使用。公有云可以充分发挥云计算系统的规模经济效益，并保证所提供资源的可用性、安全性和可靠性。

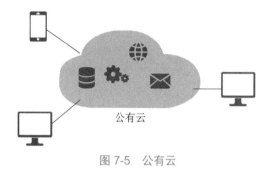

图 7-5　公有云

公有云所具备的优势有：

◇ 成本低。用户无须购置大量硬件设备或软件，使用计量服务。

◇ 无须维护。省去一部分维护工作，主要由服务提供商提供维护服务。

◇ 灵活伸缩。根据实际业务需求，按需扩展、按需释放资源。

◇ 高可靠性。服务器数量庞大，确保免受故障影响。

公有云在给用户提供便利的同时，也存在一定的缺点。

一是数据的安全性。用户一般通过互联网访问公有云并使用云计算资源，但用户并不拥有这些资源，并不清楚云资源底层是如何实现的，用户对于云端的资源缺乏控制，无法保证隐私和保密数据的安全性，也很难满足许多安全法规的遵从性要求。

二是资源竞争。共享资源是公有云的核心属性，在流量峰值期间容易出现性能问题，如网络阻塞问题、资源竞争问题（如带宽、价格等）。所以云服务提供商必须要保证云资源的安全性、可靠性等非功能性的需求，这也是衡量云服务提供商服务级别的一个重要指标。

公有云主流的云计算服务提供商有国内的华为云、腾讯云、阿里云，国外的 Amazon AWS、IBM Developer、Google App Engine 等。其中，华为云专注于云计算中公有云领域的技术研究与生态拓展，致力于为用户提供一站式云计算基础设施服务。Amazon AWS 为一系列应用程序提供服务，包括计算、存储、数据库、联网、分析、机器学习和人工智能（AI）、物联网（IoT）、安全及应用程序开发、部署和管理。腾讯云为开发者及企业提供云服务、云数据、云运营等整体一站式服务方案。

7.3.2　私有云

相对于公有云，私有云是面向企业内部用户开放的。只为本企业提供云服务，而不对外开放的数据中心称为私有云，它的核心属性是专有资源。私有云的用户拥有云中心大部分的设施，私有云的服务可以更少地受到在公有云中必须考虑的诸多限制（带宽、安全性等），通过控制用户范围和限制网络等管理方式，私有云可以提供对数据、资源、安全性、服务质量的最有效控制。私有云的用户拥有基础设施，并可以控制在此基础设施上部署应用程序的方式。私有云可部署在企业数据中心的防火墙内，也可以将它们部署在一个安全的主机托管场所，如图 7-6 所示。

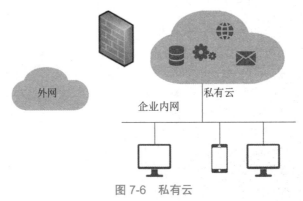

图 7-6　私有云

私有云相当于用户自己动手，丰衣足食，它属于企业内部专有的云，只为自己服务，只供自己内部人员或分支机构使用，不对外开放。与私有云相关的网络、计算以及存储等基础设施都是为用户所独有的，并不与其他的用户分享。在私有云计算模式下，私有云用户可以直接管理、监控私有云基础设施的物理安全和数据安全。

私有云这种部署方式比较适用于对数据安全、数据隐私要求较高的政府部门，同时也适用于对资源有大量需求的大型企业。

私有云所具备的优势有：

◇ 数据安全。私有云一般都构筑在防火墙内，能够保障数据中心的安全性。

◇ 服务质量。企业内部访问云资源，不会受到网络不稳定的影响。

◇ 充分利用软硬件资源。可以利用企业现有的软硬件资源构建更高效的云平台，从而降低成本。

◇ 不影响现有 IT 管理的流程。对大型企业而言，流程是其管理的核心，使用公有云将会对 IT 部门流程产生影响，但是私有云利用的是企业内部网络、内部资源，在 IT 管理流程方面，基本影响不大。

相比公有云，私有云的缺点在于：企业必须购买、构建以及管理自己的云计算环境，在投入使用前期将花费大量的开销，在投入使用中也需要长期进行维护管理等。总的来说私有云的投资较大，尤其是一次性的建设投资较大，并且整个基础设施的利用率要远低于公有云。

私有云可以分为以下几类。

1. 私有云平台

私有云平台为开发、部署、运行和访问云服务提供平台环境。私有云平台提供编程工具帮助开发人员快速开发云服务，提供可有效利用云硬件的运行环境来运行云服务，提供多种多样的云端来访问云服务。

2. 私有云服务

私有云服务提供了以资源和计算能力为主的云服务，包括硬件虚拟化、集中管理、弹性资源调度等。

3. 私有云管理平台

私有云管理平台负责私有云计算各种服务的运营，并对各类资源进行集中管理。

7.3.3 社区云

社区云是指在一定的地域范围内，由云计算服务提供商统一提供计算资源、网络资源、软件和服务能力所形成的云计算形式。社区具备网络互通互连、技术易于整合的优势，社区云正是基于这些优势对区域内各种计算能力进行统一整合，结合社区内用户的共性需求，提供面向区域用户的云计算服务，如图 7-7 所示。

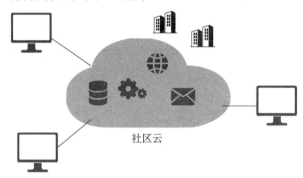

图 7-7　社区云

为了实现云计算的优势，社区云往往是由需求相同并决定共享基础设施的组织共同创立的云，社区云的成员都可以登录云端获取资源和使用应用，社区云的创建成本由社区云成员共同承担，由于社区云的用户数量比公有云少，所以社区云的费用一般比公有云高，但是社区云的隐私性、安全性和政策遵从都比公有云更有保证。

社区云具有如下特点：

◇ 区域性和行业性。受社区云的地域范围限制，社区云面向的群体是区域性的。

◇ 有限的特色应用。社区云基于共性需求创建，从根本上影响着社区云的多样性。

◇ 资源的高效共享。社区云由社区人员共同创建，社区云平台云共享基础设施，有效提升软硬件资源的使用率。

◇ 社区内成员的高度参与性。社区云平台为社区人员提供了便捷，提供了机会，吸引着社区内的成员"拥抱"社区云。

7.3.4 混合云

混合云把公有云和私有云结合到一起，同时提供公有云和私有云服务的云计算系统，它是介于公有云和私有云之间的一种折中方案。企业可以通过这样折中的方式部分拥有、部分共享资源和服务。企业可以利用公有云的成本优势，将非核心的应用运行在公有云上，同时搭建内部私有云，将安全性要求更高、关键性更强的核心程序、敏感数据等部署到内部私有云。混合云既相互独立又相互结合，可以达到优势互补，如图 7-8 所示。

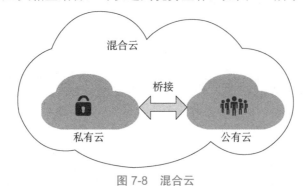

图 7-8　混合云

混合云融合了公有云与私有云各自的优势，逐步发展起来。混合云基于数据安全、资源共享双重考虑，获得越来越多企业的青睐。混合云的主要优势表现在以下几方面。

1. 优势互补

公有云的核心属性是资源共享，但是公有云在安全性方面不如私有云的安全性高。那么在既要保证数据安全性又想达到资源共享的情况下，混合云巧妙地解决了这个问题，利用私有云数据中心保存敏感数据，同时利用公有云计算资源处理非核心业务，如此一来既能满足对于安全性的需求，又能够满足资源共享的需求。

2. 扩展性高

混合云突破了私有云的硬件限制，利用公有云的可扩展性，按需获取更高的计算能力。混合云通过把非核心应用运行在公有云上，可以降低对内部私有云的负载和工作。

3. 节省成本

混合云充分利用了私有云和共有云的优势，有效共存，在一定程度上降低了成本。

7.3.5　部署方式的联系和区别

公有云、私有云、社区云、混合云各有各的优缺点。

1. 公有云更符合云计算规模经济效益

云计算的最大优势就是其规模经济效益，大多数企业在选择云计算方案时更多地考虑成本因素。随着技术的进步，公有云的安全问题会逐渐得到解决，服务提供商与企业之间会逐渐建立信任关系。

2. 私有云具备较高的安全性

数据安全对于企业来说至关重要，公有云平台存在一定的安全隐患，私有云平台更适合核心业务，企业用户，尤其是大型企业用户会更多地倾向于选择私有云平台。对于中小企业来说，传统 IT 服务足以满足现有需求，并且随着技术的进步，传统 IT 服务与云计算服务的成本差距会越来越小。

3. 社区云能降低企业的运营和开发成本

社区云建立在一定区域内需求相似的成员之间，他们共享一套基础设施，所产生的成本由社区云成员共同承担，能节约一定的成本。

4. 混合云集成公有云、私有云双重优势

混合云既可以尽可能地发挥云计算系统的规模经济效益，同时又可以保证数据安全性。非核心业务可以由混合云中的公有云模块实现，而对安全性、可靠性要求较高的应用则可以部署到私有云模块。混合云可以引入更多诸如身份认证、数据隔离、加密等安全技术来保证数据的安全，同时保留云计算系统的规模经济效益。

5. 公有云、私有云、社区云、混合云共同发展，相互补充

公有云、私有云、社区云、混合云四种云计算部署模式并不会出现谁取代谁的情况。不同企业的不同需求需要不同的解决方案。公有云、私有云、社区云、混合云可能会长期共存，优势互补，共同服务于企业用户。

任务 7.4　云计算核心技术

云计算向用户提供了计算能力、存储资源、网络资源和各种软件服务资源，这些云计算资源需要融合多项技术来共同实现。其中，主要技术包括虚拟化技术、分布式存储技术、海量数据管理技术、编程模式、云计算平台管理技术等。

任务描述

本任务要求了解云计算的核心技术，理解虚拟化概念及分布式存储、编程模式等技术。

任务分析

通过学习云计算的各项技术，理解各项技术起到的作用，以及带来的优势，从而更深层次地理解云计算。

任务实施

7.4.1　虚拟化技术

虚拟化技术在云计算中起着至关重要的作用，云计算资源池主要由虚拟化技术来实现，它为云计算服务提供了基础设施层面的技术支持。

那什么是虚拟化呢？维基百科中是这样描述的：在计算机技术中，虚拟化（Virtualization）

是将计算机物理资源如服务器、网络、内存及存储等予以抽象、转换后呈现出来，使用户可以以比原本的组态更好的方式来应用这些资源。这些资源的新虚拟部分是不受现有资源的架设方式、地域或物理组态限制的。换言之，虚拟化是将一台计算机虚拟为多台逻辑计算机，每台逻辑计算机可相互独立运行而互不影响，从而显著提高计算机的工作效率。

可以理解为：虚拟化是一个抽象层，即虚拟化层，它打破了物理硬件和操作系统间的硬性连接，允许我们在单一的物理主机上同时运行多个操作系统，如图 7-9 所示。把一台物理服务器虚拟成很多台虚拟服务器，每一个虚拟出来的主机都可以安装独立的操作系统。使用虚拟化，可以根据需要动态移动资源和处理业务。

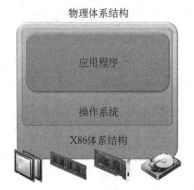

图 7-9　物理体系结构与虚拟体系结构的对比

根据虚拟化实现方式的不同，虚拟化可以分为寄居架构和裸金属架构（原生架构）两类。

（1）寄居架构是在原有的操作系统之上安装和运行虚拟化程序的，其依赖于主机操作系统对设备的支持和物理资源的管理，如图 7-10 所示，上层各虚拟机依赖于 Windows 7/10 系统。寄居架构存在一定的缺点：由于虚拟出来的操作系统要通过 Workstation 和寄主 OS 才能控制硬件，因此虚拟出来的操作系统运行较慢。如果 Workstation 损坏或者寄主 OS 崩溃，那么所有虚拟出来的操作系统将全部崩溃。显然在十分注重稳定和安全的企业中，这种寄居架构的虚拟化无法满足企业的要求，只可以用在测试领域。

（2）裸金属架构不依赖于宿主机，直接在硬件上安装虚拟化软件，对硬件进行虚拟化，如图 7-11 所示，对硬件 CPU 虚拟化、对内存虚拟化、对硬盘虚拟化。虚拟机透过 Hypervisor 跳过寄主 OS 和 App，直接安装在硬件上，大大提高虚拟机的稳定性和运行速度。这种结构在虚拟化的过程中，可虚拟化的硬件有 CPU、内存、网卡、磁盘等。

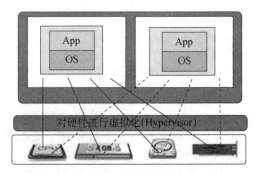

图 7-10　寄居架构图　　　　　　　　　图 7-11　裸金属架构图

从技术上讲，虚拟化是一种在软件中仿真计算机硬件，以虚拟资源为用户提供服务的计算形式，旨在合理调配计算机资源，使其更高效地提供服务。它把应用系统各硬件间的物理划分打破，从而实现架构的动态化，实现物理资源的集中管理和使用。虚拟化增强了系统的弹性和灵活性，降低了成本，提高了资源利用率。

从表现形式上看，虚拟化又分两种应用模式：一是将一台性能强大的服务器虚拟成多个独立的小服务器，服务不同的用户；二是将多个服务器虚拟成一个强大的服务器，完成特定的功能。这两种模式的核心都是统一管理，动态分配资源，提高资源利用率。

虚拟化技术解决了云计算资源整合、统一管理的问题，虚拟化具备以下几个特点。

（1）分区：大型的、扩展能力强的硬件可被用来作为多台独立的服务器使用；在一个单独的物理系统上，可以运行多个虚拟的操作系统和应用；计算资源可以被放置在资源池中，并能够被有效地控制。

（2）隔离：虚拟化能够提供理想化的物理机，每个虚拟机互相隔离；数据不会在虚拟机之间被访问；应用只能在配置好的网络上进行通信。

（3）封装：虚拟单元的所有环境被存放在一个单独文件中；为应用展现的是标准化的虚拟硬件，确保兼容性；整个磁盘分区被存储为一个文件，易于备份、转移和复制。

（4）硬件独立：可以在其他服务器上不加修改地运行虚拟机。虚拟技术支持高可用性、动态资源调整，极大地提高系统的可持续运行能力。

7.4.2　分布式存储技术

云计算的另一大优势就是能够快速、高效地处理海量数据。在数据爆炸的今天，这一点至关重要。为了保证数据的高可靠性，云计算通常会采用分布式存储技术，如图 7-12 所示，分为多个节点，将数据存储在不同的物理设备中。这种模式不仅摆脱了硬件设备的限制，同时扩展性更好，能够快速响应不同的用户需求。

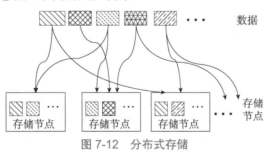

图 7-12　分布式存储

分布式存储与传统的网络存储并不完全一样，传统的网络存储系统采用集中的存储服务器存放所有数据，存储服务器成为系统性能的瓶颈，不能满足大规模存储应用的需要；分布式网络存储系统采用可扩展的系统结构，利用多台存储服务器分担存储负荷，利用位置服务器定位存储信息，它不但提高了系统的可靠性、可用性和存取效率，而且易于扩展。

目前主要的分布式存储系统是 HDFS（Hadoop　Distributed　File　System）。

7.4.3　海量数据管理技术

云计算需要对分布的、海量的数据进行处理、分析，因此，数据管理技术必须能够高效地管理大量的数据。云计算系统中的数据管理技术主要是 HBase。由于云数据存储管理形式不同于传统的 RDBMS 数据管理方式，如何在规模巨大的分布式数据中找到特定的数据，也是云计算数据管理技术所必须解决的问题。同时，由于管理形式的不同造成传统的 SQL 数据库接口无法直接移植到云管理系统中来，目前一些研究在关注为云数据管理提供 RDBMS 和 SQL 的接口，如基于 Hadoop 子项目 HBase 和 Hive 等。另外，在云数据管理方面，如何保证数据安全性和数据访问高效性也是研究关注的重点问题之一。

7.4.4　编程模式

从本质上讲，云计算是一个多用户、多任务、支持并发处理的系统。高效、简捷、快速是其核心理念，它旨在通过网络把强大的服务器计算资源方便地分发到终端用户手中，同时保证低成本和良好的用户体验。在这个过程中，编程模式的选择至关重要。云计算项目中分布式并行编程模式将被广泛采用。

分布式并行编程模式创立的初衷是更高效地利用软、硬件资源，让用户更快速地、更简单地使用应用或服务。在分布式并行编程模式中，后台复杂的任务处理和资源调度对于用户来说是透明的，这样能够大大提升用户体验。

云计算采用了一种思想简洁的分布式并行编程模式 MapReduce。MapReduce 是一种编程模式和任务调度模式，主要用于数据集的并行运算和并行任务的调度处理。在该模式下，用户只需要自行编写 Map 函数和 Reduce 函数即可进行并行计算。其中，Map 函数定义各节点上的分块数据的处理方法，而 Reduce 函数定义中间结果的保存方法以及最终结果的归纳方法。

7.4.5　云计算平台管理技术

云计算资源规模庞大，服务器数量众多并分布在不同的地点，同时运行着数百种应用，如何有效地管理这些服务器，保证整个系统提供不间断的服务是巨大的挑战。云计算系统的平台管理技术能够使大量的服务器协同工作，方便地进行业务部署和开通，快速发现和恢复系统故障，通过自动化、智能化的手段实现大规模系统的可靠运营。OpenStack 是主流应用方案。

任务 7.5　云计算主流解决方案

通过前面任务的介绍，我们对云计算的技术知识和核心技术有了细致的了解。下面将从云计算的应用角度进一步加以介绍。全球主流云计算服务提供商有 Google、亚马逊 AWS、微软 Azure、阿里云、腾讯云等。本任务主要探讨以上企业的云计算方案，以及开源方案。

(任务描述)

本任务要求了解云计算的主流解决方案，了解每个解决方案的特色，并能根据需求将解决方案应用到实际工作中。

(任务分析)

通过学习云计算的主流解决方案，对比各解决方案的内容，深入了解各解决方案的特点。

(任务实施)

7.5.1　Google 云计算方案

Google 拥有全球最强大的搜索引擎，除了搜索业务以外，Google 还有 Google Maps、Google Earth、Gmail、YouTube 等各种业务。这些应用的共性在于数据量巨大，而且要面向全球用户提供实时服务，因此 Google 逐渐拥有了海量数据存储和快速处理的技术，逐步发展起来一系列云计算技术，并搭建起面向商业的云计算解决方案——Google Cloud Platform（GCP）。

GCP 主要提供涉及计算资源、存储资源、网络资源在内的一系列 IaaS、PaaS 产品，以及面向大数据和机器学习的一系列服务产品。Google 云计算技术包括 Google 文件系统（GFS）、分布式计算编程模式 MapReduce、分布式锁服务 Chubby 和分布式结构化数据存储系统 Bigtable 等。其中 GFS 是一个大型的分布式文件系统，处于所有核心技术的底层，提供海量数据的存储和访问能力；MapReduce 是一种处理海量数据的并行编程模式，用于数据集的并行运算，使海量信息的并行处理变得简单易行，目前比较流行的 MapReduce 架构 Hadoop 是它的一个开源实现；Chubby 是用于提供粗粒度服务的一个文件系统，能够保证分布式环境下并发操作的同步问题；Bigtable 是分布式存储系统，提高了海量数据的组织和管理能力，可以满足不同需求的应用。

7.5.2　Azure 云计算方案

微软 Azure 是基于云计算的操作系统，现在更名为 Microsoft Azure，和 Azure Services Platform 一样，是微软"软件和服务"技术的名称。云计算的开发者能使用微软全球数据中心的储存、计算能力和网络基础服务。Azure 服务平台包括了以下主要组件：Windows Azure；Microsoft SQL 数据库服务；Microsoft .Net 服务；用于分享、储存和同步文件的 Live 服务；针对商业的 Microsoft SharePoint 和 Microsoft Dynamics CRM 服务。微软公有云的优势在于其强大软件产品体系和企业客户积累，微软是全球最大的企业软件开发厂商，拥有从操作系统到应用软件全套软件产品。

微软的云计算战略包括三大部分，目的是为客户和合作伙伴提供 3 种云计算运营模式：微软运营（微软件）、伙伴运营（合作伙伴托管）、客户自建（私有云）。微软运营（微软件）指微软自己构建及运营公共云的应用和服务，同时向个人消费者和企业客户提供云服务；伙伴运营（合作伙伴托管）能够基于 Azure Platform 开发 ERP、CRM 等各种云计算应用；客户自建（私有云）使得客户选择微软的云计算解决方案构建自己的云计算平台。微软云计算的典型特征是软件+服务、平台战略、自由选择，企业既可以从云中获取必需的服务，也可以自己部署相关的 IT 系统，根据需要选择不同的云服务。

7.5.3　AWS 云计算方案

Amazon Web Services（AWS）是全球最全面、应用最广泛的云平台。Amazon 平台提供了弹性虚拟平台，提供包括了 EC2 弹性计算云（Elastic Compute Cloud）、S3 简单存储服务（Simple Storage Service）、SimpleDB 数据库服务、SQS（Simple Queue Service）在内的企业服务，系统是开源的。AWS 的优势在于先发优势，亚马逊于 2006 年开始推出 AWS，因此在技术和服务方面有大量的积累。AWS 在全球市场上占据最大的份额，为一系列应用程序提供服务，包括计算、存储、数据库、联网、分析、机器学习和人工智能（AI）、物联网（IoT）、安全及应用程序开发、部署和管理。企业和组织可以通过购买使用这些服务降低 IT 成本并进行扩展。

7.5.4　阿里云计算方案

由于国内云计算发展相对较晚，受诸多因素影响，并且 AWS、Azure 进入中国缓慢，因此阿里巴巴作为国内互联网巨头在公有云市场占据了先发优势。阿里云目前提供弹性计算、云数据库产品、云存储产品、容器与中间件及 CDN 等一系列物联网、云计算、大数据和人工智能服务。阿里巴巴有着强大的研发服务能力，阿里云服务着制造、金融、政务、交通、医疗、电信、能源等众多领域的领军企业，包括中国联通、中国铁路、中国石化、中国石油、飞利浦、华大基因等大型企业客户。

7.5.5　腾讯云计算方案

腾讯云有着深厚的基础架构，并且有着多年对海量互联网服务的经验，不管是社交、游戏还是其他领域，都有多年的成熟产品来提供产品和服务。腾讯在云端完成重要部署，为开发者及企业提供云服务、云数据、云运营等整体一站式服务方案，具体包括云服务器、云存储、云数据库和弹性 Web 引擎等基础云服务；腾讯云分析（MTA）、腾讯云推送等腾讯整体大数据能力；以及 QQ 互联、QQ 空间、微云、微社区等云端链接社交体系。

7.5.6　申请云服务器案例

云服务器是公有云公司提供的可扩展的计算服务。使用云服务器避免了使用传统服务器时需要预估资源用量及前期投入，可以在短时间内快速启动任意数量的云服务器并即时部署应用程序。通常情况下，云服务器允许用户自定义一切资源，包括 CPU、内存、硬盘、网络、安全等，并可以在需求发生变化时进行调整。下面以腾讯云为例申请云服务器。

打开浏览器访问腾讯云平台，并登录自己的腾讯云账号。登录页面如图 7-13 所示。

图 7-13　腾讯云平台

单击"云服务器"图标，进入云服务器的选购界面。界面显示如图 7-14 所示。

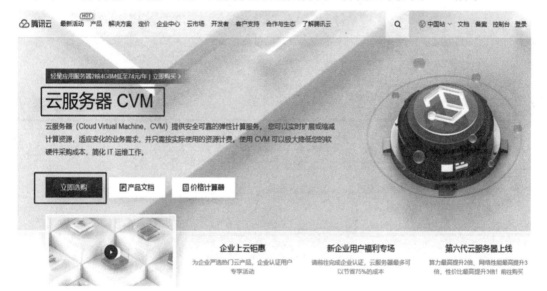

图 7-14　云服务器选购界面

　　云服务器的配置选择和网站或应用的类型、访问量、数据量大小、程序质量等因素有关。通常情况下，网站初始阶段访问量小，只需要一台低配置的服务器即可，应用程序、数据库、文件等所有资源均在一台服务器上。云服务器具有强大的弹性扩展和快速开通能力，随着业务的增长，可以随时在线增加服务器的 CPU、内存、硬盘以及带宽等配置，或者增加服务器数量。云服务器配置界面如图 7-15 所示。

　　配置云服务器既可以选择快速配置，也可以选择自定义配置。以自定义配置为例，在"选择机型"中选择自定义配置，计费模式选择"按量计费"；实例的标准型选择"标准型 SA2"；镜像选择"公共镜像"、CentOS 7.2 64 位的操作系统；公网宽带设置为分配独立公网 IP，并按流量计费；机型数量为 1。完成配置后，进入下一步设置主机，配置安全组为新建安全组，开通全部端口，配置实例名称和密码，最后进入确认配置信息，如图 7-16 所示。到此即完成云服务器的选购。

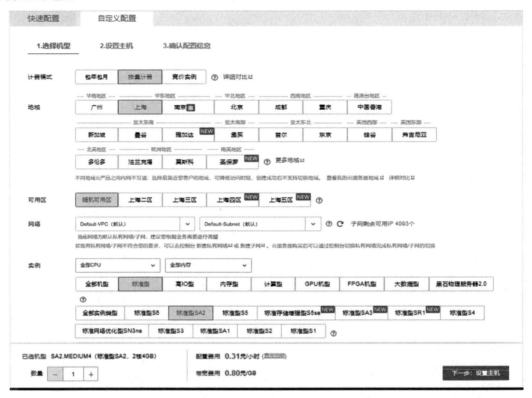

图 7-15　云服务器配置界面

图 7-16　自定义配置

7.5.7 OpenStack 计算解决方案

OpenStack 是一个由 NASA（美国国家航空航天局）和 Rackspace 合作研发并发起的，以 Apache 许可证授权的自由软件和开放源代码项目。OpenStack 是一个开源的云计算管理平台项目，由几个主要的组件组合起来完成具体工作。OpenStack 支持几乎所有类型的云环境，项目目标是提供实施简单、可大规模扩展、丰富、标准统一的云计算管理平台。OpenStack 通过各种互补的服务提供了基础设施即服务（IaaS）的解决方案，每个服务提供 API 以进行集成。

OpenStack 包含许多组件，常见的组件包括 Keystone、Glance、Nova、Neutron、Cinder、Swift、Heat、Ceilometer。

✧ Keystone（OpenStack Identity Service）的功能是负责验证身份、校验服务规则和发布服务令牌，它实现了 OpenStack 的 Identity API。Keystone 可分解为两个功能，即权限管理和服务目录。

✧ Glance 镜像服务实现发现、注册、获取虚拟机镜像和镜像元数据，镜像数据支持存储多种的存储系统，可以是简单文件系统、对象存储系统等。

✧ Nova 是 OpenStack 最核心的计算服务模块，负责管理和维护云计算环境的计算资源，负责整个云环境虚拟机生命周期的管理。

✧ Neutron 是网络服务，为 OpenStack 环境中的虚拟网络基础架构（Virtual Networking Infrastructure，VNI）和物理网络基础架构接入层方面（Physical Networking Infrastructure，PNI）管理所有的网络现状。OpenStack 网络允许租户创建高级的虚拟网络拓扑，包括 Firewalls（防火墙）、Load Balancers（负载均衡）和 Virtual Private Networks（VPNs，虚拟专用网）等的服务。

✧ Cinder 为块存储服务，OpenStack 通过 Cinder 块存储服务来为云平台提供块逻辑卷服务。

✧ Swift 为对象存储服务，主要用于存储虚拟机镜像，用于 Glance 的后端存储。在实际运用中，Swift 的典型应用是网盘系统，代表是"Dropbox"，存储类型大多为图片、邮件、视频、存储备份等静态资源。

✧ Heat 是一个基于模板来编排复合云应用的服务。

✧ Ceilometer 的每一个服务都是基于可横向扩展来设计的。在实际生产环境中，可以根据系统的负载，决定增加实例或者增加单个实例的 worker 数，主要收集方式有触发收集和轮询收集。

本章小结与课程思政

本章分别介绍了云计算的概念和特征、云计算服务模式和部署方式，以及云计算的核心技术。在学习完本章内容后，读者应理解云计算按需服务、快速伸缩的显著特征；重点掌握云计算的三种服务模式对应的服务内容和特点，不同部署方式的优势以及适用场景；熟悉云计算的核心技术，重点理解虚拟化技术和分布式存储技术。云计算已经逐渐渗透到人们的生活中，渗透到各个领域，如医疗、金融、政务、零售等行业，为人们带来了便利和效益。

通过分析云计算的起源，分析云计算发展的过程来启发学生勇于探索新方向；通过总结云计算的特征和优势，让学生感受前沿科技的魅力，引导学生勇于创新，勇于攀登科技高峰，增强学生着力攻克关键核心技术的意识；通过对比云计算核心技术的优势，让学生明白创新是科学技术进步的动力，科技因创新而不断发展、社会因创新而不断进步、国家因科技创新而不断强大，从而培养学生的创新意识，坚定创新自信，坚定科技强国的信念，为把我国建设成为世界科技强国做出新的更大的贡献。

思考与训练

1．填空题

（1）云计算是一种按使用量付费的模式，通过网络访问，提供可配置的_____（包括网络、服务器、存储、应用软件和服务），这些资源能够被迅速供给和释放。

（2）2006 年 Google 首席执行官埃里克·施密特在搜索引擎大会（SES 2006）上介绍"Google 101"项目中使用了"_____"一词。

（3）云计算的特征包括按需自助服务、广泛网络接入、_____、快速弹性伸缩、计费服务。

（4）根据虚拟化实现方式的不同，虚拟化可以分为_____和_____架构（原生架构）两类。

（5）为了保证数据的高可靠性，云计算通常会采用_____技术，分为多个节点，将数据存储在不同的物理设备中。

2．选择题

（1）1959 年，计算机科学家克里斯托弗·斯特雷奇在发表的论文中，提出（　　）的基本概念。

A．虚拟化　　　　　B．云计算　　　　　C．并行计算　　　　　D．网格计算

（2）2008 年，（　　）在中国建立云计算中心。

A．Amazon　　　　　B．Google　　　　　C．IBM　　　　　D．微软

（3）面向区域用户的云计算的部署模型是（　　）。

A．公有云　　　　　B．私有云　　　　　C．社区云　　　　　D．混合云

（4）企业建立内部的私有云，同时使用公有云的部署方式是（　　）。

A．公有云　　　　　B．私有云　　　　　C．社区云　　　　　D．混合云

（5）（　　）是私有云计算基础架构的基石。

A．虚拟化　　　　　B．分布式　　　　　C．并行　　　　　D．集中式

（6）（　　）是公有云计算基础架构的基石。

A．虚拟化　　　　　B．分布式　　　　　C．并行　　　　　D．集中式

（7）下列关于资源池化的说法中错误的是（　　）。

A．资源池化是实现按需自助服务的前提之一

B．资源池化只是将资源放置在一起

C．将所有的资源分解至一个较小单位

D．资源池化的特点是可以屏蔽不同资源的差异化

（8）提供基础设施服务的是（　　）。

A．IaaS　　　　　　B．PaaS　　　　　　C．SaaS　　　　　　D．以上三个都正确

（9）虚拟化技术中不依赖于宿主机，直接在硬件上安装虚拟化软件，对硬件进行虚拟化的是（　　）。

A．VMware　　　　　B．寄居架构　　　　　C．裸金属架构　　　　D．抽象架构

（10）某客户为快速开展业务，需要一个开箱即用的业务系统，要求统一服务、流程、模型和体验，那么应该选择哪一类型的云计算服务？（　　）

A．基础设施即服务 IaaS　　　　　　　　B．平台即服务 PaaS

C．软件即服务 SaaS　　　　　　　　　　D．云即服务 CaaS

3．思考题

（1）简述云计算中资源池化的概念。

（2）简述云计算的三种服务模式及其面向的用户群体。

（3）简要说明云计算部署方式间的联系和区别。

（4）列举云计算包含的核心技术。

（5）选择一款你感兴趣的商业云计算方案，针对其中的某一部分进行调研，并书写调研报告，总结优缺点。

第8章 现代通信技术

通信技术是实现人与人之间、人与物之间、物与物之间信息传递的一种技术。现代通信技术将通信技术与计算机技术、数字信号处理技术等新技术相结合，其发展具有数字化、综合化、宽带化、智能化和个人化的特点。现代通信技术是大数据、云计算、人工智能、物联网、虚拟现实等信息技术发展的基础，以5G为代表的现代通信技术是中国新型基础设施建设的重要领域。

学习目标

◆ 理解通信技术、现代通信技术、移动通信技术、5G技术等概念，掌握相关的基础知识。
◆ 了解现代通信技术的发展历程及发展趋势。
◆ 熟悉移动通信技术中的传输技术、组网技术等。
◆ 了解5G的应用场景、基本特点和关键技术。
◆ 理解5G网络架构和部署特点。
◆ 了解蓝牙、Wi-Fi、ZigBee、射频识别、卫星通信、光纤通信等现代通信技术的特点和应用场景。
◆ 通过了解我国在5G技术处于世界领先地位，树立国家自豪感。

任务8.1 现代通信技术基础知识

从古代的马车、烽火台、飞鸽到如今的电话、Email，人类从未停止过对通信技术的追求。而随着通信技术的发展，社会对通信技术的要求也不断提高。现代通信技术对人类的生产生活有着深刻的影响，了解现代通信技术的基础知识，是当代大学生的一项重要学习任务，对提高大学生素质起到重要的促进作用。

任务描述

在日常生活中，同学们接触到越来越多的现代通信技术的名词和相关术语，大多数时候大家仅仅通过视频、他人的叙述来理解这些名词和术语的意思，因此对这些名词和术语理解不够全面和正确，有时甚至会产生很大偏差。

在网络行业中经常遇到"交换"一词，例如，"交换机"，相信大家对"交换"这个名词的理解可能就不够深刻，这里的"交换"和日常生活中"交换"的含义有很大差别。"路由器"

是什么设备，"路由"又是什么意思，通过本任务的学习，相信大家一定会对现代通信技术的相关基础知识有一定的了解。

（任务分析）

本任务带领大家一起学习现代通信技术的相关基础知识，主要包括以路由交换技术、光纤通信通信技术、卫星通信技术、5G 技术等为代表的现代通信技术的基础知识。

（任务实施）

8.1.1　现代通信技术的基础知识

1.　现代通信技术的概念

所谓通信，最简单的理解，也是最基本的理解，就是人与人沟通的方法。无论是电话，还是网络，解决的最基本的问题，实际还是人与人的沟通。通信技术是指将信息从一个地点传送到另一个地点所采取的方法和措施。通信技术是电子技术极其重要的组成部分。按照历史发展的顺序，通信技术先后由人体传递信息通信到简易信号通信，再发展到有线通信和无线通信。

现代通信技术，就是随着科技的不断发展，采用最新的技术来不断优化通信的各种方式，让人与人的沟通变得更为便捷、高效的通信技术。这些技术包括光纤通信技术、IP 技术、卫星技术、5G 技术等。

现代通信技术涉及领域广泛，跨越电子与计算机行业，所涉及知识也相对比较复杂，主要涵盖了通信工程、电子科学与技术、计算机科学与技术三个学科方面的知识。

2.　路由交换技术

路由交换技术其实是路由技术和交换技术两类技术的统称。

路由技术，是指完成拓扑发现、链路状态信息综合和路由计算等功能的技术，具体包括相邻节点的发现、链路状态的广播、整个网络拓扑的计算和维护、路径的管理和控制、路由指标值的计算，以及保护和恢复等技术。路由技术主要由路由选择算法、因特网的路由选择协议等组成。其中，路由选择算法可以分为静态路由选择算法和动态路由选择算法。因特网的路由选择协议的特点是：属于自适应的选择协议（即动态的），是分布式路由选择协议；采用分层次的路由选择协议，即分自治系统内部和自治系统外部路由选择协议。因特网的路由选择协议划分为两大类：内部网关协议（IGP，具体的协议有 RIP 和 OSPF 等）和外部网关协议（EGP，使用最多的是 BGP）。路由器就是负责完成拓扑发现、链路状态信息综合和路由计算等功能的设备，通俗地说就是将数据包转发到正确路径上的设备。

交换技术，从广义上讲，任何数据的转发都可以叫作交换，技术上分为二层交换和路由交换。交换技术一般在第 2 层（数据链路层）发生数据转发。数据交换技术分为线路交换技术和存储转发交换技术，其中存储转发交换技术又可分为报文交换和分组交换。交换技术通过识别数据帧中的 MAC 地址信息并根据 MAC 地址进行转发。交换技术是通信网的核心技术，无论是电信网还是计算机网络，都需要交换技术。

3. 光纤通信技术

光导纤维通信简称光纤通信，是利用光波作载波，以光纤作为传输媒质将信息从一处传至另一处的通信方式。其原理是利用光导纤维传输信号，以实现信息传递。实际应用中的光纤通信系统使用的不是单根的光纤，而是由许多光纤聚集在一起组成的光缆。光纤由纤芯、包层和涂层组成，内芯一般为几十微米或几微米，中间层称为包层，根据纤芯和包层的折射率不同，从而实现光信号在纤芯内的全反射也就是光信号的传输，涂层的作用就是增加光纤的韧性，以保护光纤。

4. 移动通信技术

移动通信技术是指用于移动体之间，或移动体与固定体之间的通信技术。通信双方有一方或两方处于移动中的通信，包括陆、海、空移动通信，采用的频段遍及低频、中频、高频、甚高频和特高频。移动通信系统由移动台、基台、移动交换局组成。若要同某移动台通信，移动交换局通过各基台向全网发出呼叫，被叫台收到后发出应答信号，移动交换局收到应答后分配一个信道给该移动台并从此话路信道中传送一信令使其振铃。

移动通信是进行无线通信的现代化技术，这种技术是电子计算机与移动互联网发展的重要成果之一。移动通信技术经过第一代、第二代、第三代、第四代技术的发展，目前，已经迈入了第五代发展的时代（5G 移动通信技术），这也是目前改变世界的几种主要技术之一。

8.1.2 现代通信技术的发展历程

1. 现代通信技术发展历程

近代通信产生于 1835 年。这一年，莫尔斯（S. F. Morse）发明了电报。1837 年，莫尔斯电码的出现使得莫尔斯电磁式有线电报问世。1886 年，马可尼（Guglielma Marcani）发明了无线电报机。1876 年，贝尔（A.G.Bell）发明了电话机。1878 年，人工电话交换局出现。1892年，史瑞桥自动交换局设立。1912 年美国 Emerson 公司制造出世界上第一台收音机。1925 年，英国人约翰·贝尔德（J. L. Bairg）发明了世界上第一台电视机。20 世纪 30 年代，控制论、信息论等理论形成。

最近 60 年，通信技术包括了数据传输信道、数据传输技术和 20 世纪 80 年代后发展的多种通信技术。数据传输信道包括同轴电缆、双绞线、光纤通信、越洋海底电缆、微波信道、短波信道、无线通信和卫星通信等。数据传输技术包括基带传输、频带传输及调制技术、同步技术、多路复用技术、数据交换技术、编码、加密、差错控制技术和数据通信网、设备、协议等。20 世纪 80 年代后，电报发展为用户电报和智能电报，电话发展为自动电话、程控电话、可视图文电话和 IP 电话，同时还出现了移动无线通信、多媒体技术和数字电视等多种通信技术。

近 10 年来，以计算机为核心的信息通信技术（Information and Communications Technology，ICT）凭借网络飞速发展，渗透到社会生活的各个领域。ICT 不同于传统通信技术，它的字面意思是信息通信技术。ICT 产生的背景是行业间的融合以及对信息社会的强烈诉求。ICT 作为信息通信技术的全面表述更能准确地反映支撑信息社会发展的通信方式，同时也反映了电信在信息时代自身职能和使命的演进。

2．现代通信技术的特点

1）通信数字化

目前已经完成由模拟通信向数字通信的转化。通信数字化可以使信息传递更为准确可靠，抗干扰性与保密性更强。数字信息便于处理、存储和交换，通信设备便于集成化、固体化和小型化，适合于多种通信，能使通信信道达到最佳化。

2）通信容量大

现代通信的通信容量大。在各种通信系统中，光纤通信更能反映这个特点，光纤通信的容量比电气通信大 10 亿倍。

3）通信网络系统化

现代通信形成了由各种通信方式组成的网络系统。通信网是由终端设备、交换设备、信息处理与转换设备及传输线路构成的。网络化的宗旨是共享功能与信息，提高信息的利用率。这些网络包括局部地域网、分布式网、远程网、分组交换网、综合业务数字网等。可以采用网络互联等技术把各种网络连接起来，进一步扩大信息传递的范围。

4）通信计算机化

通信技术与计算机技术的结合使通信与信息处理融为一体，表现为终端设备与计算机相结合，产生了多功能与智能化的电话机。与此同时，与计算机相结合的数字程控交换机也已推广应用。利用通信卫星进行计算机通信是近年来计算机通信的一个重要方面，也是中国发展计算机通信的一个极有潜力的途径。

现代通信技术的发展，已经或正在促使通信进入以下领域：一是卫星通信减少了时间和地理距离给通信费用带来的限制；二是综合业务通信网的结构，对于语音、数据和图像等各种信息媒介，在传输和交换上取得了综合的作用；三是正在采用卫星直接广播和电缆电视传送手段；四是国家经营的全国性公众通信网和企业经营的各种事务网，将并行发展，相互补充；五是人机通信和信息机器之间的通信的比重正在增加；六是即时通信和存储转发通信、即时通信和定时通信、透明通信和增值通信等正在被人们使用。

8.1.3　现代通信技术的发展趋势

目前，通信技术已脱离纯技术驱动的模式，正在走向技术与业务相结合、互动的新模式。预计在未来的 5～10 年间，从市场应用和业务需求的角度看，最大和最深刻的变化将是从传统通信技术向智能化、万物互联、更低时延的应用等方面进行全方面转变，这种转变将深刻地影响通信技术的走向。从技术角度看，将呈现如下趋势：

一是无处不在的连接。在不远的将来，连接使一切成为可能，而连接不限于 5G 技术，甚至是包括未来的 6G 技术。

二是万物互联，也就是包括人和机器、传感器等都将接入网络。

三是人工智能。在万物互联实现之后，特别是物与物的连接实现之后，如何使得网联设备实现自动化，AI 就成为必然。

四是云与边缘计算。AI 的引入需要更好地处理，尤其是超短时延，这就需要引入云和边缘计算。

五是可信网络。云和边缘计算的引入，尤其是引入企业内网、行业网络，对网络安全、数字隐私保护就提出了更高的要求，这就需要建设一张可信网络。

六是新的计算范例。随着技术的发展，云计算越来越集中，从而形成了超级计算，甚至会涌现量子计算等新的计算范例。

七是下一代机器人。新技术的逐渐涌入，促成下一代机器人的发展。下一代机器人不仅仅是指工业机器人，还包括家庭机器人、医疗健康机器人、可植入身体的胶囊式机器人等。

八是新一代交互。随着技术的发展，万物互联成为可能，各类传感器也应运而生，并且应用广泛。这些新的应用推动着新一代交互能力的发展，令现在的全息摄影、VR/AR 等交互变得越来越普遍，甚至可能会促进脑机的发展，未来充满想象。

九是多元能源科技。众所周知，5G 的功耗是很多运营商面临的最大挑战，于是如何实现节能减排就成为研究者的一大课题。显而易见，随着研究的深入，绿色能源、可再生能源等技术都会得到更大的发展，甚至会引入零能耗的概念，推动可循环经济的发展。

十是智能世界。当上述这些技术成为可能，一个崭新的世界，即智能世界就将成为现实。而智能世界的发展最终又对链接提出更高的要求，从而进入新一轮的迭代发展。

也正是遵循这样的循环发展思路，作为万物互联基础的通信技术在不断发展。在商用 4G、建设并逐步商用 5G 的当下，很多国家和研究机构都开始了 6G 技术的研究。爱立信预计，按照通信技术发展十年一个周期，到 2024 年行业将进入 6G 标准化制定阶段，而到 2028 年有望实现 6G 商用。

任务 8.2　5G 技术

移动通信延续着每十年更新一代技术的发展规律，已历经 1G、2G、3G、4G 的发展。每一次代际跃迁，每一次技术进步，都极大地促进了产业升级和经济社会发展。从 1G 到 2G，实现了模拟通信到数字通信的过渡，移动通信走进了千家万户；从 2G 到 3G、4G，实现了语音业务到数据业务的转变，传输速率成百倍提升，促进了移动互联网应用的普及和繁荣。当前，移动网络已融入社会生活的方方面面，深刻改变了人们的沟通、交流乃至整个生活方式。4G 网络造就了繁荣的互联网经济，解决了人与人随时随地通信的问题，但随着移动互联网快速发展，新服务、新业务不断涌现，移动数据业务流量爆炸式增长，4G 移动通信系统难以满足未来移动数据流量暴涨的需求，第五代移动通信系统（5G）的出现使移动通信进入一个新时代。

任务描述

很多同学的手机已经支持 5G 了，但大多数同学对 5G 和 4G 的区别并不是很清楚，5G 在哪些方面超越了 4G？5G 能给我们的社会和生活带来哪些改变？5G 网络的特点是什么？到底什么才是 5G 网络？针对这些问题，我们将在本任务中为大家一一阐述。

任务分析

本任务带领大家一起学习 5G 技术的概念、技术特点，以及 5G 技术的发展过程，最后介绍一下 5G 技术的架构、建设流程等内容。

任务实施

8.2.1　5G 技术的基本概念

5G 作为一种新型移动通信网络，不仅要解决人与人通信，为用户提供增强现实、虚拟现实、超高清（3D）视频等更加身临其境的极致业务体验，而且要解决人与物、物与物通信的问题，满足移动医疗、车联网、智能家居、工业控制、环境监测等物联网应用需求。最终，5G 将渗透到经济社会的各行业各领域，成为支撑经济社会数字化、网络化、智能化转型的关键新型基础设施。

1. 5G 技术概念

第五代移动通信技术（5th Generation Mobile Communication Technology，简称 5G）是具有高速率、低时延和大连接特点的新一代宽带移动通信技术，是实现人、机、物互联的网络基础设施。

国际电信联盟（ITU）定义了 5G 的三大类应用场景，即增强移动宽带（eMBB）、超高可靠低时延通信（uRLLC）和海量机器类通信（mMTC）。增强移动宽带（eMBB）主要面向移动互联网流量爆炸式增长，为移动互联网用户提供更加极致的应用体验；超高可靠低时延通信（uRLLC）主要面向工业控制、远程医疗、自动驾驶等对时延和可靠性具有极高要求的垂直行业应用需求；海量机器类通信（mMTC）主要面向智慧城市、智能家居、环境监测等以传感和数据采集为目标的应用需求。

为满足 5G 多样化的应用场景需求，5G 的关键性能指标更加多元化。ITU 定义了 5G 八大关键性能指标，其中高速率、低时延、大连接成为 5G 最突出的特征，用户体验速率达 1Gbps，时延低至 1ms，用户连接能力达 100 万连接/平方千米。

2. 5G 技术特点

作为新一代移动通信技术，5G 技术具备以下特点。

（1）峰值速率高：峰值速率达到 10～20Gbps，满足高清视频、虚拟现实等大数据量传输。

（2）低时延：空中接口时延低至 1ms，满足自动驾驶、远程医疗等实时应用。

（3）大连接：具备百万连接/平方千米的设备连接能力，满足物联网通信。

（4）频谱效率高：频谱效率要比 LTE 提升 3 倍以上。

（5）广域覆盖，用户体验好：在连续广域覆盖和高移动性下，用户体验速率达到 100Mbps。

（6）流量密度大：流量密度达到 10Mbps/m^2 以上。

（7）支持高速移动：移动性支持 500km/h 的高速移动。

3. 5G 关键技术

5G 国际技术标准重点满足灵活多样的物联网需要。在 OFDMA 和 MIMO 基础技术上，5G 为支持三大应用场景，采用了灵活的全新系统设计。在频段方面，与 4G 支持中低频不同，考虑到中低频资源有限，5G 同时支持中低频和高频频段，其中中低频频段满足覆盖和容量需求，高频频段满足在热点区域提升容量的需求。5G 针对中低频和高频设计了统一的技术方案，并支持百兆赫的基础带宽。为了支持高速率传输和更优覆盖，5G 采用 LDPC、Polar 新型信道编码方案、性能更强的大规模天线技术等。为了支持低时延、高可靠，5G 采用短帧、快速反馈、多层/多站数据重传等技术。

5G 采用全新的服务化架构，支持灵活部署和差异化业务场景。5G 采用全服务化设计、模块化网络功能，支持按需调用，实现功能重构；采用服务化描述，易于实现能力开放，有利于引入 IT 开发实力，发挥网络潜力。5G 支持灵活部署，基于 NFV/SDN，实现硬件和软件解耦，实现控制和转发分离；采用通用数据中心的云化组网，网络功能部署灵活，资源调度高效；支持边缘计算，云计算平台下沉到网络边缘，支持基于应用的网关灵活选择和边缘分流。通过网络切片满足 5G 差异化需求。网络切片是指从一个网络中选取特定的特性和功能，定制出的一个逻辑上独立的网络，它使得运营商可以部署功能、特性服务各不相同的多个逻辑网络，分别为各自的目标用户服务。目前 5G 定义了 3 种网络切片类型，即增强移动宽带、低时延高可靠、大连接物联网。

8.2.2 5G 技术的发展历程

1. 启动阶段

2013 年 2 月，欧盟宣布将拨款 5000 万欧元，加快 5G 移动技术的发展，计划到 2020 年推出成熟的标准。

2013 年 4 月，工业和信息化部、发改委、科技部共同支持成立 IMT-2020（5G）推进组，作为 5G 推进工作的平台，推进组旨在组织国内各方力量，积极开展国际合作，共同推动 5G 国际标准发展。2013 年 4 月 19 日，IMT-2020（5G）推进组第一次会议在北京召开。

2014 年 5 月 8 日，日本电信营运商 NTT DoCoMo 正式宣布将与 Ericsson、Nokia、Samsung 等六家厂商共同合作，开始测试超越现有 4G 网络 1000 倍网络承载能力的高速 5G 网络，传输速度可望提升至 10Gbps。计划在 2015 年展开户外测试，并于 2020 年开始运作。

2. 实验阶段

2016 年 1 月，中国 5G 技术研发试验正式启动，于 2016—2018 年实施，分为 5G 关键技术试验、5G 技术方案验证和 5G 系统验证三个阶段。

2016 年 5 月 31 日，第一届全球 5G 大会在北京举行。本次会议由中国、欧盟、美国、日本和韩国的 5 个 5G 推进组织联合主办。当时的工业和信息化部部长苗圩出席会议并致开幕词。苗圩指出，发展 5G 已成为国际社会的战略共识。5G 将大幅提升移动互联网用户业务体验，满足物联网应用的海量需求，推动移动通信技术产业的重大飞跃，带动芯片、软件等快速发展，并将与工业、交通、医疗等行业深度融合，催生工业互联网、车联网等新业态。

2017 年 11 月 15 日，工业和信息化部发布《关于第五代移动通信系统使用 3300～3600MHz 和 4800～5000MHz 频段相关事宜的通知》，确定 5G 中频频谱，能够兼顾系统覆盖和大容量的基本需求。

2017 年 11 月下旬中国工业和信息化部发布通知，正式启动 5G 技术研发试验第三阶段工作，并力争于 2018 年年底前实现第三阶段试验基本目标。

2017 年 12 月 21 日，在国际电信标准组织 3GPP RAN 第 78 次全体会议上，5G NR 首发版本正式冻结并发布。

2017 年 12 月，发改委发布《关于组织实施 2018 年新一代信息基础设施建设工程的通知》，要求 2018 年将在不少于 5 个城市开展 5G 规模组网试点，每个城市 5G 基站数量不少 50 个、全网 5G 终端不少于 500 个。

2018 年 2 月 27 日，华为在 MWC2018 大展上发布了首款 3GPP 标准 5G 商用芯片巴龙 5G01 和 5G 商用终端，支持全球主流 5G 频段，包括 Sub6GHz（低频）、mmWave（高频），理论上可实现最高 2.3Gbps 的数据下载速率。

2018 年 6 月 13 日，3GPP 5G NR 标准 SA（Standalone，独立组网）方案在 3GPP 第 80 次 TSG RAN 全会正式完成并发布，这标志着首个真正完整意义的国际 5G 标准正式出炉。

2018 年 12 月 1 日，韩国三大运营商 SK、KT 与 LG U+同步在韩国部分地区推出 5G 服务，这也是新一代移动通信服务在全球首次实现商用。第一批应用 5G 服务的地区为首尔、首都圈和韩国六大广域市的市中心，以后将陆续扩大范围。按照计划，韩国智能手机用户于 2019 年 3 月份左右可以使用 5G 服务，于 2020 年下半年可以实现 5G 全覆盖。

2018 年 12 月 10 日，工业和信息化部正式对外公布，已向中国电信、中国移动、中国联通发放了 5G 系统中低频段试验频率使用许可。这意味着各基础电信运营企业开展 5G 系统试验所必须使用的频率资源得到保障，向产业界发出了明确信号，进一步推动我国 5G 产业链的成熟与发展。

3. 部署阶段

2019 年 1 月 25 日，工业和信息化部副部长陈肇雄在第十七届中国企业发展高层论坛上表示，在各方共同努力下，我国 5G 发展取得明显成效，已具备商用的产业基础。

2019 年 4 月 3 日，韩国电信公司（KT）、SK 电讯株式会社以及 LG U+三大韩国电信运营商正式向普通民众开启第五代移动通信（5G）入网服务。

2019 年 4 月 3 日，美国最大电信运营商 Verizon 宣布，即日起在芝加哥和明尼阿波利斯的城市核心地区部署 "5G 超宽带网络"。

2019 年 6 月 6 日，工业和信息化部正式向中国电信、中国移动、中国联通、中国广电发放 5G 商用牌照，中国正式进入 5G 商用元年。

2019 年 10 月，5G 基站正式获得了工业和信息化部入网批准。工业和信息化部颁发了国内首个 5G 无线电通信设备进网许可证，标志着 5G 基站设备将正式接入公用电信商用网络。

2019 年 10 月 31 日，三大运营商公布 5G 商用套餐，并于 11 月 1 日正式上线 5G 商用套餐。2020 年 3 月 24 日，工业和信息化部发布关于推动 5G 加快发展的通知，全力推进 5G 网络建设、应用推广、技术发展和安全保障，特别提出支持基础电信企业以 5G 独立组网为目标加快推进主要城市的网络建设，并向有条件的重点县镇逐步延伸覆盖。

2020 年 6 月 1 日，时任工业和信息化部部长的苗圩在两会 "部长通道" 接受媒体采访时说，2020 年以来 5G 建设加快了速度，虽然疫情发生后，1～3 月份发展受到影响，但各企业正在加大力度，争取把时间赶回来。目前，中国每周增加 1 万多个 5G 基站。4 月份，5G 客户增加了 700 多万户，累计超过 3600 万户。

2020 年 9 月 5 日，工业和信息化部相关领导在中国国际服务贸易交易会举行的数字贸易发展趋势和前沿高峰论坛上表示，当前中国 5G 用户已超过 6000 万，2020 年将推动 5G 大规模商用。

2020 年 12 月 22 日，在此前试验频率基础上，工业和信息化部向中国电信、中国移动、中国联通三家基础电信运营企业颁发 5G 中低频段频率使用许可证，同时许可部分现有 4G 频率资源重耕后用于 5G，加快推动 5G 网络规模部署。

2021 年 2 月 23 日，工业和信息化部副部长刘烈宏出席 2021 年世界移动通信大会（上海），在大会数字领导者闭门会议上，刘烈宏表示，5G 赋能产业数字化发展，是 5G 成功商用的关键。

2021 年 3 月 8 日，在第十三届全国人大四次会议期间，工业和信息化部相关领导表示，我国数字经济发展正大步向前，截至 2020 年年底，我国已累计建成 5G 基站 71.8 万个，"十四五"期间，我国将建成系统完备的 5G 网络，5G 垂直应用的场景将进一步拓展。

2021 年 4 月 19 日，在国新办举行的政策例行吹风会上，工业和信息化部副部长刘烈宏表示，我国已初步建成了全球最大规模的 5G 移动网络。

2021 年 5 月 17 日，工业和信息化部副部长刘烈宏在世界电信和信息社会日大会的演讲中表示，"十四五"是我国 5G 规模化应用的关键期。要加强规划引领，系统化推进 5G 应用发展；夯实产业基础，提升网络供给能力，自此新进网 5G 终端将默认开启 5G 独立组网（SA）功能；要丰富融合应用，拓展重点行业应用，提炼典型应用场景。优化生态环境，进一步加强部门间统筹协调，进一步加强与地方政府协同，进一步增强市场的能动性；要加强国际合作，坚持共商共建共享原则，秉承互利共赢合作理念，加强与各国在 5G 技术、标准、政策、监管等方面的交流合作，打造 5G 高水平开放体系，培育全球化开放合作新生态。

2021 年 7 月 12 日，工业和信息化部、中央网信办、国家发改委等十部门联合印发《5G 应用"扬帆"行动计划（2021—2023 年）》，提出到 2023 年我国 5G 应用发展水平显著提升，综合实力持续增强。要实现 5G 在大型工业企业渗透率达到 35%；每重点行业 5G 示范应用标杆数达到 100 个；5G 物联网终端用户数年均增长率达到 200%三大指标。大力推动 5G 全面协同发展，深入推进 5G 赋能千行百业，促进形成"需求牵引供给，供给创造需求"的高水平发展模式，驱动生产方式、生活方式和治理方式升级，推动 5G 应用"扬帆远航"局面逐步形成。

2021 年 7 月 24—25 日，全国 5G 行业应用规模化发展现场会在广东深圳、东莞召开。会议旨在落实习近平总书记关于"加快 5G 等新型基础设施建设，积极丰富 5G 技术应用场景"的重要指示精神，通过参观工厂、港口、电站，现场感受 5G 应用场景，观看成果展示，以多种形式展示 5G+智能工厂、5G+智能电网、5G+智慧港口等一系列融合创新应用，凸显了 5G 加速助力千行百业数字化转型的重要作用。工业和信息化部相关领导，广东省委副书记、省长马兴瑞出席会议并讲话。会议由工业和信息化部党组成员、副部长刘烈宏主持。工业和信息化部相关领导强调，要深入学习贯彻习近平总书记"七一"重要讲话精神，认真贯彻落实党中央、国务院决策部署，以《5G 应用"扬帆"行动计划（2021—2023 年）》为抓手，把 5G 建设好、发展好、应用好，全力推动 5G 行业应用创新，更好服务经济社会高质量发展。要坚持需求导向，树立一批高水平应用标杆，形成一批成熟的应用解决方案，建设一批行业特色应用集群；坚持问题导向，增强芯片、模组等关键产业环节的供给能力；提升 5G 网络的支撑能力，加强应用安全保障能力；坚持成果导向，加快 5G 应用复制推广，加强跨部门、跨行业、跨领域的协同合作，加快建立产品共同创新、价值共同创造、利益共同分享的市场化合作共赢的发展模式。在实践中推动 5G 应用规模化发展，打造 5G 应用新产品、新业态、新模式，为经济社会各领域的数字转型、智能升级、融合创新提供坚实支撑。

2021 年 9 月 13 日，工业和信息化部相关领导在国新办召开的发布会上说，我国将建成全球最大规模光纤和移动通信网络。5G 基站、终端连接数全球占比分别超过 70%和 80%。5G 产业加快发展，5G 手机产品加速渗透。会上发布的数据显示，2021 年 1 至 8 月，国内 5G 手机出货量达 1.68 亿部，同比增长 80%。

截至 2021 年 9 月底，北京市已建成 5G 基站 4.7 万个，基本实现全市 5G 网络覆盖。

2021 年 11 月 17 日，巴西政府宣布计划于 2029 年实现全国 5G 全覆盖。

2021 年 11 月，北京 5G 终端用户已占比 32.4%，5G 万人基站数为全国第一，基本实现 5G 网五环内和副中心连续覆盖，五环外重点区域精准覆盖。

2021 年第三季度，全球 5G 用户数净增 9800 万。到 2021 年年末，5G 网络覆盖超过 20 亿人。

截至 2021 年 12 月，我国已建成 5G 基站超过 115 万个，占全球 70% 以上，是全球规模最大、技术最先进的 5G 独立组网网络。全国所有地级市城区、超过 97% 的县城城区和 40% 的乡镇镇区实现 5G 网络覆盖；5G 终端用户达到 4.5 亿户，占全球 80% 以上。

2021 年 12 月 24 日，首届"千兆城市"高峰论坛召开，工业和信息化部总工程师韩夏在致辞中表示，截至 2021 年 11 月，5G 基站超过 139.6 万个，5G 网络持续向县城乡镇深化覆盖；5G 手机终端连接数达 4.97 亿户，占移动电话用户总数的 30.3%。

2022 年 1 月 2 日，美国电话电报公司（AT&T）和威瑞森通信公司（Verizon）联合致函美国交通运输部和联邦航空管理局，称将拒绝其提出的延迟推出新 5G 无线服务的请求。

8.2.3　5G 应用场景

1. 工业领域

以 5G 为代表的新一代信息通信技术与工业经济深度融合，为工业乃至产业数字化、网络化、智能化发展提供了新的实现途径。5G 在工业领域的应用涵盖研发设计、生产制造、运营管理及产品服务 4 个大的工业环节，主要包括 16 类应用场景，分别为：AR/VR 研发实验协同、AR/VR 远程协同设计、远程控制、AR 辅助装配、机器视觉、AGV 物流、自动驾驶、超高清视频、设备感知、物料信息采集、环境信息采集、AR 产品需求导入、远程售后、产品状态监测、设备预测性维护、AR/VR 远程培训等。当前，机器视觉、AGV 物流、超高清视频等场景已取得了规模化复制的效果，实现"机器换人"，大幅降低人工成本，有效提高产品检测准确率，达到了生产效率提升的目的。未来，远程控制、设备预测性维护等场景预计将会产生较高的商业价值。

5G 在工业领域丰富的融合应用场景将为工业体系变革带来极大潜力，以实现工业智能化、绿色化发展。"5G+工业互联网"512 工程实施以来，行业应用水平不断提升，从生产外围环节逐步延伸至研发设计、生产制造、质量检测、故障运维、物流运输、安全管理等核心环节，在电子设备制造、装备制造、钢铁、采矿、电力 5 个行业率先发展，培育形成协同研发设计、远程设备操控、设备协同作业、柔性生产制造、现场辅助装配、机器视觉质检、设备故障诊断、厂区智能物流、无人智能巡检、生产现场监测 10 大典型应用场景，助力企业降本提质和安全生产。

2. 车联网与自动驾驶

5G 车联网助力汽车、交通应用服务的智能化升级。5G 网络的大带宽、低时延等特性，支持实现车载 VR 视频通话、实景导航等实时业务。借助于车联网 C-V2X（包含直连通信和 5G 网络通信）的低时延、高可靠和广播传输特性，车辆可实时对外广播自身定位、运行状态等基本安全消息，交通灯或电子标志等可广播交通管理与指示信息，支持实现路口碰撞预警、红绿灯诱导通行等应用，显著提升车辆行驶安全和出行效率，后续还将支持实现更高等级、复杂场景的自动驾驶服务，如远程遥控驾驶、车辆编队行驶等。5G 网络可支持港口岸桥区的自动远程控制、装卸区的自动码货以及港区的车辆无人驾驶应用，显著降低自动导引运输车控制信号的时延以保障无线通信信量与作业可靠性，可使智能理货数据传输系统实现全天候、全流程的实时在线监控。

3. 能源领域

在电力领域，能源电力生产包括发电、输电、变电、配电、用电 5 个环节。目前 5G 在电力领域的应用主要面向输电、变电、配电、用电 4 个环节开展，应用场景主要涵盖了采集监控类业务及实时控制类业务，包括：输电线无人机巡检、变电站机器人巡检、电能质量监测、配电自动化、配网差动保护、分布式能源控制、高级计量、精准负荷控制、电力充电桩等。当前，基于 5G 大带宽特性的移动巡检业务较为成熟，可实现应用复制推广，通过无人机巡检、机器人巡检等新型运维业务的应用，促进监控、作业、安防向智能化、可视化、高清化升级，大幅提升输电线路与变电站的巡检效率；配网差动保护、配电自动化等控制类业务现处于探索验证阶段，未来随着网络安全架构、终端模组等的逐渐成熟，控制类业务将会进入高速发展期，提升配电环节故障定位精准度和处理效率。

在煤矿领域，5G 应用涉及井下生产与安全保障两大部分，应用场景主要包括：作业场所视频监控、环境信息采集、设备数据传输、移动巡检、作业设备远程控制等。当前，煤矿利用 5G 技术实现地面操作中心对井下综采面采煤机、液压支架、掘进机等设备的远程控制，大幅减少了原有线缆维护量及井下作业人员；在井下机电硐室等场景部署 5G 智能巡检机器人，实现机房硐室自动巡检，极大提高检修效率；在井下关键场所部署 5G 超高清摄像头，实现环境与人员的精准实时管控。煤矿利用 5G 技术的智能化改造能够有效减少井下作业人员，降低井下事故发生率，遏制重特大事故发生，实现煤矿的安全生产。当前取得的应用实践经验已逐步开始规模推广。

4. 教育领域

5G 在教育领域的应用主要围绕智慧课堂及智慧校园两方面开展。5G+智慧课堂，凭借 5G 低时延、高速率特性，结合 VR/AR/全息影像等技术，可实现实时传输影像信息，为两地提供全息、互动的教学服务，提升教学体验；5G 智能终端通过 5G 网络收集教学过程中的全场景数据，结合大数据及人工智能技术，可构建学生的学情画像，为教学等提供全面、客观的数据分析，提升教育教学精准度。5G+智慧校园，基于超高清视频的安防监控可为校园提供远程巡考、校园人员管理、学生作息管理、门禁管理等应用，解决校园陌生人进校、危险探测不及时等安全问题，提高校园管理效率和水平；基于 AI 图像分析、GIS（地理信息系统）等技术，可对学生出行、活动、饮食等环节提供全面的安全保障服务，让家长及时了解学生的在校位置及表现，打造安全的学习环境。

5. 医疗领域

5G 通过赋能现有智慧医疗服务体系，提升远程医疗、应急救护等服务能力和管理效率，并催生 5G+远程超声检查、重症监护等新型应用场景。

5G+超高清远程会诊、远程影像诊断、移动医护等应用，在现有智慧医疗服务体系上，叠加 5G 网络能力，极大提升远程会诊、医学影像、电子病历等数据传输速度和服务保障能力。在抗击新冠肺炎疫情期间，解放军总医院联合相关单位快速搭建 5G 远程医疗系统，提供远程超高清视频多学科会诊、远程阅片、床旁远程会诊、远程查房等应用，支援湖北新冠肺炎危重症患者救治，有效缓解抗疫一线医疗资源紧缺问题。

5G+应急救护等应用，在急救人员、救护车、应急指挥中心、医院之间快速构建 5G 应急救援网络，在救护车接到患者的第一时间，将病患体征数据、病情图像、急症病情记录等以毫秒级速度、无损实时传输到医院，帮助院内医生做出正确指导并提前制订抢救方案，实现患者"上车即入院"的愿景。

5G+远程手术、重症监护等治疗类应用，由于其容错率极低，并涉及医疗质量、患者安全、社会伦理等复杂问题，其技术应用的安全性、可靠性需进一步研究和验证，预计短期内难以在医疗领域得到实际应用。

6. 文旅领域

5G 在文旅领域的创新应用将助力文化和旅游行业步入数字化转型的快车道。5G 智慧文旅应用场景主要包括景区管理、游客服务、文博展览、线上演播等环节。5G 智慧景区可实现景区实时监控、安防巡检和应急救援，同时可提供 VR 直播观景、沉浸式导览及 AI 智慧游记等创新体验，大幅提升了景区管理和服务水平，解决了景区同质化发展等痛点问题。5G 智慧文博可支持文物全息展示、5G+VR 文物修复、沉浸式教学等应用，赋能文物数字化发展，深刻阐释文物的多元价值，推动人才团队建设。5G 云演播融合 4K/8K、VR/AR 等技术，实现传统曲目线上线下高清直播，支持多屏多角度沉浸式观赏体验。5G 云演播打破了传统艺术演艺方式，让传统演艺产业焕发了新生。

7. 智慧城市领域

5G 助力智慧城市在安防、巡检、救援等方面提升管理与服务水平。在城市安防监控方面，结合大数据及人工智能技术，5G+超高清视频监控可实现对人脸、行为、特殊物品、车等精确识别，形成对潜在危险的预判能力和紧急事件的快速响应能力；在城市安全巡检方面，5G 结合无人机、无人车、机器人等安防巡检终端，可实现城市立体化智能巡检，提高城市日常巡查的效率；在城市应急救援方面，5G 通信保障车与卫星回传技术可实现建立救援区域海陆空一体化的 5G 网络覆盖。5G+VR/AR 可协助中台应急调度指挥人员直观、及时了解现场情况，更快速、更科学地制订应急救援方案，提高应急救援效率。目前公共安全和社区治安成为城市治理的热点领域，以远程巡检应用为代表的环境监测也将成为城市发展的关注重点。未来，城市全域感知和精细管理成为必然发展趋势，仍需长期持续探索。

8. 信息消费领域

5G 给垂直行业带来变革与创新的同时，也孕育新兴信息产品和服务，改变人们的生活方式。在 5G+云游戏方面，5G 可实现将云端服务器上渲染压缩后的视频和音频传送至用户终端，解决了云端算力下沉与本地计算力不足的问题，解除了游戏优质内容对终端硬件的束缚和依赖，对于消费端成本控制和产业链降本增效起到了积极的推动作用。在 5G+4K/8K VR 直播方面，5G 技术可解决网线组网烦琐、传统无线网络带宽不足、专线开通成本高等问题，可满足大型活动现场海量终端的连接需求，并带给观众超高清、沉浸式的视听体验；5G+多视角视频，可实现同时向用户推送多个独立的视角画面，用户可自行选择视角观看，带来更自由的观看体验。在智慧商业综合体领域，5G+AI 智慧导航、5G+AR 数字景观、5G+VR 电竞娱乐空间、5G+VR/AR 全景直播、5G+VR/AR 导购及互动营销等应用已开始在商圈及购物中心落地应用，并逐步规模化推广。未来随着 5G 网络的全面覆盖以及网络能力的提升，5G+沉浸式云XR、5G+数字孪生等应用场景也将得以实现，让购物消费更具活力。

9. 金融领域

金融科技相关机构正积极推进 5G 在金融领域的应用探索，使应用场景多样化。银行业是5G 在金融领域落地应用的先行军，5G 可为银行提供整体的改造。前台方面，综合运用 5G 及多种新技术，实现智慧网点建设、机器人全程服务客户、远程业务办理等；中后台方面，通过5G 可实现"万物互联"，从而为数据分析和决策提供辅助。除银行业外，证券、保险和其他金融领域也在积极推动"5G+"发展，5G 开创的远程服务等新交互方式为客户带来全方位数字化体验，线上即可完成证券开户审核、保险查勘定损和理赔，使金融服务不断走向便捷化、多元化，带动了金融行业的创新变革。

8.2.4 5G 网络架构和部署特点

1. 无线接入网（RAN）的改进

传统基站，通常包括 BBU（Building Baseband Unit，室内基带处理单元）、RRU（Remote Radio Unit，远端射频模块）、馈线（连接 RRU 和天线）和天线（主要负责线缆上导行波和空气中空间波之间的转换）。最初基站一体化，BBU 和 RRU 被放在一个机房或者一个柜子里，5G 网络 RRU 被放到天线身边，如图 8-1 所示。这样设计大大缩短了 RRU 和天线之间馈线的长度，可以减少信号损耗，也可以降低馈线的成本，让网络规划更加灵活。

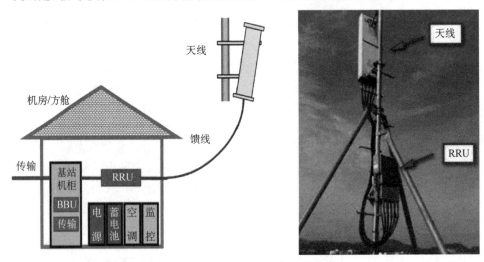

图 8-1　RRU 的放置位置（左边为传统基站，右边为 5G 基站）

2. 集中化无线接入网（C-RAN，Centralized RAN）

集中化无线接入网中 C 的含义有：Centralization 集中化、Cloud 云化、Cooperation 协作、clean 清洁等。5G 技术除了把 RRU 拉远，还把 BBU 集中起来，BBU 变成 BBU 基带池，如图8-2 所示。分散的 BBU 变成 BBU 基带池之后，更强大了，可以统一管理和调度，资源调配更加灵活。另外，拉远之后的 RRU 搭配天线，可以安装在离用户更近距离的位置，发射功率就可以降低了。低的发射功率意味着用户终端电池寿命的延长和无线接入网络功耗的降低。

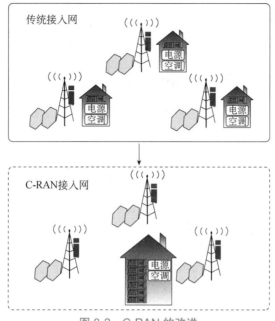

图 8-2　C-RAN 的改进

3. 虚拟基站

在 C-RAN 下，实体基站没有了，变成了虚拟基站。所有的虚拟基站在 BBU 基带池中共享用户的数据收发、信道质量等信息。强化的协作关系，使得联合调度得以实现。小区之间的干扰，就变成了小区之间的协作（CoMP），大幅提高频谱使用效率，也提升了用户感知。

此外，BBU 基带池既然都在 CO（中心机房），那么，就可以对它们进行虚拟化。

虚拟化，就是网元功能虚拟化（NFV）。简单来说，以前 BBU 是专门的硬件设备，非常昂贵，现在找个 X86 服务器，装个虚拟机（Virtual Machines，VM），运行具备 BBU 功能的软件，然后就能当 BBU 用，可以显著降低成本。

4. BBU、RRU 重构

在 5G 网络中，接入网不再由 BBU、RRU、天线组成，而是被重构为 CU+DU+AAU。

CU：Centralized Unit，集中单元。将原 BBU 的非实时部分分割出来，重新定义为 CU，负责处理非实时协议和服务。

DU：Distribute Unit，分布单元。将 BBU 的剩余功能重新定义为 DU，负责处理物理层协议和实时服务。

AAU：Active Antenna Unit，有源天线单元。BBU 的部分物理层处理功能与原 RRU 及无源天线合并为 AAU。

简而言之，CU 和 DU 以处理内容的实时性进行区分，AAU 就是 RRU+天线。

拆分重构后，CU、DU、AAU 可以采取分离或合设的方式，出现多种网络部署形态，如图 8-3 所示。这些部署方式的选择，需要综合考虑多种因素，包括业务的传输需求（如带宽、时延等因素）、建设成本投入、维护难度等。

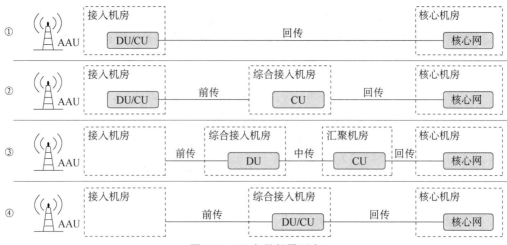

图 8-3　5G 多种部署形态

①与传统 4G 宏站一致，CU 与 DU 一起进行硬件部署，构成 BBU 单元。

②DU 部署在 4G BBU 机房，CU 集中部署。

③DU 集中部署，CU 更高层次集中。

④CU 与 DU 共站集中部署，类似 4G 的 C-RAN 方式。

5. 核心网下沉

EPC（就是 4G 核心网）被分为 New Core（5GC，5G 核心网）和 MEC（移动网络边界计算平台）两部分。MEC 移动到和 CU 一起，就是所谓的"下沉"（离基站更近），如图 8-4 所示。

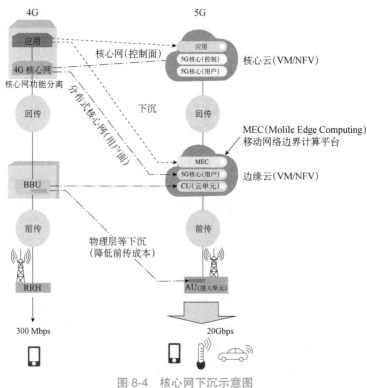

图 8-4　核心网下沉示意图

6. 网络切片

所谓切片，简单来说，就是把一张物理上的网络，按应用场景划分为 *N* 张逻辑网络。不同的逻辑网络，服务于不同场景，如图 8-5 所示。不同的切片，用于不同的场景。网络切片可以优化网络资源分配，实现最大成本效率，满足多元化要求。

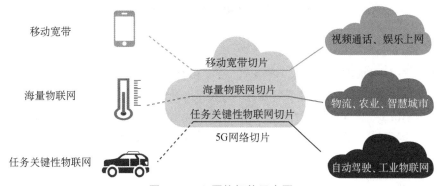

图 8-5 5G 网络切片示意图

7. 承载网的改进

承载网是基础资源，必须先于无线网部署到位。5G 想要满足应用场景的要求，承载网是必须要进行升级改造的。

在 5G 网络中，之所以要进行功能划分、网元下沉，根本原因，就是为了满足不同场景的需要。图 8-3 和图 8-4 中前传、回传等概念说的就是承载网。因为承载网的作用就是把网元的数据传到另外一个网元上。

这里再来具体谈谈前传的工作模式，前传（AAU—DU）有三种工作模式，用于不同场景。

第一种是光纤直连模式，每个 AAU 与 DU 全部采用光纤点到点直连组网，如图 8-6 所示。实现起来很简单，但最大的问题是光纤资源占用很多。随着 5G 基站、载频数量的急剧增加，对光纤的使用量也在激增，所以，光纤资源比较丰富的区域，可以采用此方案。

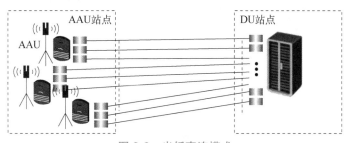

图 8-6 光纤直连模式

第二种是无源 WDM 模式，将彩光模块安装到 AAU 和 DU 上，通过无源设备完成 WDM 功能，利用一对或者一根光纤提供多个 AAU 到 DU 的连接，如图 8-7 所示。采用无源 WDM 模式，虽然节约了光纤资源，但是也存在着运维困难、不易管理、故障定位较难等问题。PS、彩光模块，即光复用传输链路中的光电转换器，也称为 WDM 波分光模块。不同中心波长的光信号在同一根光纤中传输是不会互相干扰的，所以彩光模块实现将不同波长的光信号合成一路传输，大大减少了链路成本。

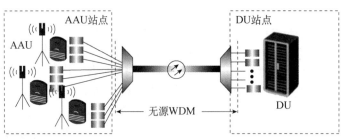

图 8-7　无源 WDM 模式

第三种是有源 WDM/OTN 模式，在 AAU 站点和 DU 机房中配置相应的 WDM/OTN 设备，多个前传信号通过 WDM 技术共享光纤资源，如图 8-8 所示。相比无源 WDM 方案，组网更加灵活（支持点对点和组环网），同时光纤资源消耗并没有增加。PS、OTN（光传送网，Optical Transport Network）是以波分复用技术为基础，在光层面组织网络的传送网，是下一代的骨干传送网。

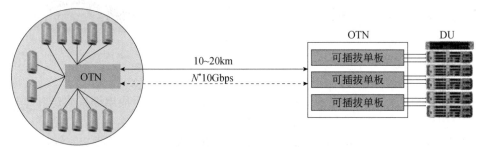

图 8-8　有源 WDM/OTN 模式

8. 核心网的改进

5G 网络逻辑结构彻底改变了。5G 核心网，采用的是 SBA 架构（Service Based Architecture，基于服务的架构）。SBA 架构，基于云原生构架设计，借鉴了 IT 领域的"微服务"理念。把原来具有多个功能的整体，拆分为多个具有独自功能的个体。每个个体，可以实现自己的微服务。有一个明显的外部表现，就是网元大量增加了，除了 UPF（User Plane Function，用户面功能）之外，都是控制面，如图 8-9 所示。图中各网元的含义：AMF 为接入和移动性管理；SMF 为会话管理；UPF 为用户平面功能；UDM 为统一数据管理；PCF 为策略控制功能；AUSF 为认证服务器功能；NEF 为网络能力开放；NSSF 为网络切片选择功能；NRF 为网络注册功能。

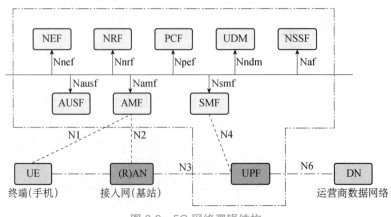

图 8-9　5G 网络逻辑结构

网元看上去很多，实际上，硬件都是在虚拟化平台里面虚拟出来的，这样一来，非常容易扩容、缩容，也非常容易升级、割接，相互之间不会造成太大影响（核心网工程师的福音）。简而言之，5G 核心网的模块化、软件化，就是为了"切片"，为了满足不同场景的需求。比如，在低时延的场景中（例如自动驾驶），核心网的部分功能，就要更靠近用户，放在基站那边，这就是"下沉"。下沉不仅可以保证"低时延"，更能够节约成本，所以，它是 5G 的一个杀手锏。

9. MEC 移动边缘计算

随着移动端新业务需求的不断增加，传统网络架构已经无法满足需求，于是有了基于NFV 和 SDN 技术的云化核心解决方案。云计算成为核心网络架构的演进方向，将所有计算放在云端处理，终端只做输入和输出。

然而随着 5G 的到来，终端数量增多、要求更高的带宽、更低的延迟、更高的密度，于是提出了 MEC（Mobile Edge Computing，移动边缘计算）的概念。在无线侧提供用户所需的服务和云端计算功能的网络架构，用于加速网络中各项应用的下载，让用户享有不间断的高质量网络体验，具备超低时延、超高宽带、实时性强等特性，云计算与边缘计算的对比如图 8-10 所示。

MEC 的主要优势为省时、省力、省流量、简单细致高效，会应用在各个领域。

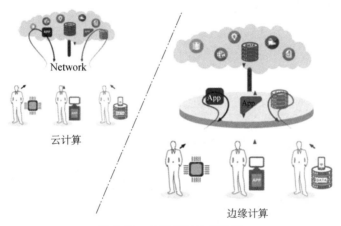

图 8-10　云计算与边缘计算

例如，中兴的 5G MEC 解决方案，把 UPF 下沉到无线侧，和 CU、移动边缘应用（ME App，如视频集成内容 Cache、VR 视频渲染 App）一起部署在运营商 MEC 平台中，就近提供前端服务。例如，直播现场，部署 MEC 平台，可以调取全景摄像头拍摄视频，进行清晰的实时回放，实现低时延、高带宽。又例如，视频监控，视频回传数据量比较大，但大部分画面是静止不动、没有价值的，部署 MEC 平台，可以提前对内容进行分析处理，提取有价值的画面和片段进行上传，价值不高的数据就保存在 MEC 平台的存储器中，极大地节省了传输资源。

任务 8.3　其他现代通信技术

随着社会的不断发展，无线的优点已经逐步显现，如无线通信覆盖范围大，几乎不受地理环境的限制；无线通信可以随时架设，随时增加链路，安装、扩容方便；无线通信可以迅速（数十分钟内）组建起通信链路，实现临时、应急、抗灾通信的目的。而有线通信则有地理的限制、较长的响应时间。无线通信在可靠性、可用性和抗毁性等方面走出了传统的有线通信方式，尤其在一些特殊的地理环境下，无线比有线方便得多。随着无线通信的发展及成熟，无线通信逐渐应用到工业控制、医疗、汽车电子、抢险救灾等领域。蓝牙、Wi-Fi、ZigBee、射频识别、卫星通信、光纤通信等现代通信技术，都有着广泛的应用。

任务描述

相信很多同学或多或少都使用过或了解过蓝牙、Wi-Fi、ZigBee、射频识别、卫星通信、光纤通信等现代通信技术。那么这些无线通信技术之间有什么区别？分别应用在哪些场景？它们都有什么特点？针对这些问题，我们将在本任务为大家做详细阐述。

任务分析

本任务带领大家一起学习蓝牙、Wi-Fi、ZigBee、射频识别、卫星通信、光纤通信等技术的特点、应用场景等内容。

任务实施

8.3.1　蓝牙技术

1. 技术简介

蓝牙协议是由爱立信公司创造并于 1999 年 5 月 20 日与其他业界领先开发商一同制定的蓝牙技术标准，最终将此种无线通信技术命名为蓝牙。蓝牙技术是一种可使电子设备在 10～100 m 的空间范围内建立网络连接并进行数据传输或者语音通话的无线通信技术。

2012 年，蓝牙技术联盟（Bluetooth Special Interest Group，SIG）宣布蓝牙 4.0 版本正式问世，且制定了技术标准并开始了认证计划。蓝牙 4.0 在保持 3.0+HS 高速传输技术的基础上又加入了某开发商力推的 Wibree 低功耗传输技术。

蓝牙 4.0 是 IEEE 802.15.1 传统蓝牙、IEEE 802.11 物理层和 MAC 层以及 Wibree 的结合体，和大家传统认识中只适用于 WPAN 的蓝牙有着天壤之别，在未来几年蓝牙会持续这几年的发展趋势进入一个应用狂潮。

蓝牙 4.0 最大的突破和技术特点便是沿用 Wibree 的低功耗传输，它采用简单的 GFSK 调制因而有着极低的运行和待机功耗，即使只是一颗纽扣电池也可支持设备工作几年以上。

蓝牙 4.0 的网络拓扑与 ZigBee 的星形拓扑相比来得简单且传输速率是 ZigBee 的几倍以上，在传输距离上相对 NFC 又有较大优势，加之它在手机与音频领域的广泛应用，作为一个问世不久的新技术，它对 ZigBee 和 NFC 的威胁力度却不容忽视，未来发展不可限量。

2. 技术特点

1）蓝牙技术的优点

（1）功耗低且传输速率快。蓝牙的短数据封包特性是其低功耗技术特点的根本，传输速率可达到 1Mbps，且所有连接均采用先进的嗅探性次额定功能模式以实现超低的负载循环。

（2）建立连接的时间短。蓝牙从用应用程序打开到建立连接只需要短短的 3ms，同时能以数毫秒的传输速度完成经认可的数据传递并立即关闭连接。

（3）稳定性好。蓝牙低功耗技术使用 24 位的循环重复检环（CRC），能确保所有封包在受干扰时的最大稳定度。

（4）安全度高。CCM 的 AES-128 完全加密技术为数据封包提供高度加密性及认证度。

2）蓝牙技术的缺点

（1）数据传输的大小受限。高速跳频使得蓝牙传输信息时有极高的安全性，但同时也限制了蓝牙传输过程中，数据包不可能太大。即使在所谓的高保真蓝牙耳机中，高低频部分也是会被严重压缩的。

（2）设备连接数量少。相对于 Wi-Fi 与 ZigBee，蓝牙连接设备能力确实较差，理论上可连接 8 台设备，实际上也就只能做到 6～7 个设备连接。

（3）蓝牙设备的单一连接性。假设用 A 手机连接了一个蓝牙设备，那么 B 手机是连接不上它的，一定要与此蓝牙设备之间的握手协议断开，B 手机才能连接上它。

3. 应用场景

从最初的传输数据使得蓝牙技术在手机上广泛运用，到后来蓝牙耳机和蓝牙无线鼠标的风靡，再到时下最流行的蓝牙智能家居系统，蓝牙对人们生活产生的便利不言而喻。凭借着它在电子产品中的高配置比，人们对蓝牙新产品的接受程度会高于 ZigBee、NFC 等产品。电子窗帘、吸尘器机器人、抽油烟机、智能穿戴产品等，低功耗的蓝牙 4.0 将有更大的应用市场。

8.3.2　Wi-Fi 技术

1. 技术简介

Wi-Fi（Wireless Fidelity，无线保真技术）是 IEEE 802.11 的简称，是一种可支持数据、图像、语音和多媒体且输出速率高达 54Mbps 的短程无线传输技术，在几百米的范围内可让互联网接入者接收到无线电信号。Wi-Fi 的首版于 1997 年问世，当时定义了物理层和介质访问接入控制层（MAC 层），并在规定了无线局域网的基本传输介质和网络结构的同时，规范了介质访问层（MAC）的特性和物理层（PHY），其中物理层采用的是 FSSS（调频扩频）技术、红外技术和 DSSS（直接序列扩频）技术。在 1999 年 IEEE 又新增了 IEEE 802.11g 和 IEEE 802.11a 标准进行完善。

目前我们用到的 Wi-Fi 大多基于 IEEE 802.11n 无线标准，数据传输速率达到 300Mbps，吞吐量接近 100Mbps 到 150Mbps。但是 802.11n 正逐步退出互联网舞台，新的 802.11ac 标准正强势杀入 Wi-Fi 技术市场，应用新标准的 Wi-Fi，传输率将增加 10 倍。

802.11ac Wi-Fi 技术的理论传输率虽已达 Gbps 的境界，但此数据指的其实是整体 Wi-Fi 网络容量，实际上个别 Wi-Fi 装置所分配到的频宽，很少能达到此水准。因此，IEEE 制定 802.11ax 的目标，即着重在改善个别装置的联网效能表现，尤其是在同一 Wi-Fi 网络环境中，同时有许多使用者连接的情况下。

2. 技术特点

（1）传输范围广。Wi-Fi 的电波覆盖范围半径高达 100 m，甚至连整栋大楼都可以覆盖，相对于半径只有 15m 的蓝牙，优势相当明显。

（2）传输速度快。高达 Gbps 的传输速率使得 Wi-Fi 的用户可以随时随地接收网络，并可快速地享受到类似于网络游戏、视频点播（VOD）、远程教育、网上证券、远程医疗、视频会议等一系列宽带信息增值服务。在这飞速发展的信息时代，速度还在不断提升的 Wi-Fi 必能满足社会与个人信息化发展的需求。

（3）健康安全。Wi-Fi 设备在 IEEE 802.11 的规定下发射功率不能超过 100 mW，而实际的发射功率可能也就在 60～70 mW。与类似的通信设备相比，手机发射功率约在 200 mW～1 W，而手持式对讲机更是高达 5 W，相对于这两者 Wi-Fi 产品的辐射更小。

（4）普及应用度高。现今配置 Wi-Fi 的电子设备越来越多，手机、笔记本电脑、平板电脑、MP4 等几乎都将 Wi-Fi 列入了它们的主流标准配置。

3. 应用场景

（1）网络媒体。由于无线网络的频段在世界范围内是无须任何电信运营执照的，因此 WLAN 无线设备提供了一个世界范围内可以使用的、费用极其低廉且数据带宽极高的无线空中接口。用户可以在 Wi-Fi 覆盖区域内快速浏览网页，随时随地接听和拨打电话。而其他一些基于 WLAN 的宽带数据应用，如流媒体、网络游戏等功能更值得用户期待。有了 Wi-Fi 功能，我们打长途电话（包括国际长途）、浏览网页、收发电子邮件、音乐下载、数码照片传递等，再无须担心速度慢和花费高的问题。Wi-Fi 技术与蓝牙技术一样，同属于在办公室和家庭中使用的短距离无线技术。

（2）掌上设备。无线网络在掌上设备上的应用越来越广泛，而智能手机就是其中的一分子。与早前应用于手机上的蓝牙技术不同，Wi-Fi 具有更广的覆盖范围和更高的传输速率，因此 Wi-Fi 手机成了 2010 年移动通信业界的时尚潮流。

（3）日常休闲。近年来无线网络的覆盖范围在国内逐渐扩大，高级宾馆、豪华住宅区、飞机场以及咖啡厅之类的区域都有 Wi-Fi 接口。当我们去旅游、办公时，就可以在这些场所使用我们的掌上设备尽情网上冲浪了。厂商只要在机场、车站、咖啡店、图书馆等人员较密集的地方设置"热点"，并通过高速线路将因特网接入上述场所。"热点"所发射出的电波可以达到距接入点半径数 10 米至 100 米的地方，用户只要将支持 Wi-Fi 的笔记本电脑、平板电脑、手机等拿到该区域内，即可高速接入因特网。

在家也可以买无线路由器设置局域网，然后就可以痛痛快快地无线上网了。

无线网络的规模商业化应用，在世界范围内罕见成功先例。问题集中在两个方面：一是大型运营商对这一模式的不认可；二是本身缺乏有效的商业模式。但基于无线网络技术的无线局域网已经日趋普及，这意味将来可以十分方便地应用。一旦存在 Wi-Fi 网络的公众场合，解决了运营商的互联互通、高收费、漫游性的问题，Wi-Fi 将从一个成功的技术转化为成功的商业。

8.3.3　ZigBee 技术

1. 技术简介

ZigBee 是 IEEE 802.15.4 协议的简称，它来源于蜜蜂的八字舞，蜜蜂（Bee）是通过飞翔和"嗡嗡"（Zig）抖动翅膀的"舞蹈"来与同伴传递花粉所在方位信息的，而 ZigBee 协议的方式特点与其类似，便更名为 ZigBee。ZigBee 主要适合用于自动控制和远程控制领域，可以嵌入各种设备，其特点是传播距离近、低功耗、低成本、低数据速率、可自组网、协议简单。

2. 技术特点

（1）功耗低。对比蓝牙与 Wi-Fi，ZigBee 在相同的电量下（两节五号电池）可支持设备使用六个月至两年左右的时间，而蓝牙只能工作几周，Wi-Fi 仅能工作几小时。

（2）成本低。ZigBee 专利费免收，传输速率较小且协议简单，大大降低了 ZigBee 设备的成本。

（3）掉线率低。由于 ZigBee 具有避免碰撞机制，且同时为通信业务的固定带宽预留了专用的时间空隙，使得在数据传输时不会发生竞争和冲突；可自组网的功能让其每个节点模块之间都能建立起联系，接收到的信息可通过每个节点模块间的线路进行传输，使得 ZigBee 传输信息的可靠性大大提高了，几乎可以认为是不会掉线的。

（4）组网能力强。ZigBee 的组网能力超群，建立的每个网络有 60000 个节点。

（5）安全保密。ZigBee 提供了一套基于 128 位 AES 算法的安全类和软件，并集成了 IEEE 802.15.4 的安全元素。

（6）灵活的工作频段。2.4GHz、868 MHz 及 915 MHz 的使用频段均为免执照频段。

（7）传播距离近。在不使用功率放大器的情况下，一般 ZigBee 的有效传播距离一般在 10～75m，主要适用于一些小型的区域，例如，家庭和办公场所。但若在牺牲掉其低掉线率的优点的前提下，将节点模块作为接收端也作为发射端，便可实现较长距离的信息传输。

（8）数据信息传输速率低。处于 2.4 GHz 的频段时，ZigBee 也只有 250 Kbps 的传播速度，而且这单单是链路上的速率而不包含帧头开销、信道竞争、应答和重传，去除掉这些后实际可应用的速率会低于 100 Kbps，在多个节点运行多个应用时速率还要被它们分享掉。

（9）会有延时性。ZigBee 在随机接入 MAC 层的同时不支持时分复用的信道接入方式，因此在支持一些实时的应用时会因为发送多跳和冲突而产生延时。

3. 应用场景

基于 ZigBee 技术的传感器网络应用非常广泛，可以帮助人们更好地实现生活梦想。ZigBee 技术应用包括智能家庭、工业控制、自动抄表、医疗监护、传感器网络应用、无线点餐系统和智能交通控制系统。

（1）智能家庭：家里可能都有很多电器和电子设备，如电灯、电视机、冰箱、洗衣机、电脑、空调等，可能还有烟雾感应、报警器和摄像头等，以前我们最多可能就做到点对点的控制，但如果使用了 ZigBee 技术，就可以把这些电子电器设备都联系起来，组成一个网络，甚至可以通过网关连接到 Internet，这样用户就可以方便地在任何地方监控自己家里的情况，并且省却了在家里布线的烦恼。

（2）医疗监护：电子医疗监护是最近的一个研究热点。在人体身上安装很多传感器，如测量脉搏、血压，监测健康状况；还有在人体周围环境放置一些监视器和报警器，如在病房环境，这样可以随时对病人的身体状况进行监测，一旦发生问题，可以及时做出反应，比如通知医院的值班人员。这些传感器、监视器和报警器，可以通过 ZigBee 技术组成一个监测的网络，由于采用的是无线技术，因此传感器之间不需要有线连接，被监护的人也可以比较自由地行动，非常方便。

（3）传感器网络应用：传感器网络也是最近的一个研究热点，在货物跟踪、建筑物监测、环境保护等方面都有很好的应用前景。传感器网络要求节点低成本、低功耗，并且能够自动组网、易于维护、可靠性高。ZigBee 在组网和低功耗方面的优势使得它成为传感器网络应用的一个很好的技术选择。

（4）无线点餐系统：餐厅 ZigBee 无线节点网络，通过在餐厅、吧台、厨房、收银台、处理中心部署 ZigBee 节点设备以构成完整的无线通信网络，实现了信息处理的自动化：服务员通过手持的点餐终端处理用户的点单，用户订单通过终端和大厅内的 ZigBee 网络自动上传到厨房和收银台。无线通信系统的 ZigBee 中心节点、无线 ZigBee 路由和无线点餐终端，构成一个蜂窝状的通信网络，任何一个节点以多调方式实现通信。其中任何一个 ZigBee 路由器，负责与中心网络的连接和数据中继转发；所有的 ZigBee 路由器组成一个蜂窝网状网络，与 ZigBee 中心节点连接，中心节点设置在总服务台，构建成一个完整的 ZigBee 无线网络，是一个通信非常可靠的网络结构。

（5）智能交通控制系统：采用 ZigBee 和太阳能结合的无线控制系统，无须挖路布设控制线路，各设备之间实现无线自动组网连接，既降低了系统安装成本，更重要的是避免了传统安装方式对交通干扰所带来的经济损失，而且也避免了由于城市快速发展、道路拓展等变化对原有预埋管线的干扰。

（6）工业控制：工厂环境当中有大量的传感器和控制器，可以利用 ZigBee 技术把它们连接成一个网络进行监控，加强作业管理，降低成本。

（7）自动抄表：抄表可能是大家比较熟悉的事情，像煤气表、电表、水表等，每个月或每个季度可能都要统计一下读数，报给煤气、电力或者供水公司，然后根据读数来收费。现在在大多数地方还使用人工的方式来进行抄表，逐家逐户敲门，很不方便。而 ZigBee 可以用于这个领域，利用传感器把表的读数转化为数字信号，通过 ZigBee 网络把读数直接发送到提供煤气或水电的公司。使用 ZigBee 进行抄表还可以带来其他好处，比如煤气或水电公司可以直接把一些信息发送给用户，或者和节能措施相结合，当发现能源使用过快的时候可以自动降低使用速度。

8.3.4 射频识别技术

1. 技术简介

无线射频识别即射频识别技术（Radio Frequency Identification，RFID），是自动识别技术的一种。通过无线射频方式进行非接触双向数据通信，利用无线射频方式对记录媒体（电子标签或射频卡）进行读写，从而达到识别目标和数据交换的目的，射频识别技术被认为是 21 世纪最具发展潜力的信息技术之一。

无线射频识别技术通过无线电波不接触快速信息交换和存储技术，通过无线通信结合数据访问技术，然后连接数据库系统，加以实现非接触式的双向通信，从而达到了识别的目的，用于数据交换，串联起一个极其复杂的系统。在识别系统中，通过电磁波实现电子标签的读写与通信。根据通信距离，射频识别技术可分为近场和远场，为此，读/写设备和电子标签之间的数据交换方式也对应地被分为负载调制和反向散射调制。

2. 技术特点

（1）适用性：RFID 技术依靠电磁波，并不需要连接双方的物理接触。这使得它能够无视尘、雾、塑料、纸张、木材及各种障碍物建立连接，直接完成通信。

（2）高效性：RFID 系统的读写速度极快，一次典型的 RFID 传输过程通常不到 100 ms。高频段的 RFID 阅读器甚至可以同时识别、读取多个标签的内容，极大地提高了信息传输效率。

（3）独一性：每个 RFID 标签都是独一无二的，通过 RFID 标签与产品的一一对应关系，可以清楚地跟踪每一件产品的后续流通情况。

（4）简易性：RFID 标签结构简单、识别速率高、所需读取设备简单。尤其是随着 NFC 技术在智能手机上逐渐普及，每个用户的手机都将成为最简单的 RFID 阅读器。

3. 应用场景

（1）物流。物流仓储是 RFID 最有潜力的应用领域之一，UPS、DHL、FeDex 等国际物流巨头企业都在积极实验 RFID 技术，以期在将来大规模应用以提升其物流能力。可应用的过程包括：物流过程中的货物追踪、信息自动采集、仓储管理应用、港口应用、邮政包裹、快递等。

（2）交通。出租车管理、公交车枢纽管理、铁路机车识别等，已有不少较为成功的案例。

（3）身份识别。RFID 技术由于具有快速读取与难伪造性，所以被广泛应用于个人的身份识别证件中，如开展的电子护照项目、我国的第二代身份证、学生证等其他各种电子证件。

（4）防伪。RFID 具有很难伪造的特性，但是如何应用于防伪还需要政府和企业的积极推广。可以应用的领域包括贵重物品（烟、酒、药品）的防伪和票证的防伪等。

（5）资产管理。可应用于各类资产的管理，包括贵重物品、数量大相似性高的物品或危险品等。随着标签价格的降低，RFID 几乎可以管理所有的物品。

（6）食品。可应用于水果、蔬菜、生鲜、食品等管理。该领域的应用需要在标签的设计及应用模式上有所创新。

（7）信息统计。射频识别技术的运用，使信息统计变成了一件既简单又快速的工作。由档案信息化管理平台的查询软件传出统计清查信号，阅读器迅速读取馆藏档案的数据信息和相关储位信息，并智能返回所获取的信息和中心信息库内的信息进行校对。针对无法匹配的档案，由管理者用阅读器展开现场核实，调整系统信息和现场信息，进而完成信息统计工作。

（8）查阅应用。在查询档案信息时，档案管理者借助查询管理平台找出档号，系统按照档号在中心信息库内读取数据资料，核实后，传出档案出库信号，储位管理平台的档案智能识别功能模块会结合档号对应相关储位编号，找出该档案保存的具体位置。管理者传出档案出库信号后，储位点上的指示灯立即亮起。资料出库时，射频识别阅读器将获取的信息反馈至管理平台，管理者再次核实，对出库档案和所查档案核查相同后出库。同时，系统将记录信息出库时间。若反馈档案和查询档案不相符，则安全管理平台内的警报模块就会传输异常预警。

（9）安全控制。安全控制系统能实现对档案馆的及时监控和异常报警等功能，以避免档案被毁、失窃等。档案在被借阅归还时，特别是实物档案，常常用作展览、评价检查等，管理者对归还的档案仔细检查，并和档案借出以前的信息进行核实，能及时发现档案是否受损、缺失等。

8.3.5　卫星通信技术

1. 技术简介

卫星通信技术（Satellite Communication Technology）是一种利用人造地球卫星作为中继站来转发无线电波而进行的两个或多个地球站之间的通信。自 20 世纪 90 年代以来，卫星移动通信的迅猛发展推动了天线技术的进步。卫星通信具有覆盖范围广、通信容量大、传输质量好、组网方便迅速、便于实现全球无缝链接等众多优点，被认为是建立全球个人通信必不可少的一种重要手段。

2. 技术特点

（1）卫星通信覆盖区域大，通信距离远。因为卫星距离地面很远，一颗地球同步卫星便可覆盖地球表面的 1/3，因此，利用 3 颗适当分布的地球同步卫星即可实现除两极以外的全球通信。卫星通信是远距离越洋电话和电视广播的主要手段。

（2）卫星通信具有多址联接功能。卫星所覆盖区域内的所有地球站都能利用同一卫星进行相互间的通信，即多址联接。

（3）卫星通信频段宽，容量大。卫星通信采用微波频段，每个卫星上可设置多个转发器，故通信容量很大。

（4）卫星通信机动灵活。地球站的建立不受地理条件的限制，可建在边远地区、岛屿、汽车、飞机和舰艇上。

（5）卫星通信质量好，可靠性高。卫星通信的电波主要在自由空间传播，噪声小、通信质量好。就可靠性而言，卫星通信的正常运转率达 99.8% 以上。

（6）卫星通信的成本与距离无关。地面微波中继系统或电缆载波系统的建设投资和维护费用都随距离的增加而增加，而卫星通信的地球站至卫星转发器之间并不需要线路投资，因此，其成本与距离无关。

（7）传输时延大。在地球同步卫星通信系统中，通信站到同步卫星的距离最大可达40000km，电磁波以光速（3×10^8m/s）传输，这样，路经地球站→卫星→地球站（称为一个单跳）的传播时间约需 0.27s。利用卫星通信打电话的话，由于两个站的用户都要经过卫星，因此，打电话者要听到对方的回答必须额外等待 0.54s。

（8）回声效应。在卫星通信中，由于电波来回转播需 0.54s，因此产生了讲话之后的"回声效应"。为了消除这一干扰，卫星电话通信系统中增加了一些设备，专门用于消除或抑制回声干扰。

（9）存在通信盲区。把地球同步卫星作为通信卫星时，由于地球两极附近区域"看不见"卫星，因此不能利用地球同步卫星实现对地球两极的通信。

（10）存在日凌中断、星蚀和雨衰现象。

3. 应用场景

卫星通信应用在电视、电话、传真、电报等场合。

卫星通信的应用领域不断扩大，除金融、证券、邮电、气象、地震等部门外，远程教育、远程医疗、应急救灾、应急通信、应急电视广播、海陆空导航、连接互联网的网络电话、电视等将会广泛应用。

8.3.6　光纤通信技术

1. 技术简介

微细的光纤封装在塑料护套中，使得它能够弯曲而不至于断裂。通常，光纤一端的发射装置使用发光二极管（Light Emitting Diode，LED）或一束激光将光脉冲传送至光纤，光纤另一端的接收装置使用光敏元件检测脉冲。

在日常生活中，由于光在光导纤维的传导损耗比电在电线传导的损耗低得多，因此光纤被用作长距离的信息传递。

通常光纤与光缆两个名词会被混淆。多数光纤在使用前必须由几层保护结构包覆，包覆后的缆线即被称为光缆。光纤外层的保护层和绝缘层可防止周围环境对光纤造成伤害，如水、火、电击等。

光缆分为缆皮、芳纶丝、缓冲层和光纤。光纤和同轴电缆相似，只是没有网状屏蔽层。其中心是光传播的玻璃芯。

在多模光纤中，芯的直径有 50μm 和 62.5μm 两种，大致与人的头发的粗细相当。而单模光纤芯的直径为 8～10μm，常用的是 9/125μm。芯外面包围着一层折射率比芯低的玻璃封套，俗称包层，包层使得光线保持在芯内。再外面是一层薄的塑料外套，即涂覆层，用来保护包层。光纤通常被扎成束，外面有外壳保护。纤芯通常是由石英玻璃制成的横截面积很小的双层同心圆柱体，它质地脆、易断裂，因此需要外加一保护层。

2. 技术特点

（1）频带宽。频带的宽窄代表传输容量的大小。载波的频率越高，可以传输信号的频带宽度就越大。在 VHF 频段，载波频率为 48.5～300MHz，带宽约 250MHz，只能传输 27 套电视和几十套调频广播。可见光的频率达 100000GHz，比 VHF 频段高出一百多万倍。尽管由于光纤对不同频率的光有不同的损耗，使频带宽度受到影响，但在最低损耗区的频带宽度也可达 30000GHz。单个光源的带宽只占了其中很小的一部分（多模光纤的频带约数百兆赫，好的单模光纤可达 10GHz 以上），采用先进的相干光通信可以在 30000GHz 范围内安排 2000 个光载波，进行波分复用，可以容纳上百万个频道。

（2）损耗低。在同轴电缆组成的系统中，最好的电缆在传输 800MHz 信号时，每千米的损耗都在 40dB 以上。相比之下，光导纤维的损耗则要小得多，传输 1.31μm 的光，每千米损耗在 0.35dB 以下，若传输 1.55μm 的光，每千米损耗更小，可达 0.2dB 以下。这就比同轴电缆的功率损耗要小一亿倍，使其能传输的距离要远得多。

此外，光纤传输损耗还有两个特点：

一是在全部有线电视频道内具有相同的损耗，不需要像电缆干线那样必须引入均衡器进行均衡。

二是其损耗几乎不随温度而变化，不用担心因环境温度变化而造成干线电平的波动。

（3）重量轻。因为光纤非常细，单模光纤芯线直径一般为 4～10μm，外径也只有 125μm，加上防水层、加强筋、护套等，用 4～48 根光纤组成的光缆直径还不到 13mm，比标准同轴电缆的直径 47mm 要小得多，加上光纤是玻璃纤维的，比重小，使它具有直径小、重量轻的特点，安装十分方便。

（4）抗干扰能力强。因为光纤的基本成分是石英，只传光，不导电，不受电磁场的作用，在其中传输的光信号不受电磁场的影响，故光纤传输对电磁干扰、工业干扰有很强的抵御能力。也正因为如此，在光纤中传输的信号不易被窃听，因而利于保密。

（5）保真度高。因为光纤传输一般不需要中继放大，不会因为放大引入新的非线性而失真。只要激光器的线性好，就可高保真地传输电视信号。实际测试表明，好的调幅光纤系统的载波组合三次差拍比 C/CTB 在 70dB 以上，交调指标 cM 也在 60dB 以上，远高于一般电缆干线系统的非线性失真指标。

（6）工作性能可靠。我们知道，一个系统的可靠性与组成该系统的设备数量有关。设备越多，发生故障的机会越大。因为光纤系统包含的设备数量少（不像电缆系统那样需要几十个放大器），可靠性自然也就高，加上光纤设备的寿命都很长，无故障工作时间达 50 万～75 万小时，其中寿命最短的是光发射机中的激光器，最低寿命也在 10 万小时以上。故一个设计良好、正确安装调试的光纤系统的工作性能是非常可靠的。

（7）成本不断下降。有人提出了新摩尔定律，也叫作光学定律（Optical Law）。该定律指出，光纤传输信息的带宽，每 6 个月增加 1 倍，而价格降低 1 倍。光通信技术的发展，为 Internet 宽带技术的发展奠定了非常好的基础。这就为大型有线电视系统采用光纤传输方式扫清了最后一个障碍。由于制作光纤的材料（石英）来源十分丰富，随着技术的进步，成本还会进一步降低；而电缆所需的铜原料有限，价格会越来越高。显然，今后光纤传输将占绝对优势，成为建立全省，乃至全国有线电视网的最主要传输手段。

3. 应用场景

1）通信应用

光导纤维可以用在通信技术里。多模光导纤维做成的光缆可用于通信，它的传导性能良好，传输信息容量大，一条通路可同时容纳数十人通话，可以同时传送数十套电视节目，供观众自由选看。

利用光导纤维进行的通信叫光纤通信。一对金属电话线至多只能同时传送一千多路电话，而根据理论计算，一对细如蛛丝的光导纤维可以同时通一百亿路电话！铺设 1000 千米的同轴电缆大约需要 500 吨铜，改用光纤通信只需几千克石英就可以了。

2）医学应用

光导纤维内窥镜可导入心脏和脑室，测量心脏中的血压、血液中氧的饱和度、体温等。用光导纤维连接的激光手术刀已在临床应用，并可用作光敏法治癌。

另外，利用光导纤维制成的内窥镜，可以帮助医生检查胃、食道、十二指肠等部位的疾病。光导纤维胃镜是由上千根玻璃纤维组成的软管，它既有输送光线、传导图像的功能，又有柔软、灵活、可以任意弯曲等优点，可以通过食道插入胃里。光导纤维把胃里的图像传出来，医生就可以窥见胃里的情形，然后根据情况进行诊断和治疗。

3）传感器应用

光导纤维可以把阳光送到各个角落，还可以进行机械加工。计算机、机器人、汽车配电盘等也已成功地用光导纤维传输光源或图像，如与敏感元件组合或利用本身的特性，可以将它做成各种传感器，测量压力、流量、温度、位移、光泽和颜色等。它在能量传输和信息传输方面也获得广泛的应用。

4）艺术应用

由于光纤具有良好的物理特性，因此光纤照明和 LED 照明在艺术装修美化中得到越来越广泛的应用。

本章小结与课程思政

本章介绍了现代通信技术的发展历程及发展趋势；5G 的应用场景、基本特点和关键技术，5G 网络架构和部署特点；蓝牙、Wi-Fi、ZigBee、射频识别、卫星通信、光纤通信等现代通信技术的特点和应用场景。通过本章的学习，同学们对现代通信技术有了一定的了解，对进一步学习其他相关课程打下一定的基础。本章的内容以识记了解为主，并不要求同学掌握某一项技术，但应对现代通信技术有一个全面的了解。

我国在 5G 技术的研发上处于世界领先地位，我国已建成 5G 基站超过 115 万个，占全球 70%以上，拥有全球规模最大、技术最先进的 5G 独立组网网络；5G 终端用户达到 4.5 亿户，占全球 80%以上。相信在中国共产党的领导下，中国在现代通信技术方面一定会取得越来越瞩目的发展成就。

思考与训练

1. 填空题

（1）现代通信技术涉及领域广泛，跨越电子与计算机行业，所涉及知识也相对比较复杂，主要涵盖了_____、_____、_____三个学科方面的知识。

（2）第五代移动通信技术（简称 5G）是具有_____、_____和_____特点的新一代移动通信技术。

（3）蓝牙技术的优点有_____、_____、_____、_____。

（4）国际电信联盟（ITU）定义了 5G 的三大类应用场景，即_____、_____、_____。

（5）第一届全球 5G 大会在_____举行。

（6）_____被誉为"光纤之父"。

2. 选择题

（1）现代通信技术不包括哪项技术？（　　　）

A．光纤通信技术　　　　　　　　　　B．5G 技术

C．卫星技术　　　　　　　　　　　　D．计算机技术

（2）下列哪一项不是现代通信技术的特点？（　　　）

A．通信数字化　　　　　　　　　　　B．通信容量大

C．多元化　　　　　　　　　　　　　D．通信计算机化

（3）下列哪一项不是第五代移动通信技术（5G）的特点？（　　　）

A．高速率　　　　　　　　　　　　　B．低时延

C．大连接　　　　　　　　　　　　　D．全方位

（4）截至 2022 年 1 月，世界上 5G 覆盖率最高的国家是（　　　）。

A．中国　　　　　　　　　　　　　　B．美国

C．英国　　　　　　　　　　　　　　D．韩国

（5）在 5G 技术中，集中化无线接入网 C-RAN，C 的含义不正确的是（　　　）。

A．centralization 集中化　　　　　　　B．cloud 云化

C．cooperation 协作　　　　　　　　　D．complicated 复杂化

（6）下列哪一项不是移动边缘计算 MEC 具备的特性？（　　　）

A．超低时延　　　　　　　　　　　　B．实时性强

C．超高宽带　　　　　　　　　　　　D．计算集中化

3．思考题

（1）现代通信技术的发展趋势是什么？

（2）什么是边缘计算？

（3）试比较蓝牙、Wi-Fi、ZigBee 三种技术的优缺点和应用领域。

（4）什么是 5G 技术？

第9章　物联网

物联网作为一种新兴的网络技术，得到了人们广泛的关注，被称为继计算机、互联网之后，世界信息产业的第三次浪潮。

本章将和同学们一起走进神通广大的物联网世界。

学习目标

◆ 了解物联网的概念、应用领域和发展趋势。

◆ 了解物联网和其他技术的融合，如物联网与 5G 技术、物联网与人工智能技术等。

◆ 熟悉物联网感知层、网络层和应用层的三层体系结构，了解每层在物联网中的作用。

◆ 熟悉物联网感知层关键技术，包括传感器、自动识别、智能设备等。

◆ 熟悉物联网网络层关键技术，包括无线通信网络、无线传感器网络、近距离通信、IPv6 技术等。

◆ 熟悉物联网应用层关键技术，包括中间件、应用系统等。

◆ 了解阿里巴巴推出的物联网操作系统 AliOS Things，了解我国科技公司在物联网方面取得的成就。

任务 9.1　物联网基础知识

物联网是指通过信息传感设备，按约定的协议，将物体与网络相连接，物体通过信息传播媒介进行信息交换和通信，实现智能化识别、定位、跟踪、监管等功能的技术。物联网是继计算机、互联网和移动通信之后的新一轮信息技术革命。

任务描述

随着科学技术和网络技术的发展，如今几乎可以说是万物联网时代。物联网技术，可以使产品变得更加智能化，如从共享单车、智能社区到智能物流、车联网、智慧工业、智能穿戴、智慧农业、智能城市、智能家居……目前基本上每个领域都已经涉及了物联网技术，可以毫不夸张地讲，所有行业都和物联网有关联。那么什么是物联网？物联网是怎么组成的？物联网和 5G 等新技术有什么关系？

任务分析

本任务带领大家一起学习物联网相关基础知识，包括了解物联网的概念、应用领域和发展趋势等基本问题，以及了解物联网与 5G 技术、人工智能技术是如何融合发展的。

任务实施

9.1.1 物联网的基础知识

1. 物联网的概念

物联网（Internet of Things，IoT）即"万物相连的互联网"，是在互联网基础上延伸和扩展的网络，也是将各种信息传感设备与网络结合起来而形成的一个巨大网络，实现任何时间、任何地点，人、机、物的互联互通。

物联网是新一代信息技术的重要组成部分，IT 行业又叫泛互联，意指物物相连，万物互联。由此，"物联网就是物物相连的互联网"。这有两层意思：第一，物联网的核心和基础仍然是互联网，是在互联网基础上延伸和扩展的网络；第二，其用户端延伸和扩展到了任何物品与物品之间，进行信息交换和通信。因此，物联网的定义是通过射频识别、红外感应器、全球定位系统、激光扫描器等信息传感设备，按约定的协议，把任何物品与互联网相连接，进行信息交换和通信，以实现对物品的智能化识别、定位、跟踪、监控和管理的一种网络。

2. 物联网的应用领域

物联网的应用领域涉及方方面面，在工业、农业、环境、交通、物流、安保等基础设施领域的应用，有效地推动了这些方面的智能化发展，使有限的资源得到更加合理的使用分配，从而提高了行业效率、效益。在家居、医疗健康、教育、金融与服务业、旅游业等与生活息息相关的领域的应用，从服务范围、服务方式到服务的质量等方面都有了极大的改进，大大提高了人们的生活质量；在涉及国防军事领域方面，虽然还处在研究探索阶段，但物联网应用带来的影响也不可小觑，大到卫星、导弹、飞机、潜艇等装备系统，小到单兵作战装备，物联网技术的嵌入有效提升了军事智能化、信息化、精准化，极大提升了军事战斗力，是未来军事变革的关键。

1）智能交通

物联网技术在道路交通方面的应用比较成熟。随着社会车辆越来越普及，交通拥堵甚至瘫痪已成为城市的一大问题。对道路交通状况实时监控并将信息及时传递给驾驶人，让驾驶人及时做出出行调整，有效缓解了交通压力；高速路口设置道路自动收费系统（简称 ETC），免去进出口取卡、还卡的时间，提升车辆的通行效率；公交车上安装定位系统，能及时了解公交车行驶路线及到站时间，乘客可以根据搭乘路线确定出行时间，免去不必要的时间浪费。社会车辆增多，除了会带来交通压力外，停车难也日益成为一个突出问题，不少城市推出了智慧路边停车管理系统，该系统基于云计算平台，结合物联网技术与移动支付技术，共享车位资源，提高车位利用率和用户的方便程度。该系统可以兼容手机模式和射频识别模式，通过手机端 App 软件可以实现及时了解车位信息、车位位置，提前做好预定并完成交费等操作，很大程度上解决了"停车难、难停车"的问题。

2）智能家居

智能家居就是物联网在家庭中的基础应用，随着宽带业务的普及，智能家居产品遍及千家万户。家中无人，可利用手机等客户端远程操控智能空调，调节室温，甚者还可以学习用户的使用习惯，从而实现全自动的温控操作，使用户在炎炎夏季回家就能享受到冰爽带来的惬意；通过客户端实现智能灯泡的开关、调控灯泡的亮度和颜色等；插座内置 Wi-Fi，可实现遥控插座定时通断电流，甚至可以监测设备用电情况，生成用电图表让用户对用电情况一目了然，安排资源使用及开支预算；智能体重秤，监测运动效果，内置可以监测血压、脂肪量的先进传感器，内定程序根据身体状态提出健康建议；智能牙刷与客户端相连，设置刷牙时间、刷牙位置提醒，可根据刷牙的数据生成图表，监测口腔的健康状况；智能摄像头、窗户传感器、智能门铃、烟雾探测器、智能报警器等都是家庭必不可少的安全监控设备，即使出门在外，也可以在任意时间、地方查看家中任何一角的实时状况。看似烦琐的种种家居设备操作因为物联网变得更加轻松、美好。

3）智能农业

智能农业基于物联网技术，通过各种无线传感器实时采集农业生产现场的光照、温度、湿度等参数及农产品生长状况等信息，进行远程监控生产环境。将采集的参数信息进行数字化和转化后，通过网络实时传输进行汇总整合，利用农业专家智能系统进行定时、定量、定位云计算处理，及时精确地遥控指定农业设备自动开启或是关闭。

4）智能医疗

在医疗卫生领域中，物联网是通过传感器与移动设备来对人体的生理状态进行捕捉的，如心跳频率、体力消耗、葡萄糖摄取、血压高低等生命指数，把它们记录到电子健康文件里面，方便个人或医生进行查阅。它还能够监控人体的健康状况，再把检测到的数据传送到通信终端上，在医疗开支上可以节省费用，使得人们生活更加轻松。

5）公共安全

近年来全球气候异常情况频发，灾害的突发性和危害性进一步加大，互联网可以实时监测环境的不安全情况，提前预防、实时预警、及时采取应对措施，降低灾害对人类生命财产的威胁。美国布法罗大学早在 2013 年就提出研究深海互联网项目，通过将特殊处理的感应装置放置于深海处，分析水下相关情况，海洋污染的防治、海底资源的探测，甚至对海啸也可以提供更加可靠的预警。该项目在当地湖水中进行试验，获得成功，为进一步扩大使用范围提供了基础。利用物联网技术可以智能感知大气、土壤、森林、水资源等方面各指标数据，对于改善人类生活环境发挥巨大作用。

3. 物联网的发展趋势

物联网已经经历超过 10 年的发展时间，尤其是最近几年，物联网在各个领域中的需求旺盛，各式各样应用场景愈加丰富，技术和应用创新层出不穷，发展速度越来越快。

但是过去的 2020 年、2021 年是充满挑战的两年，复杂变化给企业和社会带来了始料未及的深远影响，企业面临前所未有的挑战，诸多行业企业数字化转型和智能化的需求更为迫切，物联网也迎来新的发展机遇和挑战。

一方面复杂变化促进国内高科技产业的发展，特别是芯片和操作系统这些基础设施；另一方面在新冠疫情期间，人员被隔离在家，客观上促进了在线教育、外卖等产业的发展。世界各国都在采取政策，控制关键产品以及供应链被断供的风险，可能会造成全球供应链的优化和转移，因此越来越倾向于通过使用先进的机器人、嵌入式传感器和连接技术、大数据、人工智能等不同的技术来升级供应链，使其变得更"智能"、更高效。

由于特殊的应用场景，物联网存在先天碎片化的问题。物联网赋能不同行业的转型升级，不同的应用场景和需求碎片化导致物联网的碎片化，包括：连接协议多样、物联网平台林立、硬件和芯片各异等。不同厂商设备和产品之间的互联互通和互操作性很差，碎片化是解决"数字化"的最大难题，因此碎片化现象依然严峻是物联网趋势之一。如何解决这些碎片化带来的问题，将是物联网未来要解决的问题。

因此总体来看，物联网发展呈现以下几个新的趋势。

1）协议标准化

解决互联互通的问题需要制定统一的连接协议和应用协议标准，但遗憾的是，由于商业等各方面因素，各大龙头厂商都倾向于推出自己的标准，导致协议标准和物联网平台林立。

2019 年 12 月，亚马逊、苹果公司、谷歌和 ZigBee 联盟宣布共同成立新工作组 Project Connected Home Over IP（互联家居项目），开发和推广免专利费的新连接协议，以提升智能家居生态之间的兼容性。这一组织有望在一定程度上解决互联互通问题。

2）物联网操作系统

近年来随着芯片行业的发展，物联网芯片能力越来越强，主频从 10MHz 到 1GHz、RAM 从 100KB 到 500MB 不等，内核从单核到多核甚至多核异构。国内外不同芯片厂商推出各种各样的物联网芯片，导致物联网开发越加困难。物联网操作系统是解决硬件碎片化问题的最佳方法，物联网操作系统可以屏蔽各种硬件的差异，用户选择一个友好的操作系统无异于事半功倍。

值得一提的是，阿里巴巴推出的物联网操作系统 AliOS Things 是目前国内广泛使用的、完全自主知识产权、高可伸缩的物联网统一操作系统，致力于推进物理世界数字化、智能化的发展。它具备极致性能、极简开发、云端一体、丰富组件、安全防护等关键能力，并通过接入阿里云平台聚合了阿里经济体各类服务，可广泛应用在智能家居、智慧城市、新工业、新交通等领域。

3）从"数字化"到"智能化"的转变

物联网发展经历了从第一阶段的"数字化"到第二阶段的"智能化"的转变，当前整体发展还处于数字化的后期阶段，但是数据智能化在某些细分行业也渐露头角。

物联网的第一阶段是以互联互通为代表的数字化转型，帮助传统企业做数字化改造，这一阶段的关键技术是传感器采集以及连接上云技术，因此造就了一大批物联网平台、模组、传感器厂商。目前物联网发展到第二阶段——企业智能化，在数字化的基础上通过大数据挖掘等技术产生额外的价值。

根据 GSMA（全球移动通信系统协会）预测，到 2025 年，物联网平台、服务和应用带来的收入占比将达到物联网总体的 67%，成为价值增速最快的环节。而物联网连接收入占比仅占 5%，因此随着物联网联网设备的指数级增加，以服务为核心，以业务为导向的新型智能化业务应用将迎来更多的发展。因此在海量数据基础上的大数据计算和挖掘会成为物联网发展的一个重要趋势。

比较典型的行业是 IPC，包括海大宇在内的龙头厂商从传统的视频数据采集转变到图像识别等，促生了人脸识别、车牌识别等各种应用场景。

4）新技术的发展和物联网的融合

技术是促进设备发展的源动力，新技术的发展，特别是新技术与物联网的结合，可能给物联网产业带来全新的场景和体验：

　　◇ 通信技术特别是 5G 的发展大大缩短了设备和云端的距离，可以充分利用云端强大的计算能力减轻设备端的压力，形成"瘦终端，胖云端"的结构，有利于各类云服务的应用场景。

　　◇ IPv6 的逐渐普及对未来物联网设备有很大的意义，未来的物联网设备会直接通过 IPv6 地址直接寻址，不用通过 NAT 或者网关地址转换，并且可以通过 IPv6 探测节点移动和动态网络质量调整的机制满足更多的物联网应用场景。

　　◇ 边缘计算技术的发展可以把传统云端计算下放到边缘端完成，有利于数据的稳定性和处理速度，在工业生产、数字金融等领域有广泛的应用。

　　◇ 模式识别和深度学习的发展，特别是在语音识别和图像处理上的应用，使得物联网领域增加了很多应用场景。比如通过语音识别技术控制设备，让语音作为入口，或者在智能大屏应用上对人脸识别的相关应用。

　　◇ 区块链技术大大提高了物联网数据的可信度，提高了物联网设备间的去中心化协同。比如在水电煤三表、智能制造、车联网等领域实现安全性和数据可信度的升级。

　　◇ 数字孪生技术可以利用传感器、数学建模等数据建立数字世界对物理世界的映射，可以提高物联网管理平台的运行效率，也有利于物联网设备部署的效率。

　　5）成本持续降低

　　物联网想要在更多的行业实现规模化落地应用必须解决成本问题，只有构建方便快捷、低成本的物联网应用生态，才能真正地赋能企业，物联网产业也才能真正地发展。一般来说，成本包括多个方面，如原材料成本、开发成本、生产制造成本、流通成本、维护成本等，其中原材料成本、生产制造成本和流通成本跟供应链上下游和工厂生产直接相关，物联网开发平台可以有效地降低开发成本和维护成本。

　　物联网平台建设和使用成本高是限制规模化推广的瓶颈之一，物联网行业长尾化效应明显，不可能一个平台覆盖所有行业，需要按照行业建立多个平台。平台建设和运维投入是巨大的成本。中小企业没有必要自建平台，使用开发的物联网平台将会大大降低整个系统成本，比如采用阿里云 IoT 的 LinkPlatform 平台开发物联网应用。

　　阿里云 IoT 推出的 HaaS 轻应用开发框架，就是降低成本的一个开发方式，它采用 JavaScript 或 Python 开发物联网应用比传统的 C/C++ 开发更为简单迅速，也更容易维护。它可以大大降低物联网的开发难度和成本，提高产品量产速度。

9.1.2　物联网和其他技术的融合

1. 物联网与 5G 技术的融合

　　5G 的规模化商用带来新的市场机遇。5G 是第五代移动通信技术，也是对现有的 2G、3G、4G、Wi-Fi 等无线接入技术的延伸。作为最新一代移动通信技术，5G 依托全新的网络架构，具备高速率、低延时、高可靠性、大带宽等优势。5G 技术与物联网融合指的是以 5G 技术为物联网传输层的核心传输技术，将感知层采集的物体信息进一步传输与交换，以实现人与物、物与物互通互联。

　　5G 技术具有增强型移动宽带（eMBB）、超高可靠低时延通信（uRLLC）、海量机器类通信（mMTC）三种网络切片类型。

　　（1）增强型移动宽带（eMBB）：在现有移动宽带业务场景的基础上，eMBB 通过提供更高体验速率和更大带宽的接入能力，优化人与人之间的通信体验。在此场景下，用户体验速率可达 100Mbps 至 1Gbps（4G 最高体验速率为 10Mbps），峰值速度可达 10Gbps 至 20Gbps。eMBB 场景主要面向 3D/4K/8K 超高清视频、AR/VR、云工作/娱乐、5G 移动终端等大流量移动宽带业务。

（2）超高可靠低时延通信（uRLLC）：uRLLC 应用场景提供低时延和高可靠的信息交互能力，支持互联物体间高度实时、精密及安全的业务协作。在此场景下，端到端时延为 ms 级别（如工业自动化控制时延约为 10ms，无人驾驶传输时延低至 1ms），可靠性接近 100%。uRLLC 场景主要面向工业自动化、车联网、无人驾驶、远程制造、远程医疗等业务。

（3）海量机器类通信（mMTC）：mMTC 通过提供高连接密度时优化的信令控制能力，支持大规模、低成本、低消耗 IoT 设备的高效接入和管理。mMTC 场景主要面向智慧城市、智能家居、智能制造等。

2. 物联网与边缘智能技术

边缘智能技术满足市场对实时性、隐私性、节省带宽等方面的需求。"边"是相对于"中心"的概念，指的是贴近数据源头的区域。边缘智能指的是将智能处理能力下沉至更贴近数据源头的网络边缘侧，就近提供智能化服务。边缘层主要包括边缘节点和边缘管理层两个主要部分，分别对应边缘智能硬件载体和软件平台。边缘节点主要指边缘智能相关的硬件实体，包括以网络协议处理和转换为重点的边缘网关、以支持实时闭环控制业务为重点的边缘控制器、以大规模数据处理为重点的边缘云、以低功耗信息采集和处理为重点的边缘传感器等。参与其中的企业主要包括爱立信、施耐德电气、ARM、英特尔、思科、华为、新华三、中兴通讯、研华科技、联想等。边缘管理层的核心是软件平台，主要负责对边缘节点进行统一管理和资源调用。目前边缘智能软件平台主要用于管理网络边缘的计算、网络和存储资源。未来边缘智能软件平台的重要任务将会向着浅训练和强推理发展，这顺应了低时延场景的迫切需求。参与边缘智能软件平台领域的企业以云平台企业为主，比如 AWS、Azure、阿里云、华为云、腾讯云、百度云、中科创达等。这些企业有着深厚的云平台和软件设计功底，进入该领域相对容易。此外，部分在某些领域有着多年经验的公司也从垂直领域进入边缘智能软件平台市场，如国讯芯微。

边缘智能技术优化云计算系统的作用，解决了物联网云计算实时性不足、宽带不足、数据安全性不足等问题：

（1）边缘计算无须将全部数据上传至云端，极大地减轻了网络带宽压力和数据中心的功耗。

（2）边缘计算在靠近数据生产者处处理数据，大大减少了系统延迟。

（3）边缘计算将用户隐私数据存储在网络边缘设备上，无须传输到云端中心，减少数据泄露风险，保护了用户数据安全和隐私。

（4）边缘计算技术明显改善云计算系统性能，助推行业进一步发展。

3. 物联网与人工智能的融合（AIoT）

AI+物联网显著提升物联网智能化水平。人工智能是一种模拟、延伸和扩展人的智能的技术科学，其自然语言处理技术和深度学习技术在物联网中有较多应用。自然语言处理技术主要包含语义理解、机器翻译、语音识别、语音合成等，其中语义理解可以应用到物联网的关键环节。物联网需要对各类设备产生的信息进行理解和操控，并向设备表达和控制，在此过程中，运用语义理解技术可以提高信息交互效率，实现智能化运作。目前，市场上已逐渐推出以语义理解技术为核心的人工智能平台，如苹果的 Siri、微软的小冰和小娜、小米的小爱等。这些平台通过语音等友好人机交互界面实现物联网设备及其产生信息的语义理解互通，以面向未来物联网的数据理解及应用作为重要的输出方向。深度学习作为另一个提升物联网智能化水平的重要人工智能技术，是机器学习中一种基于对数据进行表征学习的方法，已在车联网、智慧物流等领域实现应用。以车联网为例，通过图像处理技术来判断复杂路况是车联网的重要技术环节，该环节涉及的数据繁多，引入深度学习技术可以实现智能化应对复杂路况。在数据处理过程中，随着用于训练的数据量不断增加，深度学习的性能也会持续提升，智能化处理能力进一步提高。人工智能技术已逐步应用到物联网，实现人工智能和物联网赋能融合，未来人工智能技术还可嵌入更多物联网应用场景，仍有较大赋能空间有待开发，"AI+物联网"成为物联网未来发展的重要趋势。

AIoT 享有十万亿级市场空间，G 端公共级迎来爆发。2019 年城市端 AIoT 业务规模化落地，边缘计算初步普及，中国 AIoT 市场规模接近 4000 亿元，近两年 AIoT 市场规模同比增长 40%以上。虽然人工智能与物联网技术融合趋势加快，但是 AIoT 在落地过程中还需要重构传统企业价值链，既需要适应传统产业的特性，也需要一定的时间来与生态合作伙伴搭建产业 AI 赋能的架构体系。因此未来几年预计同比增长 10%左右，保持较稳定的发展节奏，未来经过产品优化、渠道打通、商业模式验证后，将会迎来高速增长。G 端公共级以政策为导向，以城市建设为主，包括智慧城市、公共事业、智慧安防、智慧能源、智慧消费、智慧停车等。在政策的引导和大力推动下，G 端公共级市场快速增长。艾瑞咨询估计 2022 年 G 端公共级应用将在 AIoT 市场占比超过一半，领先目前主导的 C 端消费级，市场规模指向 4000 亿元级。

4. 物联网与区块链技术融合（BIoT）

区块链和物联网碰撞进一步加深。区块链技术去中心化的结构和数据加密的特点显著帮助物联网提高信息安全防护能力。物联网应用以中心化结构为主，大部分数据汇总到云资源中心进行统一控制管理，物联网平台或系统一旦出现安全漏洞或是系统缺陷，信息数据将面临泄露风险。区块链的去中心化架构减轻了物联网中心计算的压力，也为物联网的组织架构创新提供了更多的可能。采用区块链技术，数据发送前需进行加密，数据传输和授权的过程中涉及个人数据的操作均需要经过身份认证进行解密和授权，并将操作记录等信息记录到链上，同步到区块网络上。由于所有传输的数据都经过严格的加密和验证处理，用户的数据和隐私将会更加安全。此外，"区块链+物联网"为打通企业内和关联企业间的环节提供了重要方式：基于 BIoT 不但可以实现产品某一环节的链式信息互通，如产品出厂后物流状态的全程可信追踪，还可以实现更大范围的不同企业间的价值链共享，如多个企业协同完成复杂产品的大规模出厂，包括设计、供应、制造、物流等更多环节的互通。"区块链+物联网"提升了分布式数据的安全性、可靠性、可追溯性，也提升了信息的流通性，让价值有序地在人与人、物与物、人与物之间流动。

BIoT 技术优势逐渐凸显，信息互联转向价值互联指日可待。从发展现状来看，随着物联网与区块链融合发展的价值逐渐显现，全球企业对于该领域的关注度不断提升，国内外部分企业已经开始涉足物联网和区块链的融合应用，国内企业如阿里巴巴、中兴、京东、紫光展锐等，国外企业如 IBM、Cisco、Bosch、Walmart、Siemens 等。同时，还有很多企业已经开始积极布局"物联网+区块链"融合应用方向。目前区块链在物联网领域的应用主要包括智慧城市、工业互联网、物联网支付、供应链管理、物流、交通、农业、环保等。具体来说，BIoT在智能制造、供应链管理等领域已有相对成熟的项目，如 2016 年 10 月 IBM 推出基于 Bluemix 云平台的区块链服务，根据用户需求实现不同功能；沃尔玛联合 IBM 和清华大学，将超级账本区块链系统用于猪肉市场供应链管理的项目早在 2017 年 6 月就进入了试运行阶段。但是 BIoT 在其他领域的应用尚处于探索初创期，还存在着较大的发展空间。从未来发展趋势来看，BIoT 的产生增强了物联网框架的可行性，通过在设备身份权限管理、智能合约机制、数据安全与隐私保护、数据资源交易信任机制等诸多方面的突破，极大地拓展了物联网的增值服务和产业增量空间，该技术未来可以广泛应用于诸多场景和领域，如工业、农业、医疗、健康、环保、交通、安全、金融、保险、物品溯源、供应链、智慧城市综合管理等，有望实现从信息互联到价值互联的巨大转变。同时伴随国家政策与资金的大力支持，"区块链+物联网"具有极大的成长潜力，将会顺应生产力变革的要求不断发展下去。

任务 9.2　物联网体系结构及关键技术

不同的物联网系统，其组成软硬件有很大差别，但它们在体系结构上却有一些共性特征。用分层结构的思想去总结描述物联网结构的抽象模型，以便从更深的层次认识物联网应用系统的结构、功能与原理，帮助技术人员规划、设计、研发、运行与维护大型物联网应用系统。

任务描述

物联网系统尽管结构复杂，不同物联网应用系统的功能、规模差异很大，但是它们必然存在着很多内在的共性特征。借鉴成熟的计算机网络体系结构模型的研究方法，可以将物联网分为感知层、网络层与应用层。本任务就带领同学们一起学习物联网的三层体系结构，及相关的物联网关键技术。

任务分析

本任务带领大家一起学习物联网的三层体系结构，了解物联网各层的功能、相互之间的关系，了解感知层的主要设备和技术、网络层的数据传输方式、应用层的关键技术。

任务实施

9.2.1　物联网的三层体系结构

尽管在物联网体系结构上尚未形成全球统一规范，但目前大多数文献将物联网体系结构分为三层，即感知层、网络层和应用层。感知层主要完成信息的采集、转换和收集，网络层主要完成信息传递和处理，应用层主要完成数据的管理和数据的处理，并将这些数据与行业应用相结合。三层体系结构中各层的功能和关键技术，如图 9-1 所示。

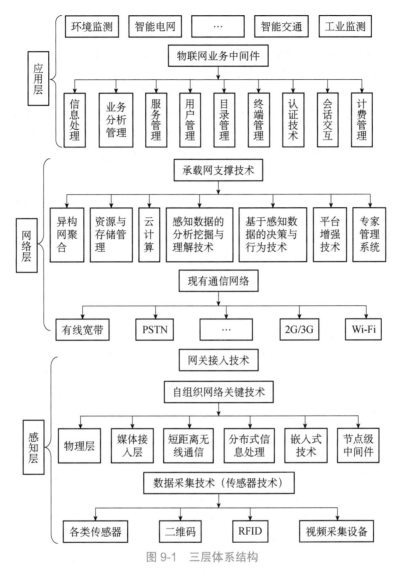

图 9-1　三层体系结构

1. 感知层

感知层犹如人的感知器官，物联网依靠感知层识别物体和采集信息。感知层是物联网的核心，是信息采集的关键部分。感知层位于物联网三层结构中的底层，其功能为"感知"，即通过传感器技术获取环境信息。

感知层包括二维码标签和识读器、RFID 标签和读写器、摄像头、GPS、传感器、M2M 终端、传感器网关等，主要功能是识别物体、采集信息，与人体结构中皮肤和五官的作用类似。

感知层解决的是人类世界和物理世界的数据获取问题。它首先通过传感器、数码相机等设备，采集外部物理世界的数据，然后通过 RFID、条码、工业现场总线、蓝牙、红外等短距离传输技术传递数据。感知层所需要的关键技术包括检测技术、短距离无线通信技术等。

2. 网络层

网络层位于物联网体系结构的中间，为应用层提供数据传输服务，因此也可称为传输层。这是从应用系统体系结构的视域提出的，即将一个大型网络应用系统分为网络应用与传输两个部分，凡是提供数据传输服务的部分都作为"传输网"或"承载网"。按照这个设计思想，互联网包括的广域网、城域网、局域网与个人区域网，以及无线通信网、移动通信网、电话交换网、广播电视网等都属于传输网范畴，并呈现出互联网、电信网与广播电视网融合化发展趋势。最终，将主要由融合化网络通信基础设施承担起物联网数据传输任务。

网络层的主要功能是利用各种通信网络，实现感知数据和控制信息的双向传递。物联网需要大规模的信息交互及无线传输，可以借助现有通信网设施，根据物联网特性加以优化和改造，承载各种信息的传输；也可开发利用一些新的网络技术，例如，软件定义网络（SDN），承载物联网数据通信。因此，网络层的核心组成是传输网，由传输网承担感知层与应用层之间的数据通信任务。鉴于物联网的网络规模、传输技术的差异性，将网络层分为接入、汇聚和核心交换 3 个子层。

3. 应用层

应用层解决的是信息处理和人机界面的问题，主要是利用经过分析处理的感知数据，为用户提供丰富的特定服务。它是物联网和用户（包括人、组织和其他系统）的接口，能够针对不同用户、不同行业的应用，提供相应的管理平台和运行平台并与不同行业的专业知识和业务模型相结合，实现更加准确和精细的智能化信息管理。物联网发展的根本目标是提供丰富的应用，将物联网技术与个人、家庭和行业信息化需求相结合，实现广泛智能化应用的解决方案。

应用层包括数据智能处理子层、应用支撑子层，以及各种具体物联网应用。应用支撑子层为物联网应用提供通用支撑服务和能力调用接口。数据智能处理子层是实现以数据为中心的物联网开发技术、核心技术，包括数据汇聚、存储、查询、分析、挖掘、理解以及基于感知数据决策和行为的理论和技术。数据汇聚指将实时、非实时物联网业务数据汇总后存放到数据库中，方便后续数据挖掘、专家分析、决策支持和智能处理。

应用层也可按形态直观地划分为两个子层：一个是应用程序层，进行数据处理，它涵盖了国民经济和社会的每一领域，包括电力、医疗、银行、交通、环保、物流、工业、农业、城市管理、家居生活等，还包括支付、监控、安保、定位、盘点、预测等，可用于政府、企业、社会组织、家庭、个人等，这正是物联网作为深度信息化的重要体现；另一个是终端设备层，提供人机界面。物联网虽然是"物物相连的网"，但最终是要以人为本的，还需要人的操作与控制，不过这里的人机界面已远远超出现时人与计算机交互的概念，而泛指与应用程序相连的各种设备与人的反馈。

在各层之间，信息不是单向传递的，有交互、控制等，所传递的信息多种多样，这其中关键的是物品的信息，包括在特定应用系统范围内能唯一标识物品的识别码和物品的静态与动态信息。此外，软件和集成电路技术都是各层所需的关键技术。

物联网的最终目标是实现任何物体在任何时间、任何地点的链接，帮助人类对物理世界具有"全面的感知能力、透彻的认知能力和智慧的处理能力"。

9.2.2 物联网感知层关键技术

1. 二维码及 RFID

二维码及 RFID 是目前市场关注的焦点，其主要应用于需要对标的物（即货物）的特征属性进行描述的领域。二维码是一维码的升级，是用某种特定的几何形体按一定规律在平面上分布（黑白相间）的图形来记录信息的应用技术。目前，二维码即将或正在广泛应用于海关/税务征管管理、文件图书流转管理（我国国务院正在采用二维码技术推行机关的公文管理）、车辆管理、票证管理（几乎包含所有行业）、支付应用（如电子回执）、资产管理及工业生产流程管理等多个领域。

RFID 是一项利用射频信号通过空间耦合（交变磁场或电磁场）实现无接触信息传递并通过所传递的信息达到识别目标的技术。和传统的条形码相比，RFID 可以突破条码需人工扫描、一次读一个的限制，实现非接触性和大批量数据采集，具有不怕灰尘、油污的特性；也可以在恶劣环境下作业，实现长距离的读取，同时读取多个卷；还具有实时追踪、重复读写及高速读取的优势，此特性让它具有极其广泛的应用范围。

2. 传感器

传感器作为现代科技的前沿技术，被认为是现代信息技术的三大支柱之一。MEMS（Microelectro Mechanical Systems）即微机电系统，是由微传感器、微执行器、信号处理和控制电路、通信接口和电源等部件组成的一体化的微型器件系统。MEMS 传感器能够将信息的获取、处理和执行集成在一起，组成具有多功能的微型系统，从而大幅度地提高系统的自动化、智能化和可靠性水平。

传感器的类型多种多样：

（1）温度传感器：隧道消防、电力电缆、石油石化。

（2）应变传感器：桥梁隧道、边坡地基、大型结构。

（3）微震动传感器：周界安全、地震检波、地质物探。

（4）压力水声、空气声等传感器。

9.2.3 物联网网络层关键技术

1. 无线传感器网络（WSN）

无线传感器网络是由许多在空间上分布的自动装置组成的一种计算机网络，这些装置使用传感器协作地监控不同位置的物理或环境状况（比如温度、声音、振动、压力、运动或污染物）。传感器网络的每个节点除配备了一个或多个传感器之外，如果还装备了一个无线电收发器、一个很小的微控制器和一个能源装置（通常为电池），那么这就构成了一个无线传感器网络（Wireless Sensor Network，WSN）。WSN 是一种自组织网络，通过大量低成本、资源受限的传感节点设备协同工作实现某一特定任务。WSN 的构想最初是由美国军方提出的，WSN 有大量传感节点，它能够实现数据的采集量化、处理融合和传输，综合了微电子技术、嵌入式计算技术、现代网络及无线通信技术、分布式信息处理技术等先进技术，能够协同地实时监测、感知和采集网络覆盖区域中各种环境或监测对象的信息，并进行处理，处理后的信息通过无线方式发送，并以自组多跳的网络方式传送给观察者。

它的特点主要体现在以下几个方面。

（1）能量有限：能量是限制传感节点能力、寿命的最主要约束性条件，现有的传感节点都是通过标准的 AAA 或 AA 电池进行供电的，并且不能重新充电。

（2）计算能力有限：传感节点 CPU 一般只具有 8bit，4～8MHz 的处理能力。

（3）存储能力有限：传感节点一般包括 3 种形式的存储器，即 RAM、程序存储器和工作存储器。

（4）通信范围有限：为了节约信号传输时的能量消耗，传感节点的射频模块的传输能量一般为 10～100mW，传输的范围也局限于 100m～1km。

（5）防篡改性：传感节点是一种价格低廉、结构松散、开放的网络设备，攻击者一旦获取传感节点就很容易获得和修改存储在传感节点中的密钥信息以及程序代码等。

（6）大多数传感器网络在进行部署前，其网络拓扑是无法预知的。

2. 近距离无线通信

近距离无线通信技术的范围比较广，只要通信收发双方通过无线电波传输信息，并且传输距离限制在较短的范围内，通常是几十米以内，就可以称为近距离无线通信。它支持各种高速率的多媒体应用、高质量声像配送、多兆字节音乐和图像文档传送等。低成本、低功耗和对等通信，是近距离无线通信技术的 3 个重要特征和优势。

常见的近距离无线通信技术特征如表 9-1 所示。

表 9-1　近距离无线通信技术特征

	NFC	UWB IEEE 802.15.3a	RFID	红外	蓝牙 IEEE 802.15.1
连接时间	<0.1ms	<0.1ms	<0.1ms	约 0.5s	约 6s
覆盖范围	长达 10cm	长达 10cm	长达 3cm	长达 5cm	长达 30cm
使用场景	共享、进入、付费	数字家庭网络，超宽带视频传输	物品跟踪、门禁、手机钱包、高速公路收费	数据控制与交换	网络数据交换、耳机、无线联网
通信方式	载波调制	基带传输	载波调制	载波调制	载波调制
工作频段	2.4GHz	3.1～10.6GHz	13.46MHz，0.9～2.5GHz	红外	2.4GHz

3. 无线网络

常用的无线网络主要包括 Wi-Fi（无线局域网）、ZigBee（无线局域网）、WiMAX（无线局域网）、3G/4G/5G（无线广域网）等。

4. 感知无线电

感知无线电技术是软件无线电技术的演化，是一种新的智能无线通信技术。感知无线电与软件无线电之间的差异可由下式表达：

软件无线电平台+可管理=自适应无线系统

自适应无线系统+学习能力=感知无线电网络

5. IPv6 技术

IPv6 即互联网协议第 6 版,是互联网协议的最新版本,它的前一代 IPv4 是目前市场主流,但 IPv4 只能提供 2.5 亿个 IP 位置,IPv6 的出现让每个物体都能拥有自己的 IP 位置,实现万物联网的梦想。

9.2.4 物联网应用层关键技术

1. 中间件技术

中间件(Middleware)是处于操作系统和应用程序之间的软件,也有人认为它应该属于操作系统中的一部分。人们在使用中间件时,往往将一组中间件集成在一起,构成一个平台(包括开发平台和运行平台),但在这组中间件中必须要有一个通信中间件,即中间件=平台+通信,这个定义也限定了只有用于分布式系统中才能称为中间件,同时还可以把它与支撑软件和实用软件区分开来。

具体地说,中间件屏蔽了底层操作系统的复杂性,使程序开发人员面对一个简单而统一的开发环境,减少程序设计的复杂性,将注意力集中在自己的业务上,不必再为程序在不同系统软件上的移植而重复工作,从而大大减少了技术上的负担。中间件带给应用系统的,不只是开发的简便、开发周期的缩短,也减少了系统的维护、运行和管理的工作量,还减少了计算机总体费用的投入。

物联网的中间件是一种软件产品,它有两种模式:一种是介于操作系统与应用软件之间;另一种是介于硬件和应用软件中间,发挥支撑和信息传递的作用。

2. 物联网操作系统

物联网操作系统,与传统的个人计算机或个人智能终端(智能手机、平板电脑等)上的操作系统不同,物联网操作系统有其独有的特征。这些特征是为了更好地服务物联网应用而存在的,运行物联网操作系统的终端设备,能够与物联网的其他层次结合得更加紧密,数据共享更加顺畅,能够大大提升物联网的生产效率。

除具备传统操作系统的设备资源管理功能外,物联网操作系统还具备以下功能:

(1)屏蔽物联网碎片化的特征,提供统一的编程接口。所谓碎片化,指的是硬件设备配置多种多样,不同的应用领域差异很大。从小到只有几 KB 内存的低端单片机,到有数百 MB 内存的高端智能设备。传统的操作系统无法适应这种"广谱"的硬件环境,而如果采用多个操作系统(比如低端配置,采用嵌入式操作系统;高端配置设备,采用 Linux 等通用操作系统),则由于架构的差异,无法提供统一的编程接口和编程环境。正是这种"碎片化"的特征,牵制了物联网的发展和壮大。物联网操作系统则充分考虑这些碎片化的硬件需求,通过合理的架构设计,使得操作系统本身具备很强的伸缩性,很容易地应用到这些硬件上。同时,通过统一的抽象和建模,对不同的底层硬件和功能部件进行抽象,抽象出一个一个的"通用模型",对上层提供统一的编程接口,屏蔽物理硬件的差异。这样达到的一种效果就是,同一个 App,可以运行在多种不同的硬件平台上,只要这些硬件平台运行物联网操作系统即可。这与智能手机的效果是一样的,同一款 App,比如微信,既可以运行在一个厂商的低端智能手机上,又可以运行在硬件配置完全不同的另一个厂商的高端手机上,只要这些手机都安装了 Android 操作系统。显然,这样一种独立于硬件的能力,是支撑物联网良好生态环境形成的基础。

（2）物联网生态环境培育。拉通物联网产业的上下游，培育物联网硬件开发、物联网系统软件开发、物联网应用软件开发、物联网业务运营、网络运营、物联网数据挖掘等分离的商业生态环境，为物联网的大发展建立基础，类似于智能终端操作系统（iOS、Android 等）对移动互联网的生态环境培育作用。

（3）降低物联网应用开发的成本和时间。物联网操作系统是一个公共的业务开发平台，具备丰富完备的物联网基础功能组件和应用开发环境，可大大降低物联网应用的开发时间和开发成本，提升数据共享能力；统一的物联网操作系统具备一致的数据存储和数据访问方式，为不同行业之间的数据共享提供了可能。物联网操作系统可打破行业壁垒，增强不同行业之间的数据共享能力，甚至可以提供"行业服务之上"的服务，比如数据挖掘等。

（4）为物联网统一管理奠定基础。采用统一的远程控制和远程管理接口，即使行业应用不同，也可采用相同的管理软件对物联网进行统一管理，大大提升物联网的可管理性和可维护性，甚至可以做到整个物联网的统一管理和维护。

本章小结与课程思政

本章介绍了物联网的基础知识，首先介绍了物联网的概念、应用领域及发展趋势；物联网和其他技术的融合，如物联网与 5G 技术、物联网与人工智能技术等；随后讲解了物联网感知层、网络层和应用层的三层体系结构，及每层在物联网中的作用；最后讲解了物联网的相关关键技术，包括传感器、自动识别、智能设备、无线通信网络、无线传感器网络、近距离无线通信、IPv6 技术、中间件、应用系统等。通过本章的学习，同学们对物联网有了一定的了解，对进一步学习其他相关课程打下一定的基础。本章的内容以识记了解为主，并不要求同学掌握某一项技术，但应对物联网有一个全面的了解。

通过描述我国的阿里巴巴、中兴、紫光展锐等公司，在物联网方面取得的成就，培养学生民族自豪感，提升学生对国家科技发展的自信心，从而坚定社会主义道路自信、理论自信、文化自信、制度自信。

思考与训练

1. 填空题

（1）物联网是新一代信息技术的重要组成部分，IT 行业又叫＿＿＿＿，意指物物相连，万物互联。

（2）物联网可以与＿＿＿＿、＿＿＿＿、＿＿＿＿、＿＿＿＿等技术进行融合。

（3）物联网的应用领域有＿＿＿＿、＿＿＿＿、＿＿＿＿、＿＿＿＿、＿＿＿＿等。

（4）边缘智能技术优化云计算系统的作用，解决物联网云计算＿＿＿＿不足、＿＿＿＿

不足、_____不足等问题

（5）物联网应用层解决的是_____和_____的问题。

（6）阿里云 IoT 推出的_____轻应用开发框架，是降低成本的一个开发方式。

2.　选择题

（1）下列哪一个不是物联网的发展趋势？（　　　）

A．协议标准化　　　　　　　　　　B．物联网操作系统

C．新技术的发展和物联网的融合　　D．设备日益复杂化

（2）物联网可以和哪些技术融合？（　　　）

A．5G 技术　　　　　　　　　　　　B．航空航天技术

C．人工智能　　　　　　　　　　　D．边缘智能技术

（3）5G 技术具有哪三种类型网络切片？（　　　）

A．多媒体应用　　　　　　　　　　B．超高可靠低时延通信（uRLLC）

C．增强型移动宽带（eMBB）　　　　D．海量机器类通信（mMTC）

（4）下列不属于物联网体系结构的是（　　　）。

A．感知层　　　　　　　　　　　　B．网络层

C．应用层　　　　　　　　　　　　D．传输层

（5）下列不属于物联网感知层关键技术的是（　　　）。

A．传感器技术　　　　　　　　　　B．射频技术

C．二维码技术　　　　　　　　　　D．中间件技术

3.　思考题

（1）简述物联网的体系结构。

（2）什么是物联网？

（3）传感器在物联网中的作用是什么？市场上都有哪些传感器？

（4）物联网的关键技术有哪些？

第 10 章　数字媒体

数字媒体作为一种信息载体，它是指以二进制数的形式记录、处理、传播、获取过程的信息载体，这些载体包括数字化的文字、图形、图像、声音、视频影像和动画等感觉媒体，和表示这些感觉媒体的表示媒体（编码）等，通称为逻辑媒体，以及存储、传输、显示逻辑媒体的实物媒体。

学习目标

◆ 掌握数字媒体和数字媒体技术的概念。
◆ 了解数字图形、图像、文本、视频、音频。
◆ 掌握视频的剪辑、合成、发布，文本动画的制作。
◆ 掌握 HTML5 网页的基本制作和修改方法（移动端 MAKA）。
◆ 懂得保护动物，爱护大自然。

任务 10.1　图像的处理

数字媒体是以信息科学和数字技术为主导，以大众传播理论为依据，以现代艺术为指导，将信息传播技术应用到文化、艺术、商业、教育和管理领域的科学与艺术高度融合的综合交叉学科。数字媒体包括了图像、文字、音频、视频等各种形式，以及传播形式和传播内容中采用数字化，即信息的采集、存取、加工和分发的数字化过程。数字媒体已经成为继语言、文字和电子技术之后的最新的信息载体。

任务描述

数字媒体是现在重要的信息载体之一，本任务主要描述如何处理证件照的图片。原图与效果图如图 10-1 所示。

图 10-1　原图与效果图

任务分析

通过本任务证件照和电子相册封皮的图片的处理过程，即在"爱设计"中制作证件照和对电子相册封皮的图片进行简单的处理，了解"爱设计"的基本工具组成和使用方法，了解图片的导入、图片格式、基本组成。

任务实施

10.1.1　数字图像的基本知识

1. 位图

位图图像（Bitmap），亦称为点阵图像或绘制图像，是由称作像素（图片元素）的单个点组成的。这些点可以进行不同的排列和染色以构成图样。当放大位图时，可以看见构成整个图像的无数单个方块。扩大位图尺寸的效果是增大单个像素，从而使线条和形状显得参差不齐。然而，如果从稍远的位置观看它，位图图像的颜色和形状又显得是连续的。常用的位图处理软件是 Photoshop。位图中的三个基本要素分别为像素、分辨率、颜色深度。

（1）像素：从定义上来看，像素是指基本原色素及其灰度的基本编码。像素是构成数码影像的基本单元，通常以每英寸像素数 PPI（Pixels Per Inch）为单位来表示影像分辨率的大小。如同摄影的相片一样，数码影像也具有连续性的浓淡阶调，若把影像放大数倍，会发现这些连续色调其实是由许多色彩相近的小方点组成的，这些小方点就是构成影像的最小单元——像素。这种最小的图形单元显示在屏幕上通常是单个的染色点。越高位的像素，其拥有的色板也就越丰富，也就越能表达颜色的真实感。

（2）分辨率：显示分辨率（屏幕分辨率）是屏幕图像的精密度，是指显示器所能显示的像素有多少。由于屏幕上的点、线和面都是由像素组成的，显示器可显示的像素越多，画面就越精细，同样的屏幕区域内能显示的信息也越多，所以分辨率是个非常重要的性能指标之一。可以把整个图像想象成一个大型的棋盘，而分辨率的表示方式就是所有经线和纬线交叉点的数目。在显示分辨率一定的情况下，显示屏越小，图像越清晰；当显示屏大小固定时，显示分辨率越高，图像越清晰。

（3）颜色深度：颜色深度简单说就是最多支持多少种颜色，一般用"位"来描述。

2. 矢量图

矢量图，也称为面向对象的图像或绘图图像，在数学上被定义为一系列由线连接的点。矢量文件中的图形元素称为对象。每个对象都是一个自成一体的实体，它具有颜色、形状、轮廓、大小和屏幕位置等属性。

矢量图是根据几何特性来绘制图形的，矢量可以是一个点或一条线。矢量图只能靠软件生成，文件占用空间较小，因为这种类型的图像文件包含独立的分离图像，可以自由无限制地重新组合。它的特点是放大后图像不会失真，和显示分辨率无关，适用于图形设计、文字设计和一些标志设计、版式设计等。位图和矢量图对比如图 10-2 所示。

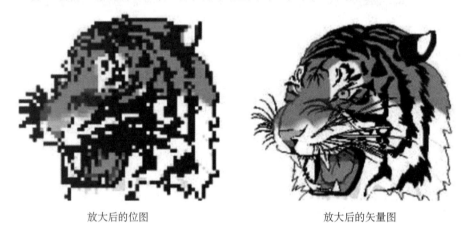

放大后的位图   放大后的矢量图

图 10-2 位图和矢量图对比

3. 图像的文件格式

常见的矢量图的图像格式有 CGM、VG、WMF、DXF、U3D 等；常见的位图的图像格式有 BMP、JPEG、PNG、TIFF 等。下面简单介绍 4 种位图图像的文件格式。

1）BMP 格式

BMP Bitmap 是 Windows 系统中的标准图像文件格式，与设备无关，Windows 中的所有图像处理软件都支持 BMP 格式。随着 Windows 的普及，BMP 格式广为人知，得到了广泛的应用。BMP 格式的图像可以选择颜色深度，但不进行任何压缩。因此，它所占用的存储空间相对较大。

2）JPEG 格式

JPEG（Joint Photographic Expects Group）是一种常见的图片格式，文件扩展名为".jpg"或".jpeg"，它采用的压缩技术属于有损压缩，会将大量重复的部分或肉眼无法识别的部分删除，只保留重要的信息。目前，JPEG 格式的图片在互联网上较为流行，它会产生很高的压缩比，但对色彩信息保留较好，可以展示生动逼真的图像。但若压缩比过高，图像质量就会变差。

3）PNG 格式

PNG（Portable Network Graphics）是一种无损压缩的图片格式，由于体积小，常用于网页或 Java 程序中。PNG 格式支持透明效果，可以使图像的边缘与任何背景平滑地融合在一起，而不会产生边缘锯齿。

4）TIFF 格式

TIFF（Tagged Image File Format）是一种可移植的图像格式。TIFF 不依赖具体的硬件支持多种压缩方案和颜色模式，目前广泛应用于高质量图像的存储、输出和转换。

10.1.2　证件照处理

简单的图片处理就是抠图、替换背景。

（1）在网络搜索引擎上搜索"爱设计官网"，进入爱设计官网，如图 10-3 所示。

图 10-3　爱设计官网搜索

（2）在爱设计官网中单击"开始免费作图"按钮，如图 10-4 所示。

图 10-4　爱设计官网

（3）进入爱设计窗口，如图 10-5 所示。单击"智能抠图"，出现如图 10-6 所示界面。

◇ 一键抠图：智能抠图模型通过分析图像中的人体，来提取其中的人体。

◇ 细节调整：自己可以对抠图部位和细节进行调整，可根据自己的需求抠取出定制化图像。

◇ 证件照制作：多种背景色可选，轻松应对各种生活所需。

◇ "造假"边缘狂试探：假装旅游？创意拼贴？大胆释放你的创意。

（4）这里以制作证件照为例，单击"上传图片"按钮。这里上传的图片只能是".jpeg"和".png"格式的图片。在打开的对话框中选择要进行处理的图片，单击"打开"按钮，如图 10-7 所示。

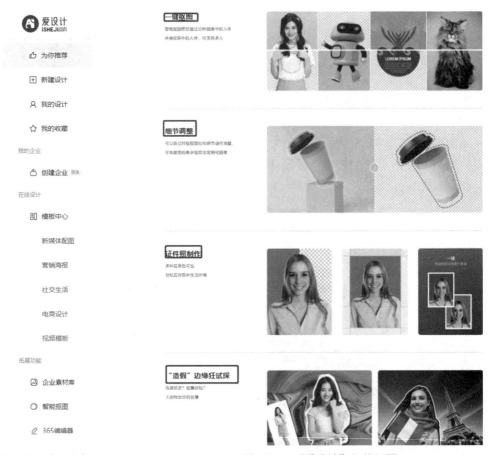

图 10-5 爱设计窗口   图 10-6 "爱设计"智能抠图

图 10-7 选择图片

图 10-8 窗口命令

（5）在打开的爱设计图片窗口中出现 4 个命令，即保留部分选区、去除部分选区、擦除部分选区和笔刷大小命令，可以根据需要选择合适的笔刷大小和相应的命令，如图 10-8 所示。原图和抠得的最后效果图如图 10-9 所示。保留、去除和擦除都只能在原图中进行修改。

图 10-9　原图和抠得的最后效果图

（6）在打开的爱设计图片窗口右侧有三个按钮，分别为"重新上传""下载"和"换背景"按钮，如图 10-10 所示。若想将当前证件照的颜色换成蓝色，则单击"换背景"按钮，再选择合适的背景就可以，这里选择蓝色背景。如果想重新抠图，再次添加背景，则单击图 10-11 所示的"返回抠图"按钮。最后效果如图 10-12 所示。

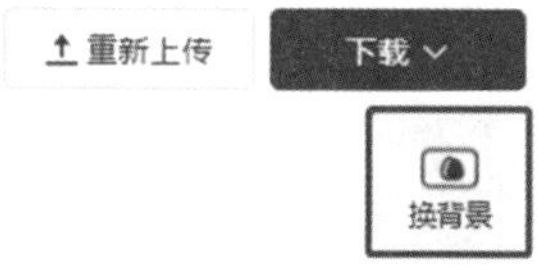

图 10-10　右侧的三个按钮 　　　　　　　　　　图 10-11　返回抠图

图 10-12　最后效果

10.1.3　制作相册封面

（1）在爱设计窗口左侧工具里面单击"新建设计"按钮，再单击"自定义尺寸"按钮，按照设计尺寸填写，这里的尺寸以像素为单位，如图 10-13 所示。这里输入 1240px×2200px。

图 10-13　新建设计

（2）在打开的爱设计图片窗口右侧可以对画布进行重新编辑后，也可以添加画布颜色，还可以上传已经制作好的背景图片。本案例直接上传已经选好的背景图片，单击"上传背景图"按钮，图 10-14 所示为"全局"工具面板，再选择图片所在位置后上传背景图。

（3）在打开的爱设计图片窗口左侧有模板、素材、文字、背景、上传等工具，可根据需要选择合适的工具。单击"文字"工具，如图 10-15 所示。

图 10-14　"全局"工具面板　　　　　图 10-15　单击"文字"工具

（4）在"点击添加标题"位置处可以添加封面标题或者正文，如图 10-16 所示。在图片上面移动鼠标就可以调整文字在图片上面的位置。双击可以修改文字，如图 10-17 所示，这里将文字修改为"保护动物人人有责"

（5）在文字工具栏中选择样式、颜色、字体、字体大小等，对文字进行基本的编辑，如图 10-18 所示。设置完成后的最终效果如图 10-19 所示。

（6）在窗口右侧单击"下载"按钮，在弹出的下拉选项里面选择合适的文件类型和大小，如图 10-20 所示，单击"下载"按钮，将它保存在指定的位置。

图 10-16　标题文字和正文文字添加

图 10-17　修改文字

图 10-18　文字工具栏

图 10-19　最终效果图

图 10-20　"下载"下拉菜单

任务 10.2　数字音频和数字视频的处理

随着多媒体应用的快速发展，我国也研制出了许多优秀的多媒体软件，如音乐编辑专家易企秀等，它实现了对文本、图形、音频、视频等媒体信息的综合处理。目前，多媒体技术的应用领域十分广泛，如医疗、教育、金融等。本任务主要讲解数字音频、数字视频的基础知识和应用软件的基本操作。

任务描述

本任务要求制作动物宣传相册，效果如图 10-21 所示。

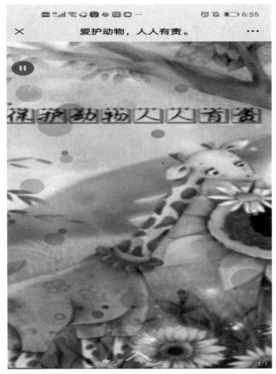

图 10-21　动物宣传画册效果图

任务分析

了解数字音频和数字视频的处理方法与基础知识，掌握视频的剪辑和处理方法。

任务实施

10.2.1　数字音频的基础知识

1. 数字音频的定义

声音是由物体振动产生的，发生振动的物体称为声源。通过介质的传播声音可以被人耳感知，但人耳只能识别频率在 20Hz～20kHz 的声音。音调、响度和音色是声音的 3 个主要特征，音调是指声音的高低，由频率决定，频率越高音调就越高；响度是指声音的大小，也就是我们常说的音量，由振幅和人离声源的距离决定，振幅即物体振动时偏离原来位置的最大距离，振幅越大响度越大，人离声源越近响度也越大；音色又称为音品，与发声物体的材料、结构等有关。小提琴、吉他等乐器发出的声音，即使音调、响度都一样，我们也能分辨出来是哪种乐器发出的声音，这就是因为它们的音色不同。

音频信号是一种连续的模拟信号，随着科技的发展，将模拟信号转化为数字信号成为可能，这一转化过程称为模数转换，主要包括采样、量化和编码 3 个过程。

2. 数字音频的文件格式

数字音频文件格式多种多样，通过互联网我们可以下载自己需要的音频。目前，播放器大多都支持多种格式，下面简要介绍 6 种音频文件格式。

（1）CD-DA 格式。CD-DA（Compact Disc-Digital Audio）又称激光数字唱盘。CD-DA 格式是 CD 中的音乐音频格式，对数据不进行压缩处理，因此占用的存储空间相对较大。

（2）WAVE 格式。WAVE（Waveform Audio）格式是经典的 Windows 多媒体音频格式，不经过压缩处理，编码、解码相对简单，声音质量很好，常用于多媒体开发音乐、原始音效素材等，但同时 WAVE 格式的文件需要占用很大的存储空间，对有存储限制的应用而言，这是个重要的问题。

（3）MP3 格式。MP3（Moving Picture Experts Group Audio Layer I）格式是一种有损压缩格式，利用了人耳对高频声音信号不敏感的特性，对不同频段采用不同的压缩率，使音频文件体积小的同时音质也相对较好。MP3 格式具有较高的压缩比，可以达到 10∶1 甚至 12∶1，是目前应用较为广泛的音频格式之一。

（4）RealAudio 格式。RealAudio 格式是 RealNetworks 公司开发的一种流式音频文件格式。这种格式在网络上颇为流行，主要用于网络上的流媒体传输、播放，并且可以根据网络带宽的不同改变声音的质量。

（5）WMA 格式。WMA（Windows Media Audio）格式是微软公司推出的一种音频格式，采用有损压缩，具有较高的压缩比，一般可以达到 18∶1。WMA 内置了版权保护技术，即使音频被非法保存到了本地也无法收听，并且 WMA 还可对播放时间、次数进行限制。

（6）MIDI 格式。MIDI（Musical Instrument Digital Interface）文件并不是一段录制好的声音，而是一段指令，用来告诉声卡如何再现音乐。MIDI 格式目前主要用于游戏音轨、电子贺卡等。

10.2.2　数字视频的基础知识

数字视频是指在视频信号的产生、存储、处理、重放、传送等过程中均采用数字信号。与它相对的是模拟视频，即在视频信号的产生、存储、处理、重放、传送等过程中均采用模拟信号。相比于模拟视频，数字视频的抗干扰性更好，更适合长时间存放，大量复制时不会产生图像失真、信号损失等问题。

1. 数字视频的压缩

数字视频压缩的目标是在尽可能保证视觉效果的前提下减小视频的大小。视频信号可以被压缩是因为存在信息冗余。数字视频信号的信息冗余主要有空间冗余、结构冗余、时间冗余、视觉冗余、知识冗余、信息熵冗余等。压缩技术就是将数据中的冗余信息去掉，即去除数据之间的相关性。数字视频压缩按照标准的不同有不同的分类。

（1）帧内压缩和帧间压缩。视频信号是由一帧一帧的图像组成的，按照是压缩帧内数据还是压缩帧间数据，可以将数字视频压缩分为帧内压缩和帧间压缩。帧内压缩实际上类似于静态图像压缩，压缩时不考虑帧间信息冗余，仅考虑帧内的信息冗余，一般达不到较高的压缩比。一般情况下，视频中连续两帧的图像信息变化很小，例如，主体发生轻微变化但背景没有变化，这样的两帧相关性就很强，存在大量的冗余信息，帧间压缩就根据这一特性来压缩帧间的信息冗余，这样可以大大减少数据量。

（2）对称和不对称压缩。按照压缩和解压缩占用的计算处理能力与时间是否相同，可以将数字视频压缩分为对称压缩和不对称压缩。对称压缩是指压缩和解压缩占用相同的计算处理能力与时间，适合实时压缩和视频传送。不对称压缩是指压缩和解压缩占用的计算处理能力与时间不同，一般情况下压缩时需要花费大量的计算处理能力和时间，解压缩时需要的时间较少，可较好地实时回放。

2. 数字视频的文件格式

数字视频的文件格式非常多，了解每个视频文件格式的特点是非常有必要的，这里简单介绍 8 种数字视频文件格式。

（1）MPEG 格式。MPEG（Moving Picture Experts Group）是运动图像压缩算法的国际标准，采用有损压缩的方式减少信息冗余，主要包括 MPEG-1、MPEG-2、MPEG-4、MPEG-7、MPEG-21 等格式。其中，MPEG-1 格式就是 VCD 制作格式，主要解决多媒体的存储问题；MPEG-2 格式主要应用于 DVD 的压缩；MPEG-4 格式强调多媒体系统的灵活性、交互性，主要应用于播放高质量的视频流媒体；MPEG-7 格式的目的是生成一种用来描述多媒体内容的标准；MPEG-21 格式的目的是理解如何将不同的技术和标准结合在一起。

（2）AVI 格式。AVI（Audio Video Interleaved）是由微软公司推出的将音视频信号交错记录的数字视频文件格式，允许视频、音频同步回放，图像质量较好，常用于多媒体光盘保存电影、电视剧等各种影像信息。

（3）WMV 格式。WMV（Windows Media Video）是由微软公司推出的可以在网上实时观看视频的文件压缩格式。一般情况下，WMV 文件包含视频和音频，编码时，部分视频使用 Windows Media Video，部分音频使用 Windows Media Audio。

（4）MOV 格式。MOV（QuickTime Movie）由苹果公司开发，是 QuickTime 的影片格式，具有跨平台、压缩比高等特点，无论是本地播放还是作为视频流格式在网上传播，MOV 都是一种较好的选择。

（5）ASF 格式。ASF（Advanced Streaming Format）是微软公司 Windows Media 的核心，属于高压缩率的文件格式，体积非常小，适用于本地或网络回放，图像、音频、视频等多媒体信息都可以以 ASF 格式进行网络传输。

（6）FLV 格式。FLV（Flash Video）格式是随着 Flash 的发展而出现的视频格式，它形成的文件极小，加载速度极快，适合流式传输和播放，目前广泛应用于在线视频网站。

（7）RM 格式。RM 格式由 RealNetworks 公司开发，是一种可以根据网络数据传输速率来制定压缩比的流媒体视频文件格式，主要包含 RealAudio、RealVideo 和 RealFlash 3 部分。

（8）RMVB 格式。RMVB（Real Media Variable Bitrate）是 RealMedia 格式的扩展版本，RMVB 降低了静态画面下的比特率，拥有出色的画质和众多优秀软件的支持，如 Easy RealMedia Producer 等。

10.2.3　动物宣传相册的制作过程

1. 音频截取

（1）先到百度上搜索"音频编辑专家 10.1"，然后下载并安装到本地计算机，双击打开"音频编辑专家"，在音频编辑专家中可以对音频文件进行"音乐格式转换""音乐分割""音乐截取""音乐合并""Iphone 铃声制作""MP3 音量调节"等操作。这里选择"音乐截取"，如图 10-22 所示。

图 10-22　"音乐截取"编辑工具

（2）弹出"音乐截取"对话框，单击"添加文件"按钮，如图 10-23 所示。找到并打开"背景音乐.mp3"文件，添加后的效果如图 10-24 所示。

图 10-23　"音乐截取"对话框

图 10-24　添加音乐效果图

（3）按要求截取其中的一段音乐，音乐的起点和终点如图 10-25 所示，选择相应的保存位置，单击"截取"按钮。弹出"截取结果"对话框，单击"确定"按钮，如图 10-26 所示。

图 10-25　截取音乐起点和终点

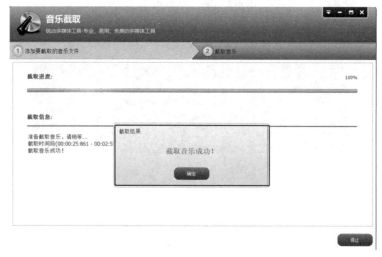

图 10-26　"截取结果"对话框

2. 视频截取

（1）先从百度上搜索"视频编辑专家 10.1"，然后下载并安装到本地计算机，双击打开"视频编辑专家"，在视频编辑专家中可以对视频文件进行"编辑与转换""视频分割""视频文件截取""视频合并""配音配乐""字幕制作""视频截图"等操作。这里选择"视频文件截取"，如图 10-27 所示。

（2）弹出"视频截取"对话框，单击"添加文件"按钮，找到并打开"动物.mp4"文件，在"输出目录"中选择保存位置，单击"下一步"按钮，如图 10-28 所示。

（3）按要求截取其中的一段视频，视频的起点和终点如图 10-29 所示，单击"下一步"按钮，弹出"截取结果"对话框，单击"确定"按钮，如图 10-30 所示。

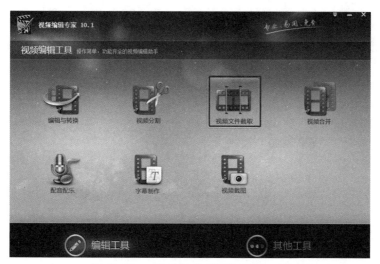

图 10-27　"视频文件截取"编辑工具

图 10-28　"视频截取"对话框

图 10-29　视频的起点和终点

图 10-30 "截取结果"对话框

3. H5 制作

（1）先从百度搜索或者 360 上搜索"易企秀官方网页版登录"，如图 10-31 所示。"易企秀"在手机端也可以制作。进入易企秀网站，注册并登录。

图 10-31 搜索网站

（2）单击"首页"，选择"免费使用"。在本页面可以根据需要创作各种风格和类型的宣传网页，图 10-32 所示为人人秀主页。

（3）进入使用页面选择"H5"，单击"创建空白活动"，也可以使用原有的模板制作，如图 10-33 所示。在打开的新窗口中单击"新建活动"，如图 10-34 所示，新建 H5 页面活动。

图 10-32 人人秀主页

图 10-33　创建空白活动

图 10-34　新建活动

（4）进入 H5 创作页面，如图 10-35 所示。可以单击添加背景图，也可以单击添加图片。单击"图片"，弹出如图 10-36 所示界面，单击"上传图片"按钮选择想要添加的图片将它们加入图片库中，选择封面"保护动物人人有责"图片。

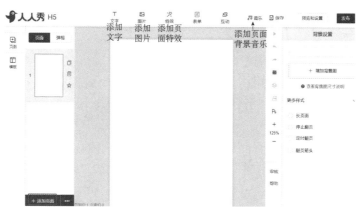

图 10-35　H5 创作页面

图 10-36　上传图片

（5）利用图片控制柄，调整图片到合适尺寸，如图 10-37 所示。如果想要进行其他调整，则可以选择右侧工具栏，如图 10-38 所示。单击页面上方工具栏中的"特效"，可为页面添加特效或者动画。这里选择"特效"中的"动态圆点"，并选择圆点颜色为红色，如图 10-39 所示。

图 10-37　封面图片

图 10-38　右侧工具栏

图 10-39　右侧工具栏特效工具

（6）单击页面上方工具栏中的"音乐"，添加背景音乐，在下拉菜单中选择"更换"，在打开的界面中单击"上传音乐"按钮，上传"动物背景乐.mp3"，如图 10-40 所示。单击背景乐后面的 ⊘ 按钮，将光标放于"音乐"按钮上方会出现如图 10-41 所示下拉菜单，选择"自动播放"，单击"保存"按钮。

（7）单击工具栏左侧"添加页面"按钮，用相同的方法插入老虎图片（页面 2），单击右侧工具栏的"动画"按钮，可以给页面设置页面间的过渡动画，如图 10-42 所示，单击"一键设置页面动画"按钮。

图 10-40　上传音乐

图 10-41　音乐下拉菜单　　　　　　　　　　图 10-42　"动画"按钮

（8）弹出"动画设置"对话框，根据需要选择合适的动画命令，如图 10-43 所示。本页面选择"渐入"动画。如果页面间的过渡动画都一样，则可以单击"应用到所有页面"；如果过渡动画不一样，就每个页面选择一个。

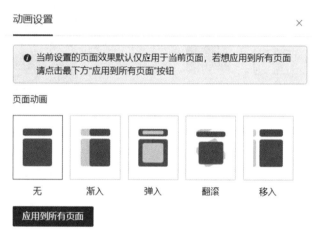

图 10-43　"动画设置"对话框

（9）单击"文字"按钮选择合适的位置和字体，以及字体颜色。这里进行如图 10-44 所示文本设置。

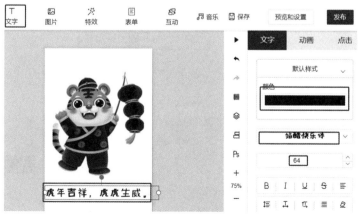

图 10-44　文本设置

（10）利用相同的方法设置页面 3、页面 4、页面 5、页面 6，再根据自己的需要设置动画和页面切换效果，最后单击"预览和设置"按钮，如图 10-45 所示。在弹出的预览和设置的命令选项中选择"翻页设置"中的"上下翻页"和"GIF 翻页"，如图 10-46 所示。单击"预览和设置"中的"发布"，或者单击图 10-46 中的"发布"按钮。弹出如图 10-47 所示的发布窗口，进行如图 10-47 所示的设置，单击"确定"按钮。

图 10-45 "预览和设置"按钮

图 10-46 预览和设置动画选项

图 10-47 发布窗口

（11）弹出分享的网址和二维码，单击"复制"按钮，就可以发送到手机中的微信或 QQ

上进行宣传和浏览，如图 10-48 所示。

图 10-48 分享地址

本章小结与课程思政

多媒体技术的应用领域十分广泛，本章重点讲解了数字图像、数字音频、数字视频相关的基础知识和常用软件的基本操作。本章分别介绍了矢量图和位图的优缺点，以及不同的文件格式，同时讲解了数字图像处理软件，以及 CD-DA、WAVE、MP3、RealAudio、WMA、MIDI 等常用音频文件格式。本章还简单介绍了常见的音频处理软件，并着重讲解了音乐编辑专家的工作界面和常用操作等。本章介绍了数字视频的截取和数字视频的文件格式，并在介绍了常用的数字视频处理软件后重点讲解了易企秀的常用操作。

在学习数字媒体技术等内容时，使同学们了解新媒体发展的趋势。通过动物相册的制作过程，倡导学生保护动物，爱护环境，人人有责。

思考与训练

实训题

1. 制作个人动感相册。
2. 制作本校宣传广告册。

第 11 章　虚拟现实

虚拟现实是一种可创建和体验虚拟世界的计算机仿真系统，它利用高性能计算机生成一种模拟环境，是一种多源信息融合的、交互式的三维动态视景和实体行为的系统仿真。虚拟现实具有浸沉感、交互性和构想性三大特点，已广泛应用于娱乐、教育、设计、医学、军事等多个领域。

学习目标

◆ 理解虚拟现实技术的基本概念。
◆ 了解虚拟现实技术的发展历程、应用场景、开发平台。
◆ 掌握虚拟现实引擎开发工具的简单使用方法。
◆ 学习工匠精神。

任务 11.1　虚拟现实概述

任务描述

提到虚拟现实，也许很多人对它并不是很了解，但是提到电影《黑客帝国》《阿凡达》等，人们对虚拟现实也许就有了些许印象。接下来就来了解一下什么是虚拟现实。

任务分析

通过本任务的概念描述，同学们将对虚拟现实的基本概念、特征、发展史有一个基本的了解。

任务实施

11.1.1　虚拟现实的概念

虚拟现实是通过多媒体技术与仿真技术相结合生成逼真的视觉、听觉和触觉一体化的虚拟环境，用户以自然的方式与虚拟环境中的客体进行体验和交互，从而产生身临其境的感受和体验。

虚拟现实是把客观上存在的或并不存在的东西，运用计算机技术，在用户眼前生成一个虚拟的环境使人感到沉浸在虚拟环境中的一种技术。虚拟现实是一种由计算机和电子技术创造的新世界，是一个看似真实的模拟环境，通过多种传感设备，用户可根据自身的感觉，使用人的自然技能对虚拟世界中的物体进行考察和操作，参与其中的事件，同时提供视、听、触等直观而又自然的实时感知，并使参与者"沉浸"于模拟环境中。尽管该环境并不真实存在，但它作为一个逼真的三维环境，仿佛就在人们周围。可见，虚拟现实（Virtual Reality，VR）的概念包括了以下含义：

◇ Virtual 的本意是表现上具有真实事物的某些属性，但本质上是虚幻的。

◇ Reality 的本意是"真实"而不是"现实"。但是"虚拟现实"的名称已经在中国广泛应用。从这个名字可以看出，Virtual Reality 本意是"真实世界的一个映像"（an image of real world）。

模拟环境就是由计算机生成的具有双视点的、实时动态的三维立体逼真图像。这里的逼真就是要达到三维视觉，甚至包括三维听觉、触觉及嗅觉等的逼真效果，而模拟环境可以是某一特定现实世界的真实实现，也可以是虚拟构想的世界。

感知是指理想的虚拟现实技术应该具有一切人所具有的感知。除了计算机图形技术所生成的视觉感知外，还有听觉、触觉、力觉、运动等感知，甚至还包括嗅觉和味觉等，也被称为多感知（Multi-Sensation）。

自然技能是指人的头部转动、眼睛、手势或其他人体行为动作，由计算机来处理和用户的动作相适应的数据，对用户的输入（手势、口头命令等）做出实时响应，并分别反馈到用户的五官，使用户有身临其境的感觉，并成为该模拟环境中的一个内部参与者，还可以和在该环境中的其他参与者打交道。

传感设备是指三维交互设备，常用的有立体头盔、数据手套、三维鼠标和数据衣等穿戴于用户身上的装置和设置于现实环境中的传感装置，如摄像机、地板压力传感器等。

VR 并不是真实的世界，也不是现实，而是一种可交替更迭的环境，人们可以通过计算机的各种媒体进入该环境，并与之交互。从技术上来看，VR 与各相关技术（计算机图形学、仿真技术、多媒体技术、传感器技术和人工智能等）有着或多或少的相似之处，但在思想方法上，VR 已经有了质的飞跃。VR 是一门系统性技术，它需要将所有组成部分作为一个整体去追求系统整体性能的最优。从脱离不同的应用背景来看，VR 技术是把抽象、复杂的计算机数据空间表示为直观的、用户熟悉的事物，它的技术实质在于提供了一种高级的人与计算机交互的接口。

11.1.2　虚拟现实的特征

1993 年，美国科学家 Burdea G 和 Philippe Coiffet 在世界电子年会上发表了一篇题为 *Virtual Reality System and Application* 的文章。在文章中，他们提出了虚拟现实技术三角形，即"3I"特征：Immersion（沉浸感）、Interaction（交互性）、Imagination（构想性），如图 11-1 所示。

沉浸感又称为临场感，是虚拟现实最重要的技术特征，是指用户借助交互设备和自身感知系统，沉浸于计算机生成的虚拟环境中。在这个场景中所看到的、听到的、嗅到的和触摸到的，完全与真实环境中感受到的一样。沉

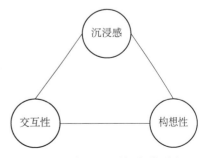

图 11-1　虚拟现实的"3I"特征

浸是 VR 系统的核心。

交互性是指通过使用专门的输入和输出设备，使用户自然感知对虚拟环境内物体的可操作程度和从环境得到反馈的自然程度。这与传统的多媒体技术有所不同。在传统的多媒体技术中，人机之间主要是通过键盘与鼠标进行一维、二维的交互，而虚拟现实系统强调人与虚拟世界之间的交互是以自然的方式进行的，如同在真实世界中一样的感知，甚至连用户自己都感觉不到计算机的存在。用户可以利用计算机键盘、鼠标进行交互，还可以利用特殊头盔、数据手套等传感设备进行交互。计算机能根据用户的头、手、眼、语言及身体的运动，来调整系统呈现的图像及声音。譬如，头部转动后能立即在所显示的场景中产生相应的变化，用手移动虚拟世界中的一个物体，物体位置会随即发生相应的变化。用户可以通过自身的语言、动作等自然技能，对虚拟环境中的任何对象进行观察或操作。譬如，你拿起虚拟环境中的一个篮球，你可以感受到球的重量，扔在地上它还会弹跳。

构想性是指通过用户沉浸在"真实的"虚拟环境中，与虚拟环境进行各种交互作用，从定性和定量综合集成的环境中得到感性和理性的认知，从而可以深化概念，萌发新意，产生认识上的飞跃。因此，虚拟现实不仅仅是一个用户与终端的接口，而且可使用户沉浸于此环境中获取新的知识，提高感性和理性认识，从而产生新的构思。将这种构思输入到系统中去，系统会将处理后的状态实时显示或由传感器装置反馈给用户。譬如，在建设一座大楼前，人们绘制建筑设计图纸，但无法形象、直观地展示建筑物的更多信息。现在，设计师可以采用虚拟现实系统来进行仿真设计，能够真实地反映设计者的思想。因此，虚拟现实是启发人的创造性思维的环境。

11.1.3 虚拟现实的发展史

虚拟现实技术不是突然出现的，它在进入民用领域之前，已经在军事、企业界及学术实验室进行了长时间的研制开发。虽然它在 20 世纪 80 年代后期才被世人关注，但早在 20 世纪 50 年代中期就有人提出这一设想。在电子技术还处于以真空电子管为基础的时候，美国电影摄影师 Morton Heilig 借助于电影技术，通过"拱廓体验"让观众经历了一次沿着美国曼哈顿的想象之旅，但由于缺乏相应的技术支持、缺乏硬件处理设备、找不到合适的传播载体等，因此直到 20 世纪 80 年代末，随着计算机技术的高速发展及 Internet 技术的普及，虚拟现实技术才得到广泛的应用。

虚拟现实技术的演变发展史大体上可分为三个阶段：虚拟现实萌芽为第一阶段（1963—1972 年）、虚拟现实技术初步发展为第二阶段（1973—1989 年）、虚拟现实技术日趋完善为第三阶段（1990 年至今）。

1. 虚拟现实萌芽阶段

20 世纪 60—70 年代初是虚拟现实思想萌芽阶段。

1961 年，世界上出现了第一款头戴显示器 Headsigth。它融合了 CCTV 监视系统及头部追踪功能，主要用于查看隐秘信息。

1965 年，计算机图形学的奠基者 Ivan Sutherlan 发表了《终极显示》（*The ultimate display*）的论文，提出了感觉真实、交互真实的人机协作新理论。

1966 年，美国的 MIT 林肯实验室在海军科研办公室的资助下，研制出了第一个头盔式显示器（HMD），随后又将模拟力和触觉的反馈装置加入到系统中。

1967 年，美国北卡罗纳大学开始了 Grup 计划，研究探讨力反馈（Force Feedback）装置。该装置可以将物理压力通过用户接口引向用户，可以使人感到一种计算机仿真力。

1968 年，Sutherlan 在哈佛大学的组织下开发了头盔式立体显示器（Helmet Mounted Display，HMD）。后来他又开发了一个虚拟系统，可称得上是第一个虚拟系统。

1970 年，美国的 MIT 林肯实验室研制出了第一个功能较齐全的 HMD 系统。

1973 年，Myron Krurger 提出了"Artificial Reality"，这是早期出现的虚拟现实的词语。

2. 虚拟现实技术初步发展

20 世纪 80 年代初到 20 世纪 80 年代中期，此阶段开始形成虚拟现实技术的基本概念。这一时期出现了两个比较典型的虚拟现实系统，即 VIDEOPLACE 与 VIEW 系统。

20 世纪 80 年代初，美国的 DARPA（Defense Advanced Research Projects Agency）为坦克编队作战训练开发了一个实用的虚拟战场系统 SIMNET。

1984 年，M. McGreevy 和 J. Humphries 博士开发了虚拟环境视觉显示器，用于火星探测，将探测器发回地面的数据输入到计算机，构造了火星表面的三维虚拟环境。

1985 年，WPAFB 和 Dean Kocian 共同开发了 VCASS 飞行系统仿真器。

1986 年可谓硕果累累，Furness 提出了一个叫作"虚拟工作台"（Virual Crew Station）的革命性概念；Robinett 与合作者 Fisher、Scott S、James Humphries、Michael McGreevy 发表了早期的虚拟现实系统方面的论文 *The Virtual Environment Display System*；Jesse Eichenlaub 提出开发一个全新的三维可视系统，其目标是使观察者不要那些立体眼镜、头跟踪系统和头盔等笨重的辅助东西也能达到同样效果的三维逼真的 VR 世界。这一愿望在 1996 年得以实现，因为有了 2D/3D 转换立体显示器（DTI 3D Display）的发明。

1987 年，James. D. Foley 教授在具有影响力的《科学的美国》上发表了一篇题为《先进的计算机界面》（*Interfaces for Advanced Computing*）一文；美国 *Scientific American* 杂志还发表了一篇报道数据手套的文章，这篇文章及之后在各种报刊上发表的虚拟现实技术的文章引起了人们的极大兴趣。

1989 年，美国 Jarn Lanier 正式提出"Virtual Reality"（虚拟现实）一词。

3. 虚拟现实技术日趋完善

1992 年，Sense8 公司开发了"WTK"开发包，为 VR 技术提供更高层次上的应用。

1994 年 3 月在日内瓦召开的第一届 WWW 大会上，首次正式提出了 VRML 这个名字，后来又出现了大量的 VR 建模语言，如 X3D、Java3D 等。

1994 年，Burdea G 和 Coiffet 出版了《虚拟现实技术》一书，在书中用 3I（Imagination、Interaction、Immersion）概括了 VR 的 3 个基本特征。

进入 20 世纪 90 年代，迅速发展的计算机软件、硬件系统使得基于大型数据集合的声音和图像的实时动画制作成为可能，越来越多的新颖、实用的输入/输出设备相继进入市场，而人机交互系统的设计也在不断创新，这些都为虚拟现实系统的发展打下了良好的基础。其中，利用虚拟现实技术设计波音 777 获得成功，是近几年来又一件引起科技界瞩目的伟大成果。

任务 11.2 虚拟现实开发平台

任务描述

虚拟现实开发平台是整个虚拟现实系统的核心部分，负责整个 VR 场景的开发、运算、生成，是整个虚拟现实系统最基本的物理平台，同时连接和协调整个系统的其他各个子系统的工作和运转，与它们共同组成一个完整的虚拟现实系统。因此，虚拟现实开发平台在任何一个虚拟现实系统中都是不可或缺的，而且至关重要。

任务分析

通过本任务的介绍，要求了解虚拟现实所使用的开发平台都有哪些，各开发平台的功能是什么，以及它们有什么特点。

任务实施

11.2.1 3ds Max 建模工具

3ds Max 是美国 Autodesk 公司推出的功能强大的三维设计软件包，也是当前世界上销量最大的一种用于三维动画和虚拟现实建模的工具软件。它集三维建模、材质制作、灯光设定、摄像机使用、动画设置及渲染输出于一身，提供了三维动画及静态效果图全面完整的解决方案。与同类软件相比，3ds Max 以其强大的建模功能、简洁高效的制作流程以及丰富的插件等优势，成为虚拟现实系统在三维建模中的首选工具。

在应用范围方面，它广泛应用于广告、影视、工业设计、建筑设计、多媒体制作、游戏、辅助教学以及工程可视化等领域。拥有强大功能的 3ds Max 尤其被广泛地应用于娱乐业中，比如片头动画和视频游戏的制作，深深扎根于玩家心中的劳拉角色形象就是 3ds Max 的杰作。它在影视特效方面也有一定的应用。而在国内发展得相对比较成熟的建筑效果图和建筑动画制作中，3ds Max 的使用率更是占据了绝对的优势。根据不同行业的应用特点，对 3ds Max 的掌握程度也有不同的要求，建筑方面的应用相对来说局限性要大一些，它只要求单帧的渲染效果和环境效果，只涉及比较简单的动画；片头动画和视频游戏应用中动画所占的比例很大，特别是视频游戏对角色动画的要求更高一些；影视特效方面的应用则把 3ds Max 的功能发挥到了极致。

3ds Max 具有以下几大特点：

（1）简单强大的建模。能够创建、塑造和定义一系列环境和细致入微的角色。

（2）高端渲染。3ds Max 可与 arnold、V-Ray、Iray 和 mental 等大多数主要渲染器搭配使用。

（3）逼真的三维动画。在游戏和建筑中创建富有想象力的角色和逼真的场景。

（4）灵活的互操作性。3ds Max 可与 Revit、Inventor、Fusion360 以及 SketchUp 结合使用。

11.2.2　Web3D 技术

Web3D 可以简单地看成是 Web 技术和 3D 技术相结合的产物，是互联网上实现 3D 图形技术的总称。从技术的亲缘关系来看，Web3D 技术源于虚拟现实技术中的 VRML 分支，1997 年，VRML（VRML Consortium）协会正式更名为 Web3D（Web 3D Consortium）协会，并制定了 VRML97 新的国际标准。至此，Web3D 的专用缩写为人们所认识（这也是常常把 Web3D 与虚拟现实联系在一起的原因）。

Web3D 表示网络 3D 内容，当时主要是为了区别文字、视频、音频和动画等媒体内容。借助 WebGL 技术，Web3D 向 VR、增强现实和混合现实发展。使用 Web3D 技术开发的应用系统具有网络性、三维性及交互性。应用 WebGL 技术，在线制作 3D 内容的平台越来越多，如国外的 Sketchfab、Autodesk、TinkCAD，国内的模模塔、模多客、腾讯磨坊等。

而 Sketchfab 是一款创建 3D 模型的在线创作和共享内容库。它基于 WebGL 和 WebVR 技术，允许用户在 Web 上显示 3D 模型，它能够像视频内容一样进行交互控制，支持 30 多种本地文件格式的上传，并利用 WebGL 和 HTML5 技术在浏览器中进行实时渲染，支持 VR 模式。Sketchfab 提供了丰富的免费 3D 模型，用户可以自由下载。模型包括家具与家居、动物与宠物、音乐、艺术与抽象、自然与植物、汽车与车辆、食物与饮料、武器与军事等。Sketchfab 具有很强的编辑模型的功能，对上传的 3D 内容，用户可以调整摄像头视角、背景颜色、动画，以及设置 VR 模式和添加声音等。

模模搭，是优诺科技出品的一款简单好用的 3D 场景搭建及应用工具，能快速构建智能楼宇、智慧园区、粮仓、数据中心等可视化应用场景，是国内领先的物联网可视化平台。该软件具有快速构建、实时交互、多平台支持的特点，能够实现在线搭建、管理物联网场景，利用模模物联网 API 能够实时展示 3D 场景和第三方系统的数据与操作互动，可以通过云端、客户端、移动端等多种方式来访问自己开发的物联网系统。

11.2.3　Unity 3D

Unity 3D 是 Unity Technolgies 开发的多平台游戏与交互开发工具，是个高度整合的、商业化的游戏与交互引擎，用于开发 2D 和 3D 的移动游戏与交互、即时游戏与交互、主机/PC 游戏与交互及 AR/VR 游戏与交互等。Unity 能够为超过 25 个平台制作和优化内容，这些平台包括 Xbox One、PlayStation 4、Gameroom（Facebook）、SteamVR（PC & Mac）、Oculus、PSVR、Gear VR、HoloLens、ARKit（Apple）、ARCore（Google）等。

在 Unity 3D 中，可以通过创建交互对象、组件及脚本完成一个基本场景的设计；通过导入贴图、创建材质及制作动画等丰富场景和交互的内容；利用自带的粒子系统和物理系统使场景的表现"锦上添花"。目前，Unity 3D 广泛应用于游戏、虚拟仿真、汽车、建筑、电影和动漫等行业。

Unity 3D 游戏开发引擎目前之所以炙手可热，与其完善的技术以及丰富的个性化功能密不可分。Unity 3D 游戏开发引擎易于上手，降低了对游戏开发人员的要求。下面对 Unity 3D 游戏开发引擎的特色进行简单介绍。

（1）跨平台。游戏开发者可以通过不同的平台进行开发。游戏制作完成后，无须任何修改即可直接一键发布到常用的主流平台上。Unity 3D 游戏可发布的平台包括 Windows、Linux、 macOS X、iOS、Android、Xbox360、PS3 以及 Web 等。跨平台开发可以为游戏开发者节省大量时间。在以往游戏开发中，开发者要考虑平台之间的差异，比如屏幕尺寸、操作方式、硬件条件等，这样会直接影响到开发进度，给开发者带来巨大的麻烦，Unity 3D 几乎为开发者完美地解决了这一难题，将大幅度减少移植过程中不必要的麻烦。

（2）综合编辑。Unity 3D 的用户界面具备视觉化编辑、详细的属性编辑器和动态游戏预览特性。Unity 3D 创新的可视化模式让游戏开发者能够轻松构建互动体验，游戏运行时可以实时修改参数值，方便开发，为游戏开发节省大量时间。

（3）资源导入。项目可以自动导入资源，并根据资源的改动自动更新。Unity 3D 支持几乎所有主流的三维格式，如 3ds Max、Maya、Blender 等，贴图材质自动转换为 U3D 格式，并能和大部分相关应用程序协调工作。

（4）一键部署。Unity 3D 只需一键即可完成作品的多平台开发和部署，让开发者的作品能够在多平台上呈现。

（5）脚本语言。Unity 3D 集成了 MonoDeveloper 编译平台，支持 C#、JavaScript 和 Boo 3 种脚本语言，其中 C# 和 JavaScript 是在游戏开发中最常用的脚本语言。

（6）联网。Unity 3D 支持从单机应用到大型多人联网游戏的开发。

（7）着色器。Unity 3D 着色器系统整合了易用性、灵活性、高性能。

（8）地形编辑器。Unity 3D 内置强大的地形编辑系统，该系统可使游戏开发者实现游戏中任何复杂的地形，支持地形创建和树木与植被贴片，支持自动的地形 LOD、水面特效，尤其是低端硬件也可流畅运行广阔茂盛的植被景观，能够方便地创建游戏场景中所用到的各种地形。

（9）物理特效。物理引擎是模拟牛顿力学模型的计算机程序，其中使用了质量、速度、摩擦力和空气阻力等变量。Unity 3D 内置 NVIDIA 的 PhysX 物理引擎，游戏开发者能以高效、逼真、生动的方式复原和模拟真实世界中的物理效果，例如，碰撞检测、弹簧效果、布料效果、重力效果等。

（10）光影。Unity 3D 提供了具有柔和阴影以及高度完善的烘焙效果的光影渲染系统。

11.2.4 Unreal Engine

Unreal Engine 虚幻引擎是一个面向 PC、Xbox 360、iOS 和 PlayStation 3 的完整开发框架，其中提供了大量核心技术、内容创建工具以及支持基础设施内容。

虚幻引擎各方面功能的设计思想都是使得内容创建和编程变得更方便，其设计目标是赋予美工人员及游戏设计人员尽可能多的控制权来开发可视化环境中的资源，最小化程序员的协助，同时为程序员提供一个高度模块化的、可升级的、可扩展的架构，以便可以开发、测试及发行各种类型的游戏。

虚幻引擎通过 Epic Games 的集成合作伙伴计划集成了大量领先的中间件技术。虚幻引擎 p1 高度成熟的工具、支持浩大世界的功能及多处理器性能正在进行不断的优化。虚幻引擎高级工具集是专门为加速程序员构建非常复杂的、次时代内容而设计的。

使用 Unreal Engine 呈现的电影和游戏，无论是光影渲染、材质的深度展现，还是基于现实的刚性物体碰撞，都叹为观止。目前多款商业游戏，如"战争机器 2""美国陆军 3""致命车手""神兵传奇""流星蝴蝶剑 OL""绝地求生"等，都是使用 Unreal Engine 开发的作品。

任务 11.3　虚拟现实应用

任务描述

由于能够再现真实的环境，并且人们可以介入其中参与交互，使得虚拟现实系统可以在许多方面得到广泛应用。随着各种技术的深度融合，相互促进，虚拟现实技术在教育、军事、工业、艺术与娱乐、医疗、城市仿真、科学计算可视化等领域的应用都有极大的发展。

任务分析

通过本任务的简单介绍，让大家对虚拟现实在教育、军事、工业、娱乐领域的应用有一个基本了解。

任务实施

11.3.1　教育领域的应用

虚拟现实能让学生在学习的过程中进入场景，参与互动。传统的教育方式，通过印在书本上的图文与课堂上多媒体的展示来获取知识，这样学生学习一会儿就渐显疲惫，学习效果较差，然而玩过英雄联盟的同学都知道此游戏为什么如此吸引人，本质就是让学生回到场景，参与其过程。

虚拟现实技术能将三维空间的事物清楚地表达出来，能使学习者直接、自然地与虚拟环境中的各种对象进行交互，并通过多种形式参与到事件的发展变化过程中去，从而获得最大的控制和操作整个环境的自由度。这种呈现多维信息的虚拟学习和培训环境，将为学习者掌握一门新知识、新技能提供最直观、最有效的方式。在很多教育与培训领域，诸如虚拟实验室、立体观念、生态教学、特殊教育、仿真实验、专业领域的训练等应用中具有明显的优势和特征。例如，学生学习某种机械装置，如水轮发动机的组成、结构、工作原理时，传统教学方法都是利用图示或者放录像的方式向学生展示，但是这种方法难以使学生对这种装置的运行过程、状态及内部原理有一个明确的了解；而虚拟现实技术就可以充分发挥其优势，它不仅可以直观地向学生展示出水轮发电机的复杂结构、工作原理以及工作时各个零件的运行状态，而且还可以模仿出各部件在出现故障时的表现和原因，向学生提供对虚拟事物进行全面的考察、操纵乃至维修的模拟训练机会，从而使教学和实验事半功倍。

11.3.2　军事领域的应用

在军事上，虚拟现实的最新技术成果往往被率先应用于航天和军事训练，利用虚拟现实技术可以模拟新式武器，例如，飞机的操纵和训练，以取代危险的实际操作。利用虚拟现实仿真实际环境，可以在虚拟的或者仿真的环境中进行大规模的军事演练。虚拟现实的模拟场景如同真实战场一样，操作人员可以体验到真实的攻击和被攻击的感觉。这将有利于从虚拟武器及战场顺利地过渡到真实武器和战场环境，这对于各种军事活动的影响将是极为深远的。迄今，虚拟现实技术在军事中发挥着越来越重要的作用。

11.3.3　工业领域的应用

虚拟现实已大量应用于工业领域。对汽车工业而言，虚拟现实技术既是一个最新的技术开发方法，更是一个复杂的仿真工具，它旨在建立一种人工环境，人们可以在这种环境中以一种自然的方式从事驾驶、操作和设计等实时活动。虚拟现实技术也可以广泛用于汽车设计、实验和培训等方面，例如，在产品设计中借助虚拟现实技术建立三维汽车模型，可显示汽车的悬挂、底盘、内饰甚至每个焊接点，设计者可确定每个部件的质量，了解各个部件的运行性能。这种三维模式准确性很高，汽车制造商可按得到的计算机数据直接进行大规模生产。虚拟现实技术在 CAD、技术教育和培训等领域也有大量应用。在建筑行业中，虚拟现实可以作为那些制作精良的建筑效果图更进一步的拓展。它能形成与交互的三维建筑场景，人们可以在建筑物内自由地行走，可以操作和控制建筑物内的设备和房间装饰。一方面，设计者可以从场景的感知中了解、发现设计上的不足；另一方面用户可以在虚拟环境中感受到真实的建筑空间，从而做出自己的评判。

11.3.4　影视娱乐领域的应用

近年来，由于虚拟现实技术在影视业的广泛应用，以虚拟现实技术为主而建立的第一现场 9DVR 体验馆得以实现。第一现场 9DVR 体验馆自建成以来，在影视娱乐市场中的影响力非常大，此体验馆可以让观影者体会到置身于真实场景之中的感觉，让体验者沉浸在影片所创造的虚拟环境之中。同时，随着虚拟现实技术的不断创新，此技术在游戏领域也得到了快速发展。虚拟现实技术是利用计算机产生的三维虚拟空间，而三维游戏刚好是建立在此技术之上的，三维游戏几乎包含了虚拟现实的全部技术，使得游戏在保持实时性和交互性的同时，也大幅提升了游戏的真实感。

任务 11.4　制作 Unity 3D 小游戏 "Hello World！"

任务描述

利用 Unity 3D 完成制作第一个 Unity 3D 小游戏 "Hello World"。

任务分析

通过本任务了解 Unity 3D 的开发过程，学习如何安装 Unity、创建项目、在场景中添加对象、创建材质球、创建脚本、测试 Game 等。

任务实施

11.4.1　Unity 3D 安装

打开 Unity 官方下载页面，页面如图 11-2 所示，单击图 11-2 中的"下载其他版本"，单击图 11-3 中的"Download for Windows"下载 Unity。

图 11-2　Unity 3D 官方下载页面

图 11-3　下载其他版本页面

双击下载的"UnityHubSetup.exe"文件，进入安装页面，如图 11-4 所示，单击"我同意"按钮，进入图 11-5 所示的安装页面。图 11-5 中的"目标文件夹"指该软件安装的位置，可根据需要更改安装位置，本示例选择默认安装位置，单击"安装"按钮进入图 11-6 所示的安装页面，最后单击图 11-6 中的"完成"按钮，进入 Unity Hub 软件页面。

图 11-4　Unity Hub 安装 1

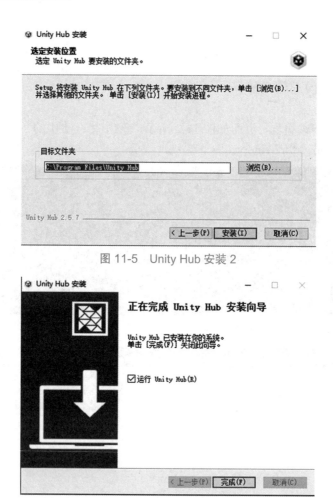

图 11-5　Unity Hub 安装 2

图 11-6　Unity Hub 安装 3

接下来，安装 Unity Hub 的编辑器，单击图 11-7 中左侧的"安装"，然后单击右上角的"安装"按钮，进入"添加 Unity 版本"页面，如图 11-8 所示。

图 11-7　Unity 安装编辑器

单击图 11-8 中的"推荐版本"下的单选按钮，选择 Unity 2020.3.26f1c1（LTS），单击"下一步"按钮，进入如图 11-9 所示页面。

图 11-8　"添加 Unity 版本"页面

在图 11-9 中，"DEV tools"选择"Microsoft Visual Studio Community 2019"，滑动鼠标滚轮，"Platforms"勾选"WebGL Build Support""Documentation"，勾选"Language packs（Preview）"中的"简体中文"。最后单击"下一步"按钮，进入如图 11-10 所示界面，按照图 11-10 的指示操作，进入 Unity 相关模块的安装。

图 11-9　添加 Unity 版本模块

图 11-10　最终用户许可协议

11.4.2　创建新项目

单击图 11-11 左侧的"项目"，然后单击"新建"按钮，进入创建 Unity 项目页面，如图 11-12 所示。单击图 11-12 中的"3D"，将项目名称命名为"Hello Unity"，位置为"D：\Unity3D"，单击"创建"按钮。随后进入打开项目的界面，如图 11-13 所示，稍等片刻，进入新项目工作界面，如图 11-14 所示。至此，完成 Unity 新项目的创建。

图 11-11　新建 Unity 项目

图 11-12　新建 Unity 项目-3D

图 11-13　打开新建的项目

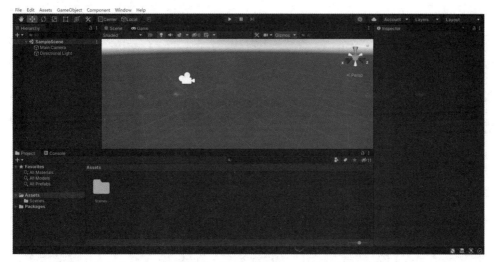

图 11-14　新项目工作界面

11.4.3　项目开发

1.　在场景中添加对象

从图 11-14 所示的工作界面的左上侧可以看到，有一个新的场景 SampleScene，在这个场景里有一个摄像头 Main Camera。目前来看，该场景里仅仅只有一个摄像头，那么，接下来要在这个场景里添加一个平面（Plane）、一个立方体（Cube）、一个球体（Sphere）。

首先添加一个平面，单击"GameObject"→"3D Object"→"Plane"，如图 11-15 所示；然后，修改平面在场景中的位置，选中新建的平面，将工作界面的右侧"Inspector"选项卡中的"Transform"下的"Position""Rotation"中的 X、Y、Z 的值均修改为 0，如图 11-16 所示。

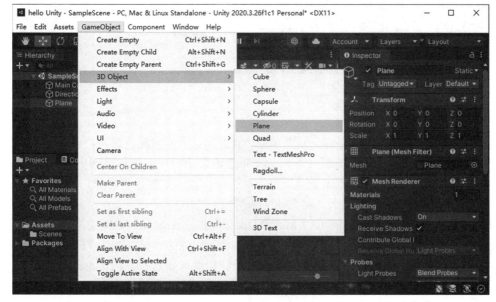

图 11-15　新建 3D Object

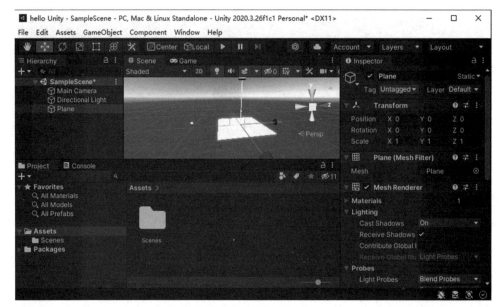

图 11-16 修改 Plane

参照平面的添加方式，在场景中添加立方体和球体，完成添加之后的效果图如图 11-17 所示。

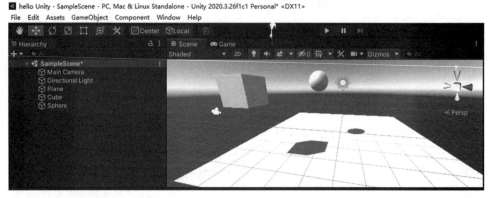

图 11-17 完成新建 Plane、Cube、Sphere

2. 创建材质球

完成场景中对象的添加之后，会发现平面、立方体、球体的颜色都是白色的，那么如何给场景的对象添加别的颜色呢？下面来看一下如何给场景的对象添加材质球。

首先，想要给场景的对象添加不同颜色的材质球，就需要创建材质球。单击"Assets"→"Create"→"Material"创建材质，如图 11-18 所示。

通过单击"Inspector"选项卡中"Main Maps"下的"Albedo"右侧的颜色板，在弹出的"Color"中选择红色区域，按下 Enter 键，完成材质球颜色的设置，如图 11-19 所示。单击图 11-19 中的红色球体，再单击鼠标右键，在弹出的快捷菜单中选择"Rename"，将该红色材质球重命名为"Plane"，如图 11-20 所示。参照该"Plane"材质球创建的方式，分别创建绿色材质球"Cube"、蓝色材质球"Sphere"。

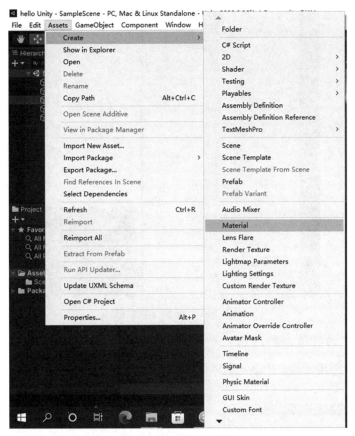

图 11-18　创建材质球

图 11-19　材质球选择颜色

图 11-20　材质球重命名

3. 为场景中的对象添加颜色

完成材质球的创建之后，开始分别将场景中的平面、立方体、球体设置为红色、绿色、蓝色。单击场景中的平面，然后单击工作界面右侧的"Inspector"选项卡中的"Materials"下"Element 0"右侧的图标按钮（图 11-21），在弹出的搜索框中输入"Plane"找到该材质球，单击"Plane"材质球，即完成平面红色的设置，如图 11-22 所示。参照平面颜色的设置方式，分别为立方体、球体设置"Cube""Sphere"材质球，完成立方体、球体绿色和蓝色的设置。

图 11-21　为 Plane 添加材质球

图 11-22　为 Plane 添加材质球

4．添加光源

这个时候对象虽然有了颜色，但看起来还是很暗的，需要设置光源，例如，在平面上方放置一个点光源，单击菜单"GameObject"→"Light"→"Point Light"，如图 11-23 所示。这样场景就被照亮了，通过 Game 视图或者单击"运行"按钮，就可以看到游戏中的场景了，如果看不到，可能是摄像机位置和角度的问题，调整好就行了。

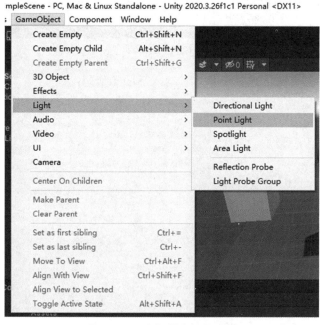

图 11-23　在场景中添加光源

5. 创建脚本

如果想做一些最简单的控制，例如，控制立方体旋转和移动，并且在屏幕上显示按钮和文字，如何做到呢？

先来创建一个脚本，单击菜单"Assets"→"Create"→"C# Script"，如图 11-24 所示；在 Assets 视图中会出现一个脚本资源，将它命名为"HelloScript"，如图 11-25 所示。

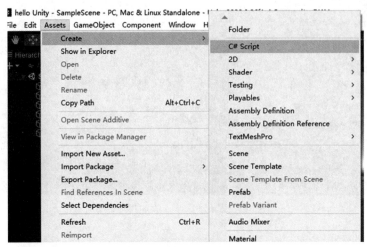

图 11-24　创建脚本

图 11-25　完成脚本"HelloScript"的创建

双击脚本图标，打开方式选择记事本，写入下面的代码：

```csharp
using UnityEngine;
using System.Collections;
public class HelloScript : MonoBehaviour {

    //对象的移动速度
    //translate speed of the object
    int translateSpeed = 10;

    //对象的旋转速度
    //rotation speed of the opbject
    int rotateSpeed = 500;
    // Use this for initialization
    void Start () {

    }

    // Update is called once per frame
    void Update () {
```

```
//如果监测到 W 键按下，则对象向上移动
if (Input.GetKey(KeyCode.W)) {
    transform.Translate (Vector3.up * Time.deltaTime * translateSpeed);
}
//如果监测到 S 键按下，则对象向下移动
if (Input.GetKey(KeyCode.S)) {
    transform.Translate (Vector3.down * Time.deltaTime * translateSpeed);
}
//如果监测到 A 键按下，则对象向左移动
if (Input.GetKey(KeyCode.A)) {
    transform.Translate (Vector3.left * Time.deltaTime * translateSpeed);
}
//如果监测到 D 键按下，则对象向右移动
if (Input.GetKey(KeyCode.D)) {
    transform.Translate (Vector3.right * Time.deltaTime * translateSpeed);
}
//如果监测到 Q 键按下，则对象向左旋转
if (Input.GetKey(KeyCode.Q)) {
    transform.Rotate(Vector3.up * Time.deltaTime * (rotateSpeed));
}
//如果监测到 E 键按下，则对象向右旋转
if (Input.GetKey(KeyCode.E)) {
    transform.Rotate(Vector3.up * Time.deltaTime * (-rotateSpeed));
}
}

void OnGUI() {
    //显示"向左旋转"按钮并设置事件响应脚本
    //Display Turn Left button and set event
    if (GUI.Button(new Rect(10, 10, 70, 30), "Turn Left")) {
        transform.Rotate(Vector3.up * Time.deltaTime * (rotateSpeed));
    }

    //显示"向右旋转"按钮并设置事件响应脚本
    //Display Turn Right button and set event
    if (GUI.Button(new Rect(170, 10, 70, 30), "Turn Right")) {
        transform.Rotate(Vector3.up * Time.deltaTime * (-rotateSpeed));
    }

    //显示对象的位置和角度
    //Display position of the object.
    GUI.Label(new Rect(250, 10, 200, 30), "Location: " + transform.position);
    GUI.Label(new Rect(250, 50, 200, 30), "Rotation: " + transform.rotation);
    }
}
```

　　如果想用该脚本控制立方体，那么只需要将脚本资源从 Assets 视图拖到场景 Scene 视图中的立方体对象即可。单击工作界面中的 Game，如图 11-26 所示，按键盘中的 A、S、W、D键可实现球体的左、下、上、右移动。单击界面中的"Turn Right"按钮可实现立方体的右转，单击界面中的"Turn Left"按钮可实现立方体的左转。

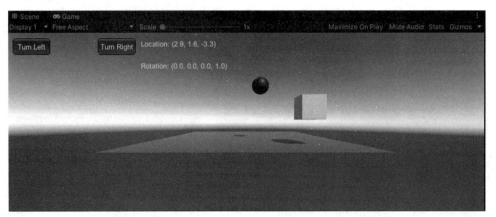

图 11-26　第一个"小游戏"

本章小结与课程思政

本章重点介绍了什么是虚拟现实、虚拟现实有哪些特征、虚拟现实是如何发展的、目前一些比较常见的虚拟现实开发平台，并带大家了解了虚拟现实在不同领域的应用，最后以 Unity 3D 软件为例，带大家简单学习如何利用 Unity 3D 软件开发一个小游戏。VR 虚拟现实技术之所以能给我们带来身临其境的沉浸感，很大一部分原因是虚拟化场景中的模型做得非常逼真，给人以真实感。想要做出优秀的作品，我们就要有"整体观""大局观"的"工匠精神"，用大量的时间去不断雕琢，追求完美和极致，做到精益求精、一丝不苟。只有充分的"量变"才能引起"质变"。

思考与训练

1. 多项选择题

（1）虚拟现实的本质特征是（　　）。

A. 沉浸感　　　　　　　　　　　　B. 交互性

C. 虚拟性　　　　　　　　　　　　D. 构想性

（2）以下属于视觉感知设备的有（　　）。

A. 头盔显示器　　　　　　　　　　B. 立体眼镜显示系统

C. 洞穴式立体显示系统　　　　　　D. 响应工作台立体显示系统

E. 墙式立体显示系统　　　　　　　F. 裸眼立体显示系统

（3）（　　）可以将物理压力通过用户接口引向用户，使人感到一种计算机仿真力。

A. 力反馈装置　　　　　　　　　　B. 手柄

C. 数据手套　　　　　　　　　　　D. 三维鼠标

（4）3ds Max 建模软件的特点是（　　）。

A．简单强大的建模　　　　　　　　B．高端渲染

C．逼真的三维动画　　　　　　　　D．灵活的互操作性

（5）第一个头盔式显示器（HMD）是由（　　　）研制的。

A．MIT 林肯实验室　　　　　　　　B．北卡罗来纳大学

C．哈佛大学　　　　　　　　　　　D．清华大学

（6）第一款头戴显示器 Headsigth 出现在（　　　）年。

A．1965　　　　　　　　　　　　　B．1973

C．1999　　　　　　　　　　　　　D．1961

（7）以下（　　　）软件是用于开发虚拟现实系统的。

A．Unity 3D　　　　　　　　　　　B．Flash

C．Unreal Engine　　　　　　　　　D．Eclipse

2．思考题

（1）简述虚拟现实的定义。

（2）虚拟现实有哪些特征？

（3）在生活中你所遇到的虚拟现实的应用有哪些？

（4）列举虚拟现实在教育中的应用。

（5）列举虚拟现实在影视娱乐方面的应用。

（6）解释 Virtual 的含义。

（7）解释 Reality 的含义。

第 12 章　区块链

2019 年 1 月 10 日，国家互联网信息办公室发布《区块链信息服务管理规定》。2019 年 10 月 24 日，在中央政治局第十八次集体学习时，习近平总书记强调，要把区块链作为核心技术自主创新的重要突破口，加快推动区块链技术和产业创新发展。"区块链"已走进大众视野，成为社会关注的焦点。

学习目标

◆ 了解区块链的概念、发展历史、技术基础、特性。
◆ 了解区块链的分类，包括公有链、联盟链、私有链。
◆ 了解区块链技术在金融、供应链、公共服务、数字版权等领域的应用。
◆ 了解区块链技术的价值和未来发展趋势。
◆ 了解比特币等典型区块链项目的机制和特点。
◆ 了解分布式账本、非对称加密算法、智能合约、共识机制的技术原理。

任务 12.1　区块链基础知识

区块链是一个信息技术领域的术语。从本质上讲，它是一个共享数据库，存储于其中的数据或信息，具有"不可伪造""全程留痕""可以追溯""公开透明""集体维护"等特征。基于这些特征，区块链技术奠定了坚实的"信任"基础，创造了可靠的"合作"机制，具有广阔的运用前景。

任务描述

通过基础知识的讲解，包括介绍区块链的概念、发展历史、技术基础、特性、分类等，使学生认识到区块链的重要性，并对公有链、联盟链、私有链有初步的了解。

任务分析

本任务介绍区块链的概念、发展历史、技术基础、特性、分类等，并对公有链、联盟链、私有链进行系统的讲解。

12.1.1　区块链的概念与发展史

1. 区块链的概念

2018 年，中国信息通信研究院和可信区块链推进计划联合发布了《区块链白皮书》，定义了区块链。

区块链（Block Chain）是一种由多方共同维护，使用密码学保证传输和访问安全，能够实现数据一致存储、难以篡改、防止抵赖的记账技术，也称为分布式账本技术（Distributed Ledger Technology）。典型的区块链以块—链结构存储数据。

2. 区块链的发展史

区块链起源于比特币，2008 年 11 月 1 日，一位自称中本聪（Satoshi Nakamoto）的人发表了《比特币：一种点对点的电子现金系统》一文，阐述了基于 P2P 网络技术、加密技术、时间戳技术、区块链技术等的电子现金系统的构架理念，这标志着比特币的诞生。两个月后理论步入实践，2009 年 1 月 3 日第一个序号为 0 的创世区块诞生。2009 年 1 月 9 日出现了序号为 1 的区块，并与序号为 0 的创世区块相连接形成了链，标志着区块链的诞生。

从区块链的诞生至今，区块链技术经历了 3 个阶段的发展，即区块链 1.0、区块链 2.0 和区块链 3.0。

1）区块链 1.0

区块链 1.0 指的是以比特币为代表的虚拟货币时代，其特征是具有了去中心化的数字货币交易支付功能，能够实现虚拟货币去中心化地发行与支付。

区块链 1.0 时代，在比特币的带动下，涌现出了大量的虚拟货币，如莱特币、点点币、瑞波币、以太币等。

2）区块链 2.0

区块链 2.0 时代指的是虚拟货币与智能合约相结合的时代。其特征是具备了虚拟机、智能合约与分布式应用（DApp）。

区块链 2.0 时代，人们尝试创建可共用的区块链技术平台，并向开发者提供区块链即服务（Blockchain as a Service，BaaS），这使得分布式身份认证、分布式域名系统、分布式自治组织等 DApp 的开发将变得非常容易。区块链 2.0 的典型代表是以太坊。

3）区块链 3.0

区块链 3.0 代表着区块链的未来发展，在区块链 3.0 时代，区块链技术将广泛应用于公共治理与监管、电子商务、智慧医疗、能源等各个领域，能够对人们的协作方式产生巨大改变，并影响人们的生活方式和社会运作方式，最终构建出一种互信共治的社会新形态。

区块链技术发展的 3 个阶段并不是按照时间序列依次展开的，它们的发展是交叉重叠、相互促进的。

12.1.2 区块链的技术架构与特性

1. 区块链的技术架构

各类区块链虽然在具体实现上各有不同，但在技术架构上存在共性。2018 年，中国信息通信研究院发布的《区块链白皮书（2018）》中给出了一种通用型的区块链系统技术架构，将区块链系统划分为基础设施、基础组件、分布式账本、共识机制、智能合约、应用接口、应用程序、操作运维和系统管理 9 部分，如图 12-1 所示。

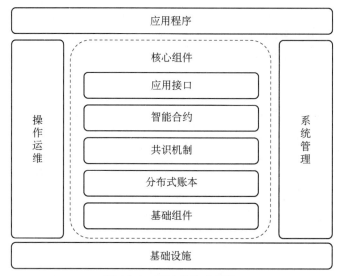

图 12-1　区块链技术架构

1）基础设施

基础设施层提供操作环境和硬件设施，具体包括网络资源（网卡、交换机、路由器等）、存储资源（硬盘和云盘等）和计算资源（CPU、GPU、ASIC 等芯片），以保证区块链系统正常运行。基础设施层为上层提供物理资源和计算驱动，是区块链系统的基础支持。

2）基础组件

基础组件层为区块链系统网络提供通信机制、数据库和密码库，实现区块链系统网络中信息的记录、验证和传播。

在基础组件层中，区块链是一个分布式系统，它建立在传播机制、验证机制和存储机制基础上，整个网络是一个个去中心化的硬件或管理机构，任何节点都有机会参与总账的记录和验证，将计算结果发送给其他节点，且任一节点的损坏或者退出都不会影响整个系统的运作。具体而言，它主要包含网络发现、数据收发、密码库、数据存储和消息通知五类模块。

3）分布式账本

分布式账本负责交易的收集、打包成块、合法性验证，以及将验证通过的区块上链。如今，随着区块链系统存储总量的不断增加，区块链存储及节点的可扩展性问题逐渐凸显。对于这一问题的解决方案主要分为两个方向：一是通过弱化区块链的可追溯性来降低单链的存储负担，如归档功能通过删除部分冷数据来减少存储量；二是通过多链融合和跨链互操作实现区块链系统的可扩展，如同构多链和异构多链。其中，多链协同成为主要发展方向。

4）共识机制

共识机制负责协调保证全网各节点数据记录的一致性。区块链系统内的数据由所有节点独立存储，在共识机制的协调下，共识层同步各节点的账本，从而实现节点选举、数据一致性验证和数据同步控制等功能。数据同步和一致性协调使区块链系统具有信息透明、数据共享的特性。

5）智能合约

智能合约负责将区块链系统的业务逻辑以代码的形式实现、编译并部署，完成既定规则的条件触发和自动执行，最大限度地减少人工干预。智能合约的操作对象大多为数字资产，数据上链后难以修改，这提高了交易的安全性，并大幅降低了交易成本。

6）应用接口

应用接口层主要用于完成功能模块的封装，为应用层提供简洁的调用方式。应用程序通过调用区块链的远程过程调用（RPC）接口与其他节点进行通信，并通过调用软件开发工具包（SDK）对本地账本数据进行访问、写入等操作。

7）应用程序

应用程序作为最终呈现给用户的部分，主要作用是调用智能合约层的接口，适配区块链的各类应用场景，为用户提供各种服务和应用。

8）操作运维

操作运维层负责区块链系统的日常运维工作，包括日志库、监视库、管理库和扩展库等，以便操作运维人员能够实时了解系统的真实状况，及时发现并应对异常。

9）系统管理

系统管理层负责对区块链体系结构中的其他部分进行管理，主要包含权限管理和节点管理两类功能。权限管理是区块链技术的关键部分，尤其对于对数据访问有更多要求的许可链而言。

2. 区块链的特性

基于区块链的技术基础，区块链具有以下特性：

（1）去中心化。区块链网络中没有集中的硬件或管理组织。所有节点的权利和义务是平等的，系统中的数据是一起维护的。任何节点的暂停都不会影响系统的整体运行。

（2）去信任。系统通过加密、验证等方式产生信任，所有节点都可以在没有第三方保证的情况下进行可信交易。

（3）不可篡改。数据一旦写入区块链，就无法更改或撤销。

（4）公开和透明。在很短的时间内，该块将被复制到集群中的所有节点，实现跨网络的数据同步，每个节点都可以追溯到所有过去的事务信息。

（5）安全。系统中的每个节点都有数据的最新完整副本。恶意节点的攻击很难进行，因为系统认为最常出现的数据记录是真实的。

12.1.3　区块链的分类

根据目前已有的区块链平台，按准入机制可以将区块链分为 3 类：公有链、私有链、联盟链。

（1）公有链。公有链也称非许可链，没有集中式的管理机构。公有链对加入区块链系统的节点没有限制，任何节点均可以自由加入和退出区块链系统。加入区块链系统的任何节点均能够在区块链系统中读取、发送交易，并能够参与交易的共识与记账。比特币、以太坊均是典型的公有链系统。

（2）私有链。私有链也称专有链，私有链由私有组织或单位创建，写入权限仅局限在组织内部，读取权限有限对外开放，主要服务于某个机构内部的业务运营。私有链的节点均来自该机构内部，只有经过认证和授权后，才能加入私有链系统，共同维护区块链的正常运行。

（3）联盟链。联盟链也称为许可链，介于公有链和私有链之间，在结构上采用"部分去中心化"的方式，由若干机构联合构建，只限联盟成员参与，某个节点的加入需要获得联盟其他成员的许可，数据读取权限和记账规则等均需根据联盟中的相关规则进行定制。联盟链主要服务于由利益相关的各个机构组建的业务联盟。联盟链中的节点来自联盟的各个机构，且只有经过认证和授权后，才能加入联盟链系统，共同维护区块链的正常运行。与公有链相比，联盟链所拥有的节点数量较少。全球主要的联盟链平台有超级账本（Hyperledger Fabric）、企业以太坊联盟（EEA）、R3 区块链联盟（Corda）、蚂蚁开放联盟链，其中影响力较大的是 Hyperledger Fabric。

任务 12.2　区块链应用领域

区块链技术的产生和发展，推动其在数字金融、物流和供应链、智能制造、数字资产交易等多个领域应用和延伸，它几乎可以影响所有行业。

任务描述

本任务介绍比特币区块链项目、区块链技术在电力供应链中的应用、引入区块链的实际应用，使学生能将区块链技术与现实生活关联起来，体会区块链技术的价值。

任务分析

本任务整体介绍区块链在各领域的应用，重点介绍比特币区块链项目和区块链技术在电力供应链中的应用。

任务实施

12.2.1　区块链的应用领域概述

区块链技术的主要应用领域是电子商务、制造业、医疗保健服务业、农业、安全和隐私、无人机跟踪行业、电力行业等。

区块链几乎可以影响所有行业。它允许许多合作伙伴安全地处理相同的数据和信息，而无须请求第三方的审查和授权。这消除了重复性工作并最大限度地减少了在市场上花费的时间。此外，区块链有助于证明拥有资产，减少伪造，并使买卖双方在自由市场上签约成为可能。制造商拥有广泛的供应商网络。像区块链这样的网络会将更多的供应链成员放入一个提供完整组件可追溯性和零件可追溯性的网络中，从而使支付过程更快。这有助于通过编纂区块链供应链成员之间的市场条款来提高自动化水平，减少人为干扰和错误。表 12-1 列举了区块链的各应用领域。

表 12-1 区块链的各应用领域

序号	应用	描 述
1	金融	区块链应用的主要重点是金融部门的应用。金融交易的管理可以通过使用区块链来完成。通过区块链，可以解决外汇问题，并且可以在供应交易中达到可控范围。目前，金融和支付行业往往是区块链应用的关键行业，也领先于其他行业一步
2	制造业数据保护	区块链的底层加密也可能用于数据保护。这可以防止对通过公共网络传输的某些数据进行不必要的查看。区块链可以在知识产权领域以多种方式用于版权证明、登记和明确权利、保存记录、监控和跟踪分发权、建立知识产权合同，甚至管理权利的购买
3	产品和组件的标识	区块链提供用于识别产品和组件的信息。这可能有助于量化和解决特定的质量问题。区块链提供有关产品、子组件、组件和业务交付方向的所有信息。该技术用于收集每个阶段的数据，可以显著降低当前环境下的提醒成本和中断，这是管理产品及其组件的完美方式
4	汽车	汽车行业的各种新方案和合作伙伴可使用区块链。在区块链中，采购和其他数据可以以数字方式存储在汽车行业中
5	信息与安全	区块链提供的所有信息都以数字方式存储，例如，产品的生产方式、发货方式以及数据的管理方式等。区块链使用数据结构的固有安全特性。如果数据是持久的并且可以方便地与适当的信息交换，它就提供了准确的监控和跟踪能力，它包括发票、交易及时交换。在传统的安全系统中，这很容易被任何人入侵，因此存在风险。区块链使用最好的加密方法来更安全地保存知识，而不是传统方法。因此，行业选择区块链网络，是为了更好地管理解决方案和防止网络攻击
6	数字购买	区块链为全球房地产经济中的未来买家开辟了新的机会。区块链在市场上具有特别的优势，例如，对数字购买进行认证，并在工业和住宅领域买卖房产的解决方案中建立信任
7	业务	近年来，这项技术已经超越了金融服务领域，业务涉及广泛的领域。它开始探索在发展基础设施方面可能发挥的作用。它通过建立一个在互联网上验证并由数千台计算机连接到一起的链条来启动该过程。网络被配置为定期自身升级，以实时访问任何一方的可靠信息。它也非常透明、有效和灵活，并且对于业务目的高度稳定
8	监管	在众筹和投资领域，区块链已经实施了智能合约的原则。这有助于改进对每个附属机构的个别活动的监督并减少欺诈的可能性。区块链允许用户准确监控他们的捐赠，使他们能够及时了解最新情况，增加责任和责任感，并帮助慈善机构应对捐赠资金用于其他目的日益增加的质疑
9	交易记录	区块链是一个去中心化的交易记录系统。这些交易记录被保存在全球数千台计算机上的全球区块链小册子中。交易在分类账中登记并组织成块。区块链持有之前的区块哈希，可以快速检测并避免修改或伪造交易。这有助于人们以电子方式传输和接收，这是区块链技术最著名的用途
10	供应链	一些新兴创新改进了产业公司的供应链管理运作方式。随着区块链技术的发展，供应链行业无疑将寻求开放、问责和生产效率的切实途径。与实时数据警报相结合，ERP 应用程序的集中化为企业提供了对其内部活动的完全控制，并使他们能够决定未来的数据导向

序号	应用	描 述
11	数据存储	区块链包含了一个网络，这个网络将数据从传感器传输到存储器，然后再传输到分析设备。数据跨专用网络移动时存在轻微风险。云提供了许多好处，例如，低成本的计算能力和支付。但是，使用云时，将数据作为漏洞放置在共享网络上。区块链技术可以借助良好的数据共享和存储系统来降低风险
12	妥善管理	通过摄像头和传感器收集的最新信息，可以构建区块链来收集信息，这比一个人在短时间内可能收集到的信息更多。区块链的底层加密也是一种可能的用途。在某些情况下，黑客可以使用并没收公共网络上的任何设计。区块链可以帮助保护数字设计作者的知识产权。该技术还可用于处理财务转移，也可用于监控数字财产的使用
13	系统集成	区块链技术可以通过一个组织，让其合作伙伴、客户和供应链参与进来，为企业生态系统之外的整合提供更多可能性。这有助于让任何人了解该操作，以平等地访问数据，从而最大限度地减少数据被隐瞒和扭曲的风险。制造商可以通过成功实施这项技术创造有益的结果。其目的是商业模式的革命和发展，以促进更大的业务
14	数字目录	区块链是一个去中心化的数字目录，用于存档公共和私人点对点交易。所有属性都以数字代码嵌入和维护在开放的分布式库中。每笔交易都包含一个独特的数字签名，整个网络都可以识别和验证，防止撤销、操纵和修改。因此，区块链有能力将中介和中心排除在数据交换和资产转移的新方法之外。该应用可用于识别商品和人员，以跟踪各项目

12.2.2　比特币区块链项目

比特币是区块链的第一种应用，也是迄今为止在公有链领域最为成功的应用。在中本聪的论文里，他以开放、对等、共识、直接参与的理念为基础，结合开源软件和密码学中"块密码"的工作模式，在点对点对等网络和分布式资料库的平台上，开发出比特币发行、交易和账户管理的作业系统。与传统货币不同，比特币执行机制不依赖中央银行、政府、企业的支持或者信用担保，而是依赖对等网络中种子档案达成的网络协定，是一个去中心化、自我完善的货币体制，理论上确保了任何个人、机构或政府都不可能操控比特币的货币总量。它的货币总量按照设计预定的速率逐步增加，增加速度逐步放缓，并最终在 2140 年达到 2100 万个的极限。

比特币最大的革新是在交易中第一次去除了第三方机构。比特币是一种数字现金，一种类似于实物现金的不记名工具。通过使用比特币，任何人都能在不了解且未建立起相互信任的基础上，向陌生商人付钱购买商品，而商人不问任何问题直接收钱。比特币的支撑技术是区块链。区块链使得并不相互信任的人们，能够不经过第三方中立机构直接进行合作。区块链被称为"信任机器"。因为信任已经内置于比特币协议中。

比特币区块链三大主要组成部分为：计算机网络、网络协议和共识机制。任何人只要有一台计算机或一部智能手机，都能加入比特币区块链中。新用户下载一个名为"比特币钱包"（Bitcoin Wallet）的程序，此程序能形成用户的首个比特币地址，并且用户如有需要可以创建更多的比特币地址。之后，用户将地址告知朋友，用户和朋友之间就可彼此转账。使用比特币和发送邮件十分类似。所有确认的比特币交易被记录在一个公共分类账中，这意味着处于比特币网络中的每位用户都能看到所有的交易记录。

在给定时间段内发生的多重交易被记录至文件中，称为一个"区块"。每个区块包含最近的一些交易记录，以及对先前区块的介绍。随着时间的推移，区块逐渐按照线性序列排序。

新的交易不断作为进程加入新的区块，这些区块加入区块链的尾端，并且一旦经网络同意便不能再修改或移动，因此这个链条叫作区块链。网络中的每台计算机都被称为一个"节点"。每个节点都拥有全部分类账的副本，这点与局部数据库类似，并与其他节点一同工作以保持分类账的一致性，因此具有一定的容错性，一个节点的消失或下降，并不会导致所有的记录消失。

网络协议主导这些节点如何与另一节点交流信息。共识机制是一组用于核实每笔交易和商定区块链当前状态的规则。比特币区块链中的共识机制被称为"工作量证明"，其中网络参与者通过运行算法来确认附于区块的数字签名并核实每笔交易。一旦数据块被记录在区块链的分类账中，对其修改或移动就是极其困难的。当有人想增加记录时，网络参与者（所有人都拥有一份现有区块链的副本）会使用算法来评估和核实拟议交易。若大部分节点认为交易正当，则新交易将得到支持，并且新的区块会被添加至链中。图 12-2 说明了比特币系统的运转机制。

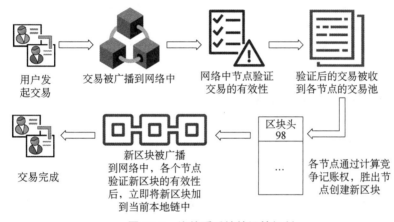

图 12-2　比特币系统的运转机制

12.2.3　区块链在电力供应链中的应用

电力行业具有业务流程长、参与主体多、分布范围广等特点，导致数据共享难、协同效率低、多方信任障碍等问题。区块链技术可以从本质上弥补电力互联网的无信任、无序、无规则等不足，是促进数据共享、优化业务流程、降低运营成本、提升协同效率、建设可信体系等的关键技术支撑手段，将在解决电力行业问题中发挥重要作用。

目前，区块链技术在电力行业的适用性已得到广泛研究。国外较国内更早开展区块链技术在分布式能源交易领域的应用研究。美国 Filament 公司在电网节点上搭建了一套基于区块链的能源数据发布和共享实验系统，实现了政府、媒体及电力公司等数据共享。可利用区块链智能合约构建电力直接交易供应链利益分配模型，在电力直接交易供应链上各个企业利益实现最优的同时保证整个供应链利益最优。

面向电力行业的区块链关键技术已获得广泛且深入的研究，丰富的工程应用方案被提出，大量的业务应用场景被探索，电力行业已成为区块链技术最典型的应用领域之一。

区块链技术具有分布式、多主体、不可篡改、可追溯等特性，与电力供应链的运行模式和管理理念高度契合，使其在电力供应链中有广泛的应用场景。下面重点介绍 3 类典型应用场景。

1. 基于区块链的电力物资管理

随着电力系统规模的不断扩大，现有的物资管理模式已不能适应现代化电力发展的需要。将区块链技术应用于电力物资供应管理，在供应商、物资公司、物资使用单位之间搭建联盟链，既可将电力物资全寿命周期内的活动全部上链，实现物资设备的精细化管理，还可利用区块链技术实现无纸化合同签订和单据流转，避免纸质合同签订、单据流转的烦琐。由分布式信息存储、共识机制和安全加密等技术组成的区块链，其去分布式记账、信息不易篡改和可向源头追溯性等优势，可以在很大程度上帮助电力企业实现固定资产精益化管理目标，降低项目投资成本和后续技改大修等运维费用。

针对电力物资供应链库存管理存在的信息中心化严重和各级之间信息传递慢等问题，基于区块链具备去中心化、信息可追溯、信息不可篡改性和智能合同的特征，提出建立以区块链技术为核心的区块化数据库，并建立由制造商、供应商和物资平台组成的三级供应链系统动力学模型，提出了供应链各节点企业不同合作程度下的库存管理模式。优化后供应链能够有效地减少供应链库存整体牛鞭效应，提高供应链整体响应速度和减少供应链整体库存成本。

2. 基于区块链的电力系统实时信息管理

为保证电力系统的安全运行，需要对配电变压器等设备的运行状态进行监视与检测。例如，基于物联网技术，对配电变压器智能感知终端结构进行研究，并在此基础上结合区块链技术构建了安全的配电变压器智能感知平台，能够实现配电变压器运行数据的智能采集、记录、处理及存储，并能够上传至物联网平台，为后续变压器的状态分析等信息化管理提供数据依据。

但是，随之而来的是，将有亿级海量终端设备的实时信息，这给基于传统中心化分布式网络结构的电力设备泛在物联网带来巨大的挑战。为此，可利用区块链思维将区块链技术与物联网相结合。泛在电力设备物联网在信息安全、网络结构、通信壁垒、隐私维护、多主体协同方面具有突出优势，在后续基于区块链技术的电力设备信息模型运行过程中，可将区块链技术与物联网技术相结合，依托跨链通信、分区并行高通量联盟链、智能合约、加密算法、共识算法、数据压缩等技术，构建基于区块链技术的电力设备泛在物联网信息系统，进一步拓展基于区块链技术的电力设备信息系统应用空间，降低区块链技术在电力设备信息模型中的应用壁垒，保证基于区块链技术的电力设备信息模型在定值读写服务、遥控、遥调、录波等多场景中的运行优势得到充分发挥。

3. 基于区块链的交易管理

在电力供应链的交易中，存在着制约电力设备产业发展的设备质量难溯源、设备质量问题突出，以及电气设备合同纠纷等问题，研究基于区块链技术的电气设备产品供应链数字化协同共享管理方法，采用链下数据上链、链上数据验证的链上/链下数据协同方法实现了供应链数字化协同共享，进一步完成对电气设备产品供应链条及质量信息的查询管控、存证溯源。而且，由于电网建设环节复杂、所需物资设备类型较多，很难管理和众多供应商签订的物资合同，把区块链技术应用在电力行业物资合同的管理中，在电网企业和设备供应商之间建立用于签订合同的联盟链。

任务 12.3　区块链核心技术

随着比特币大获成功，区块链技术应用越来越广泛，其底层技术也越来越受到关注，区块链的核心技术有分布式账本、共识机制、非对称加密和智能合约。

任务描述

本任务介绍区块链的四大核心技术，即分布式账本、共识机制、非对称加密和智能合约，使读者能获得对各项技术更为立体多维的理解。

任务分析

通过讲解分布式账本、非对称加密、智能合约、共识机制的技术原理，让学生对相关核心技术的原理有初步的了解。

任务实施

12.3.1　分布式账本

分布式账本（共享账本，或分布式账本技术）是区块链的四大核心技术之一，它是区块链的骨架。简单来说，分布式账本就是一种数据存储的技术，是一个去中心化的分布式数据库。

分布式账本指的是交易记账由分布在不同地方的多个节点共同完成，账本数据存储在多个节点中，以加强系统的健壮性。因此它们都可以参与监督交易合法性，同时也可以共同为其作证。

跟传统的分布式存储有所不同，区块链的分布式存储的独特性主要体现在两个方面：一是区块链每个节点都按照块链式结构存储完整的数据，传统分布式存储一般是将数据按照一定的规则分成多份进行存储的；二是区块链每个节点存储都是独立的、地位等同的，依靠共识机制保证存储的一致性，而传统分布式存储一般是通过中心节点往其他备份节点同步数据的。没有任何一个节点可以单独记录账本数据，从而避免了单一记账人被控制或者被贿赂而记假账的可能性。也因记账节点足够多，理论上来说除非所有的节点被破坏，否则账目就不会丢失，从而保证了账目数据的安全性。图 12-3 为区块链分布式账本的结构。

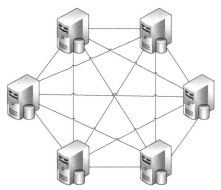

图 12-3　区块链分布式账本的结构

12.3.2　共识机制

共识机制也是区块链的必要元素及核心部分，是保障区块链系统不断运行的关键。

在区块链系统中没有中心化的机构，所以在进行传输信息、价值转移时，共识机制解决并保证每一笔交易在所有记账节点上的一致性和正确性问题。区块链的共识机制使其在不依靠中心化组织的情况下，依然大规模高效协作完成运转。

在共识机制中，节点可以分为出块节点、验证节点和记账节点。负责提出区块的节点称为出块节点，也称为出块者、记账者、领导者、主节点或提议者。负责验证区块的节点称为验证节点，也称为验证者或备份节点。验证节点需要验证出块者的合法性、区块的合法性、签名的正确性等。负责维护区块链数据的节点称为记账点。记账点需要存储所有区块和验证区块。出块节点、验证节点和记账节点统称为共识节点。共识机制的主要流程包括选举出块者、提出区块、验证区块和更新区块链。

在区块链网络中，由于应用场景的不同，所以采用了不同的共识算法。目前区块链的共识机制主要有四类：工作量证明机制（POW）、权益证明机制（POS）、委托权益证明（DPOS）、验证池共识机制（Pool）。

1．工作量证明机制（Proof of Work，POW）

共识机制就是一种制度，能够约束去中心化网络中的每一个分散的节点，维护系统的运作顺序与公平性，使每一个互不相干的节点能够验证、确认网络中的数据，进而产生信任，达成共识。

POW 共识机制为工作量证明，它是按劳分配的，融合了经济激励和共识机制。在比特币中，矿工利用计算机的算力进行挖矿并获得奖励。比特币用的便是 POW 工作机制，比特币应用了 SHA256 算法，这种算法计算时需要大量算力且验证结果是正确的，最先计算出结果的节点获得比特币奖励和记账权。POW 共识算法是区块链中共识算法的鼻祖，公有链大多用的是 POW 共识算法。POW 工作机制面临 51% 攻击问题，这意味着如果攻击者愿意花费比诚实节点多的算力，可能会破坏交易的进行，但是恶意破坏者如果选择通过计算机的算力对区块链进行破坏，必须要用比挖矿更多的算力，所以更多的人会选择的获取利益的方式是挖新币而不是攻击。这一特征保证了挖矿机制的安全。区块链中算力主要用来利用哈希算法计算哈希值，但是区块链中并不会对每笔交易进行哈希值的计算，而是在建块后对区块进行统一的哈希计算，因为区块链中建块的速度慢和建块之间需要等待的时间，会无端消耗大量算力。POW 共识机制的应用场景最典型的是比特币。

2．权益证明机制（Proof of Stake，POS）

POS 共识机制为股权证明，根据持币的数量和时间来进行奖励，持币数量越多、时间越长，奖励就越多。POS 共识机制解决了 POW 共识机制中浪费大量的时间和算力的缺点。但由于挖矿成本低，不需要消耗大量的算力，因此 POS 工作机制的安全性低，可能会产生双重花费，而且很难对矿工产生激励。POS 机制还会给每一笔花费利息，花费的金额越大，币的时间越长，利息就越高。大多数情况下 POS 共识机制可以和 POW 共识机制融合，以太坊应用了两者融合的共识机制。

POS 主要优点有：与 POW 共识机制相比，节省了大量的资源，节点不需要消耗额外算力用来挖矿，节省了大量的算力。其缺点有：算法复杂难实施，安全性较差；拥有代币的用户选择持币收获利息，不愿意卖币，交易量减小，可能会造成垄断；挖矿成本低，容易造成攻击。

3. 委托权益证明（Delegated Proof of Stake，DPOS）

DPOS 共识机制在 2014 年由 Bitshares 比特股的创始人 Dan Larimer 提出，它是股份授权证明，是 POS 共识机制的延伸。DPOS 先选举出一部分代表，由代表实行记账权利，与 POS 共识机制相比，DPOS 共识机制减少了很大部分的参与记账和建块的节点，建块效率高。但是由于选举的过程可能需要消耗时间和算力，因此会造成很多节点偷懒放弃投票，同时可能会有拥有投票权的节点收到贿赂，使某些节点非法获得记账权。

DPOS 共识机制的应用场景主要有 EOS，相比于比特币每秒 7 笔交易的吞吐量和以太坊技术每秒 25 笔交易的吞吐量，EOS 可完成每秒数十万笔交易的吞吐量。

其优点有：节省了大量的资源；不需要用大量算力来挖矿，由选举出来的节点进行验证，共识效率高。其缺点有：去中心化程度较低；拥有高权益的节点可能会为自己投票，选举过程中可能会有节点贿赂其他节点来选举自己，可能会存在作弊情况。

4. 验证池共识机制（Pool）

Pool 验证池基于传统的分布式一致性技术建立，并辅以数据验证机制，是目前区块链中广泛使用的一种共识机制。

Pool 验证池不需要依赖代币就可以工作，在成熟的分布式一致性算法（Pasox、Raft）的基础之上，可以实现秒级共识验证，更适合有多方参与的多中心商业模式。不过，Pool 验证池也存在一些不足，例如，该共识机制能够实现的分布式程度不如 POW 共识机制等。

12.3.3　非对称加密

非对称加密，也称为公钥加密，是一种基于密钥的安全方法。非对称加密算法中有两个密钥：公钥和私钥，公钥和私钥总是成对出现的。如果使用公钥加密某些数据，则只有使用公钥生成的私钥才能用于解密。相反，只有与私钥对应的公钥才能解密由私钥加密的数据。由于该算法中用于加密和解密的两个密钥不同，因此称为非对称加密算法。在区块链中，交易的签名与交易的内容严格相关。如果一个人使用相同的私钥对不同的交易内容进行签名，那么签名也将不同。这是一个优于手动签名的优势。

非对称加密的工作过程如下：

（1）B 方生成一对密钥（公钥和私钥）并将公钥向其他方公开。

（2）得到该公钥的 A 方使用该密钥对机密信息进行加密后再发送给 B 方。

（3）B 方再用自己保存的另一把专用密钥（私钥）对加密后的信息进行解密。B 方只能用其专用密钥（私钥）解密由对应的公钥加密后的信息。

在传输过程中，即使攻击者截获了传输的密文，并得到了 B 方的公钥，也无法破解密文，因为只有 B 方的私钥才能解密密文。

同样，如果 B 方要回复加密信息给 A 方，那么需要 A 方先公布 A 方的公钥给 B 方用于加密，A 方保存自己的私钥用于解密。图 12-4 显示了加密和解密的过程。

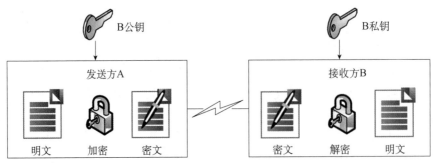

图 12-4　非对称加密工作过程

12.3.4　智能合约

智能合约概念于 1994 年由 Nick Szabo 首次提出。智能合约是一种旨在以信息化方式传播、验证或执行合同的计算机协议。智能合约允许在没有第三方的情况下进行可信交易，这些交易可追踪且不可逆转。智能合约的目的是提供优于传统合约的安全方法，并减少与合约相关的其他交易成本，以及最大限度地减少恶意和偶然的异常，最大限度地减少对可信中介的依赖。智能合约已经在电子投票和供应链管理等很多领域得到应用，且前景广阔。

区块链领域的智能合约有以下特点：规则公开透明，合约内的规则以及数据对外部可见；所有交易公开可见，不会存在任何虚假或者隐藏的交易。我们常说区块链技术具有"公开透明""不可篡改"的特点，这些其实都是智能合约赋予区块链的。

智能合约部署在区块链的某个区块上，当外部的数据和事件输入到智能合约时，根据内部预设的响应条件和规则，输出相应的动作，并将结果记录在区块上。区块链中最重要的信息是带有一组已经达成共识的合约集，收到合约集的节点，都会对每条合约进行验证，验证通过的合约才会被最终写入区块链中，验证的内容主要是合约参与者的私钥签名是否与账户匹配。智能合约的运行原理如图 12-5 所示，以以太坊客户端为例进行智能合约的交互，通过调用智能合约的函数和参数实现合约内容。

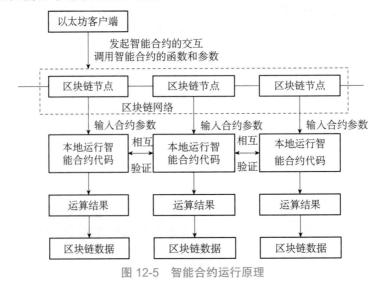

图 12-5　智能合约运行原理

　　总的来说，四大核心技术在区块链中各有各的作用，它们共同构建了区块链这项神奇的技术。

本章小结与课程思政

　　区块链是分布式数据存储、智能合约、共识机制、加密算法等计算机技术的新型应用模式。从本质上说，区块链是一个分布式的共享账本和数据库，具有去中心化、不可篡改、全程留痕、可以追溯、集体维护、公开透明等特点，已被逐步应用于金融、供应链、公共服务、数字版权等领域。本章主要讲解了区块链基础知识、区块链应用领域、区块链核心技术等内容。

　　通过知识的讲解，以区块链的特点和主要应用为导向，结合区块链主要解决的问题——信任，对学生进行做人要守信的思政教育，提高学生做人做事讲信用的意识，让学生在学习专业知识的同时能提高自身的道德修养，从而推动德育在高校的开展。

思考与训练

1.　填空题

　　（1）从区块链的诞生至今，区块链技术经历了 3 个阶段的发展，即＿＿＿＿＿、＿＿＿＿＿和＿＿＿＿＿。

　　（2）根据目前已有的区块链平台，按准入机制可以将区块链分为 3 类：＿＿＿＿＿、＿＿＿＿＿和＿＿＿＿＿。

　　（3）比特币区块链三大主要组成部分是：计算机网络、＿＿＿＿＿和＿＿＿＿＿。

　　（4）区块链的四大核心技术有：＿＿＿＿＿、＿＿＿＿＿、＿＿＿＿＿和智能合约。

2.　选择题

　　（1）区块链起源于比特币，（　　）年 11 月 1 日，一位自称中本聪（Satoshi Nakamoto）的人发表了《比特币：一种点对点的电子现金系统》一文，阐述了基于 P2P 网络技术、加密技术、时间戳技术、区块链技术等的电子现金系统的构架理念，这标志着比特币的诞生。

A. 2007　　　　　　　　　　　　B. 2008

C. 2009　　　　　　　　　　　　D. 2010

　　（2）（　　）是典型的公有链系统。

A. 超级账本　　　　　　　　　　B. 企业以太坊联盟

C. 比特币　　　　　　　　　　　D. 蚂蚁开放联盟链

　　（3）分布式账本就是一种数据存储的技术，是一个（　　）的分布式数据库。

A. 去中心化　　　　　　　　　　B. 中心化

C. 分散式　　　　　　　　　　　D. 集中式

　　（4）（　　）是区块链的必要元素及核心部分，是保障区块链系统不断运行的关键。

A．智能合约   B．分布式账本

C．共识机制   D．非对称加密

（5）智能合约是一种旨在以信息化方式传播、验证或执行合同的（   ）。

A．信息流   B．计算机网络

C．计算机硬件   D．计算机协议

3．思考题

（1）区块链的概念是什么？

（2）区块链的特性有哪些？

（3）简述比特币系统的运转机制。

（4）跟传统的分布式存储有所不同，区块链的分布式存储的独特性主要体现在哪些方面？

（5）目前区块链的共识机制主要有哪些？

（6）简述非对称加密的工作过程。